Σ BEST
シグマベスト

高校 これでわかる
基礎反復問題集

物 理

文英堂編集部 編

文英堂

この本の特色

1 徹底して基礎力を身につけられる

定期テストはもちろん，入試にも対応できる力は，しっかりとした**基礎力**の上にこそ積み重ねていくことができます。そして，しっかりとした基礎力は，**重要な内容・基本的な問題**をくり返し学習し，解くことで身につきます。

2 便利な書き込み式

利用するときの効率を考え，**書き込み式**にしました。この問題集に直接答えを書けばいいので，ノートを用意しなくても大丈夫です。

3 参考書とリンク

内容の配列は，参考書「これでわかる物理」と同じにしてあります。くわしい内容を確認したいときは，参考書を利用すると，より効果的です。

4 くわしい別冊解答

別冊解答は，**くわしくわかりやすい解説**をしており，基本的な問題でも，できるだけ解き方を省略せずに説明しています。また，「**テスト対策**」として，試験に役立つ知識や情報を示しています。

この本の構成

1 まとめ

重要ポイントを，図や表を使いながら，見やすくわかりやすくまとめました。キー番号は 基礎の基礎を固める！ ページのキー番号に対応しています。

2 基礎の基礎を固める！

基礎知識が身についているかを確認するための**穴うめ問題**です。わからない所があるときは，同じキー番号の「まとめ」にもどって確認しましょう。

3 テストによく出る問題を解こう！

しっかりとした基礎力を身につけるための問題ばかりを集めました。
- 必修 …特に重要な基本的な問題。
- テスト …定期テストに出ることが予想される問題。
- 難 …難しい問題。ここまでできれば，かなりの力がついている。

4 入試問題にチャレンジ！

各編末に，実際の入試問題をとりあげています。入試に対応できる力がついているか確認しましょう。

もくじ

1編 物体の運動
- 1章 さまざまな運動 …………………… 4
- 2章 運動量と力積 ……………………… 12
- 3章 円運動と万有引力 ………………… 18
- ○ 入試問題にチャレンジ ……………… 28

2編 熱とエネルギー
- 1章 気体の状態方程式 ………………… 34
- 2章 気体の変化とエネルギー ………… 38
- ○ 入試問題にチャレンジ ……………… 42

3編 波
- 1章 波の性質 …………………………… 46
- 2章 音　波 ……………………………… 54
- 3章 光　波 ……………………………… 58
- ○ 入試問題にチャレンジ ……………… 66

4編 電気と磁気
- 1章 電場と電位 ………………………… 70
- 2章 静電誘導とコンデンサー ………… 74
- 3章 直流回路 …………………………… 80
- 4章 電流と磁場 ………………………… 88
- 5章 電磁誘導と電磁波 ………………… 94
- ○ 入試問題にチャレンジ ……………… 104

5編 原子と原子核
- 1章 電子と光子 ………………………… 110
- 2章 原子と原子核 ……………………… 118
- ○ 入試問題にチャレンジ ……………… 124

▶ 別冊　正解答集

1編 物体の運動

1章 さまざまな運動

1 □ **水平に投げた物体の運動（水平投射）**

● 水平方向　初速度 v_0 の等速直線運動になる。
$$v_x = v_0 \qquad x = v_0 t$$

● 鉛直方向　自由落下運動になる。
$$v_y = gt \qquad y = \frac{1}{2}gt^2$$

2 □ **斜めに投げ上げた物体の運動（斜方投射）**

● 水平方向　初速度 $v_{0x}(= v_0 \cos\theta)$ の等速直線運動になる。
$$v_x = v_0 \cos\theta \qquad x = v_0 t \cos\theta$$

● 鉛直方向　初速度 $v_{0y}(= v_0 \sin\theta)$ の投げ上げ運動になる。
$$v_y = v_0 \sin\theta - gt \qquad y = v_0 t \sin\theta - \frac{1}{2}gt^2$$

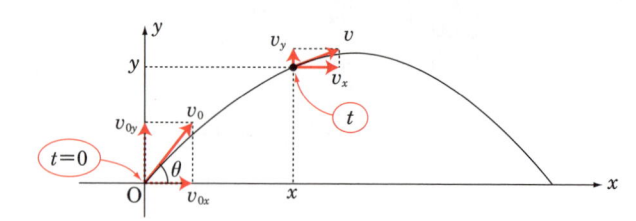

3 □ **空気抵抗**

空気中を運動する物体は空気抵抗を受ける。空気抵抗は、速さが遅い場合は速さに比例する。速さが v の場合、比例定数を k として、空気抵抗の大きさは kv と表すことができる。比例定数 k は、物体の形状などにより変わる。

4 □ **剛体のつり合い**

● 力のモーメント

　力のモーメント ＝ 力 × うでの長さ　　$W = Fl$

> 反時計回りの力のモーメントを正にとることが多いです。

● 剛体のつり合い

剛体にはたらく力がつり合うための条件は、

　合力 ＝ 0　　力のモーメントの和 ＝ 0

5 □ **重　心**

重心とは、重力の合力の作用点であり、重心のまわりの重力のモーメントの和は 0 になる。

基礎の基礎を固める！

( )に適語を入れよ。　答⇒別冊 p.3

1 水平投射 ○→1

水平方向に投げ出された物体は，水平方向には（①　　　　　）運動を行い，鉛直方向には（②　　　　　）運動を行う。

2 水平投射された物体の運動 ○→1

重力加速度を $9.8\,\text{m/s}^2$ とすると，速さ $9.8\,\text{m/s}$ で水平方向に投げ出された小球の $2.0\,\text{s}$ 後の水平方向の速さは（③　　　　　）m/s，鉛直方向の速さは（④　　　　　）m/s であるから，小球の速さは（⑤　　　　　）m/s である。また，このときまでの水平移動距離は（⑥　　　　　）m，落下距離は（⑦　　　　　）m である。

3 斜方投射 ○→2

水平面に対して斜め方向に投げ出された物体は，水平方向には（⑧　　　　　）運動を行い，鉛直方向には（⑨　　　　　）運動を行う。

4 斜方投射された物体の運動① ○→2

水平面から $60°$ 上向きに初速度 $20\,\text{m/s}$ で投げ出された物体の，水平方向の初速度の大きさは（⑩　　　　　）m/s，鉛直方向の初速度の大きさは（⑪　　　　　）m/s である。

5 斜方投射された物体の運動② ○→2

水平面から角度 $30°$ の方向に速さ $10\,\text{m/s}$ で投げ出された小球がある。重力加速度を $9.8\,\text{m/s}^2$ とすると，投げ出されてから $2.0\,\text{s}$ 後の，水平方向の速さは（⑫　　　　　）m/s，鉛直方向の速さは（⑬　　　　　）m/s であるから，小球の速さは（⑭　　　　　）m/s である。また，このときまでの水平移動距離は（⑮　　　　　）m，投げ出された場所からの高さは（⑯　　　　　）m である。

6 力のモーメント① ○→4

力のモーメントは（⑰　　　　　）×（⑱　　　　　）で定義される。このとき，時計回りにまわす力のモーメントの符号を（⑲　　　　　）とすることが多い。

7 力のモーメント② ○→4

長さ $0.50\,\text{m}$ の棒の一端 A を固定し，他端 B に棒に垂直に $2.0\,\text{N}$ の力を加えた。A のまわりの力のモーメントの大きさは（⑳　　　　　）N·m である。

1章　さまざまな運動

8 力のモーメント③ 🔑4

図のように，長さ0.60 mの棒ABのB端に，棒に対して30°の方向に3.0 Nの力を加えた。Aのまわりの力のモーメントの大きさは(㉑　　　)N·mである。

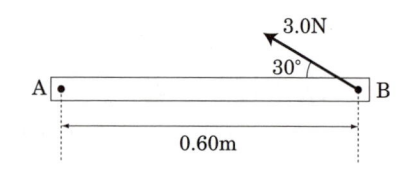

9 偶力 🔑4

図のように，向きが反対で大きさが等しい2力がはたらいている。このような2力を偶力という。この偶力のモーメントは(㉒　　　)N·mである。

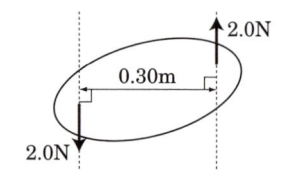

10 剛体のつり合い 🔑4

剛体にはたらく力がつり合うためには，剛体にはたらく力の和（合力）が(㉓　　　)で，力のモーメントの和が(㉔　　　)であればよい。

11 剛体をつり合わせる力 🔑4

図のように，質量の無視できる長さ0.90 mの棒がある。A端から0.30 mの点Oを糸でつるした。棒のB端に2.0 Nの力を加えたとき棒が水平を保つためには，A端に(㉕　　　)Nの力を加えればよい。また，棒が水平に保たれているとき，棒をつるしている糸の張力の大きさは(㉖　　　)Nである。

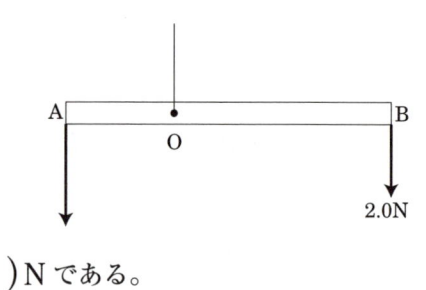

12 重心 🔑5

重心とは，(㉗　　　)の合力の作用点であり，重心のまわりの重力のモーメントの和は(㉘　　　)になる。

13 重心の位置 🔑5

図のように，軽くて変形しない長さ1.0 mの棒の両端に，質量2.0 kgの小球Aと質量3.0 kgの小球Bがつけられている。重心の位置は小球Aから(㉙　　　)m離れたところにある。

テストによく出る問題を解こう！

答⇒別冊 p.4

1 [水平投射]

小球を高さ h [m] の塔の上から水平方向に速さ v_0 [m/s] で投げ出した。重力加速度の大きさを g [m/s^2] として，以下の問いに答えよ。

(1) 小球が発射されてから地面に達するまでの時間 t [s] を求めよ。

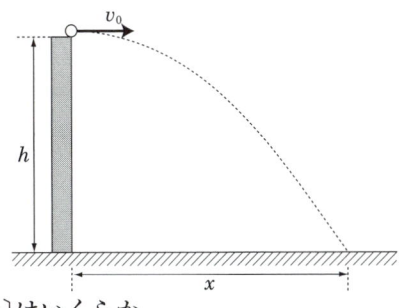

(2) 小球が地面に達したとき，小球と塔との距離 x [m] はいくらか。

(3) 小球が地面に衝突する直前の速さ v [m/s] はいくらか。

2 [斜方投射] 必修

小球を，水平な地面から角度 θ の方向に速さ v_0 [m/s] で投げ出した。重力加速度の大きさを g [m/s^2] として，以下の問いに答えよ。

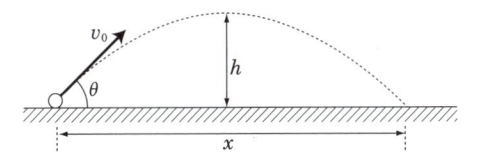

(1) 小球が最高点に達するまでの時間 t_1 [s] はいくらか。

(2) 小球が達する最高点の高さ h [m] はいくらか。

(3) 小球が地面に最初に衝突するまでの時間 t_2 [s] はいくらか。

(4) 小球が最初に地面にぶつかるまで，水平方向に飛んだ距離 x [m] はいくらか。

(5) 小球が最初に地面にぶつかるまでに，小球を最も遠くに飛ばすためには，角度 θ をいくらにすればよいか。

3 ［水平投射した物体との空中衝突］ テスト

図のように，高さ h [m]の場所から小球Aを水平方向に速さ v_0 [m/s]で投げ出すと同時に，小球Bを自由落下させたところ，小球Aと小球Bは空中で衝突した。運動を始めるとき，小球Aと小球Bとの距離は L [m]であった。重力加速度の大きさを g [m/s²]として，以下の問いに答えよ。

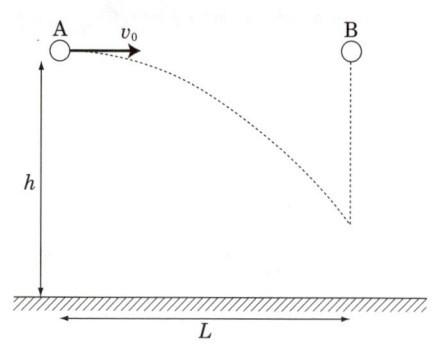

(1) 小球Aが発射されてから小球Bに衝突するまでの時間を求めよ。

(2) 小球Aと小球Bが衝突したときの高さを求めよ。

(3) 小球Aと小球Bが地面に達する前に衝突するための，v_0 の条件を求めよ。

ヒント (1) 衝突するまでに，Aは水平方向に速さ v_0 [m/s]で L [m]進む。

4 ［斜方投射した物体との空中衝突］ 難

図のように，点Pから小球Aを小球Bに向けて速さ v_0 [m/s]で投げ出した。小球Bは点Pから L [m]離れた点Qから高さ h [m]の点Rにある。小球Aが投げ出されると同時に，小球Bを自由落下させた。小球Aと小球Bは空中で衝突した。重力加速度の大きさを g [m/s²]として，以下の問いに答えよ。

(1) 投げ出した小球Aの初速度の水平方向と鉛直方向の速さを求めよ。

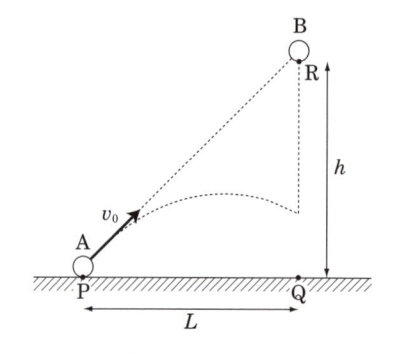

(2) 小球Aを投げ出してから小球Bに衝突するまでの時間を求めよ。

(3) 小球Aと小球Bが衝突したときの高さを求めよ。

5 ［空気抵抗］ テスト

質量 m〔kg〕の雨滴が落下している。雨滴には、速さに比例する空気抵抗がはたらき、速さが v〔m/s〕のとき kv〔N〕の力をうけるとする。重力加速度の大きさを g〔m/s²〕として、以下の問いに答えよ。

(1) 雨滴が速さ v〔m/s〕で運動しているとき、雨滴に生じる加速度の大きさ a〔m/s²〕を求めよ。

(2) 雨滴は落下を始めてからしばらくすると等速で落下するようになる。このときの速さを終端速度とよぶ。この雨滴の終端速度 v_E〔m/s〕を求めよ。

6 ［一直線上の物体の重心］

図のように、x 軸上の 3 点 x_A, x_B, x_C にそれぞれ小物体が置かれていて、それぞれの質量は m_A, m_B, m_C である。この物体系の重心の座標を求めよ。

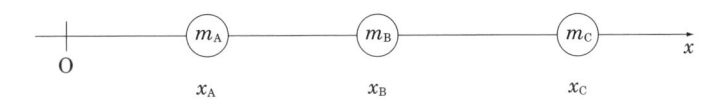

7 ［平面上の物体の重心①］

図のような形をした板の重心の座標を求めたい。そこで、板を図の破線のように 3 つの部分 A, B, C に分けて考えることにする。板の密度ならびに厚さは均一であるとして、以下の問いに答えよ。

(1) 部分 A, B, C の重心の座標をそれぞれ記せ。

(2) 部分 A と C を合わせた重心の座標を求めよ。

(3) 板の重心の座標を求めよ。

ヒント x 軸について対称だから、重心は x 軸上にあることがわかる。

8 ［平面上の物体の重心②］

図のようなL字型の棒の重心の位置を求めたい。棒は均質であり，じゅうぶんに細いものとして，以下の問いに答えよ。

(1) 棒の y 軸上にある部分の重心の座標を記せ。

(2) 棒の x 軸上にある部分の重心の座標を記せ。

(3) L字型の棒の重心の座標を求めよ。

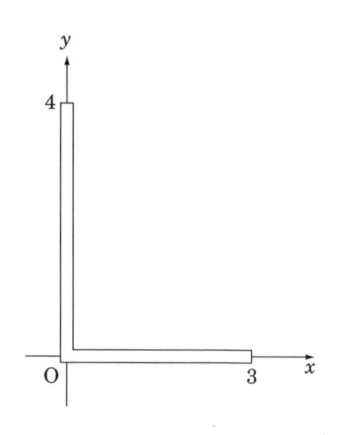

9 ［剛体のつり合い①］ テスト

図のように，壁に棚をつくり，ひもで水平に支えている。棚と壁とは蝶つがいを使って点Aで固定されていて，自由に回転できるようになっている。棚板は壁に垂直で，ひもと棚板のなす角度は $30°$ である。棚板は均質で，質量は $2.0\,\text{kg}$，幅は $0.30\,\text{m}$ である。重力加速度の大きさを $9.8\,\text{m/s}^2$ とし，ひもの張力の大きさを $T\,[\text{N}]$，蝶つがいから受ける抗力の水平方向の力の大きさを $N_x\,[\text{N}]$，鉛直方向の力の大きさを $N_y\,[\text{N}]$ として，以下の問いに答えよ。

(1) 水平方向の力のつり合いの式を記せ。

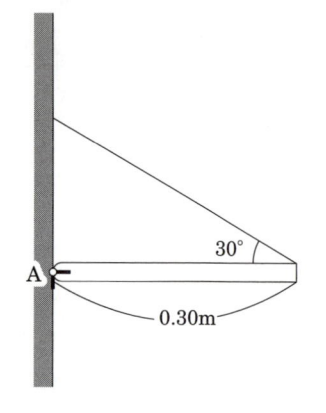

(2) 鉛直方向の力のつり合いの式を記せ。

(3) 点Aのまわりの力のモーメントのつり合いの式を記せ。

(4) 張力の大きさ T，抗力の大きさ N の値を求めよ。

ヒント (4) $\vec{N}$ は $\vec{N_x}$ と $\vec{N_y}$ を合成したものである。

10 [剛体のつり合い②]

図のように，壁に立てかけた均質な板 AB がある。板の質量を M〔kg〕，板の長さを L〔m〕，板と床とのなす角度を θ，点 B にはたらく摩擦力の大きさを F〔N〕，板が壁から受ける垂直抗力の大きさを N_A〔N〕，床から受ける垂直抗力の大きさを N_B〔N〕，重力加速度の大きさを g〔m/s²〕として，以下の問いに答えよ。ただし，壁と板との摩擦力は無視できるほど小さいものとする。

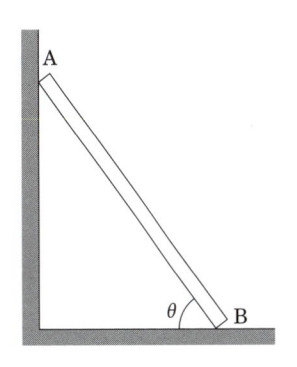

(1) 水平方向の力のつり合いの式を，θ を用いずに記せ。

(2) 鉛直方向の力のつり合いの式を，θ を用いずに記せ。

(3) 点 A のまわりの力のモーメントのつり合いの式を記せ。

(4) F, N_A, N_B を，M, L, θ, g のなかから必要なものを用いて表せ。

11 [剛体のつり合い③] 難

図のように，台からはみ出して板が置かれている。板の長さは L〔m〕，質量は M〔kg〕であり，板の B 端は台から x〔m〕$\left(x < \dfrac{L}{2}\right)$ 出ている。重力加速度の大きさを g〔m/s²〕として，以下の問いに答えよ。

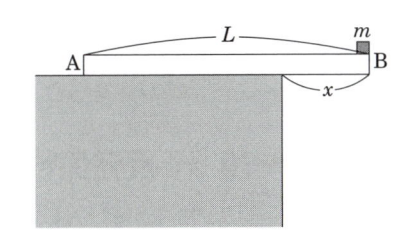

(1) 板の B 端に質量 m〔kg〕の小物体を置いても，板が傾かず静止するような x の条件を求めよ。

(2) x を固定しながら小物体の質量を徐々に大きくしていったところ，質量が m_1〔kg〕を超えたとき，板は傾いて台から落下した。m_1 の値を求めよ。

ヒント 力のモーメントを考える。

2章 運動量と力積

6 □ 運動量

物体の質量と速度をかけた量を**運動量**といい，物体の運動の勢いを表す。

$$運動量 = 質量 \times 速度$$

運動量はベクトル量で，向きと大きさをもち，単位は **kg·m/s** である。

7 □ 力　積

力と力がはたらいている時間の積を**力積**という。

$$力積 = 力 \times 力がはたらいている時間$$

力積はベクトル量で，向きと大きさをもち，単位は **N·s** である。

力積は，F-t 図の面積によって求めることができる。

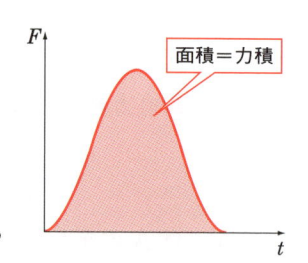

8 □ 運動量と力積の関係

物体は加えられた力積だけ運動量が増加する。

$$m\vec{v} - m\vec{v_0} = \vec{F}t$$

9 □ 運動量保存の法則

外から力を受けない場合，各物体の運動量の総和は変わらない。

$$m_1\vec{v_1} + m_2\vec{v_2} = m_1\vec{v_1'} + m_2\vec{v_2'}$$

10 □ 反発係数（はね返り係数）

物体が壁や床に垂直に速度 v で衝突し，速度 v' ではね返ったときの**反発係数**（はね返り係数）e は，

$$e = -\frac{v'}{v}$$

右図のように一直線上で2物体が衝突したときの**反発係数**（はね返り係数）e は，

$$e = -\frac{v_1' - v_2'}{v_1 - v_2}$$

このとき，
$\begin{cases} e = 1 \cdots (完全)弾性衝突 \\ 0 < e < 1 \cdots 非弾性衝突 \\ e = 0 \cdots 完全非弾性衝突 \end{cases}$

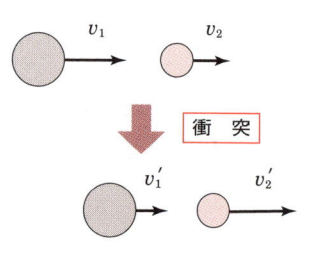

基礎の基礎を固める！

( )に適語を入れよ。　答➡別冊 p.9

14 運動量 ⚙ 6

15 m/s で運動する 4.0 kg の物体の運動量の大きさは (❶　　　　) kg·m/s である。

15 力積 ⚙ 7

一定の向きで大きさ 10 N の力を 3.0 s 間加えたときの力積の大きさは (❷　　　　) N·s である。

16 運動量と力積 ⚙ 8

x 軸の正の向きに速さ 2.0 m/s で運動していた質量 1.0 kg の物体が力を加えられて，x 軸の負の向きに 5.0 m/s の速さになった。このとき物体に加えられた力積は，向きが (❸　　　　) の向きで，大きさが (❹　　　　) N·s である。

17 物体の融合と運動量保存 ⚙ 9

速さ 5.0 m/s で運動してきた質量 2.0 kg の小球 A が，静止していた質量 3.0 kg の小球 B に衝突し，衝突後一体となって運動した。衝突後の速さは (❺　　　　) m/s である。

18 物体の分裂と運動量保存 ⚙ 9

速さ 2.50 m/s で運動している質量 10.0 kg の物体が 6.00 kg と 4.00 kg の 2 つに分裂した。分裂後 6.00 kg の物体は分裂前の運動方向と同じ方向に 4.00 m/s で運動した。このとき 4.00 kg の物体の速さは (❻　　　　) m/s である。

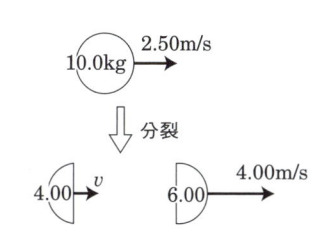

19 物体の衝突と運動量保存 ⚙ 9

質量 3.0 kg の静止している小球 A に，質量 5.0 kg の小球 B が速さ 2.0 m/s で正面衝突した。衝突した後，小球 A は速さ 2.5 m/s で運動を始めた。衝突後の小球 B の速さは (❼　　　　) m/s である。

20 反発係数① ⚙ 10

速さ 12 m/s で運動してきた小球が，壁に垂直に衝突し，衝突後速さ 8.0 m/s ではね返った。壁と小球の反発係数は (❽　　　　) である。

21 反発係数② ⚙ 10

静止した小球 A に，速度 4.0 m/s で運動する小球 B が正面衝突し，衝突後小球 A が 3.0 m/s，小球 B が 1.0 m/s で運動し始めた。このとき，反発係数は (❾　　　　) である。

テストによく出る問題を解こう！

答⇒別冊 p.9

12 ［一直線上での衝突①］

速さ $1.0\,\text{m/s}$ で運動する質量 $2.0\,\text{kg}$ の小球 B に，速さ $4.0\,\text{m/s}$ で運動する質量 $3.0\,\text{kg}$ の小球 A が右図のように衝突した。小球 A と小球 B の反発係数を 0.50 として，衝突後の小球 A，小球 B の速さを求めよ。

13 ［一直線上での衝突②］ 必修

質量 $m_A\,[\text{kg}]$ の静止している小球 A に，質量 $m_B\,[\text{kg}]$ の小球 B が速度 $v\,[\text{m/s}]$ で衝突し，衝突後，小球 A は速度 $v_A\,[\text{m/s}]$ で運動を始めた。2 つの小球は同じ直線上で運動するものとする。

(1) 衝突後の小球 B の速度 v_B はいくらか。

(2) 小球 A と小球 B との反発係数（はね返り係数）e はいくらか。

14 ［なめらかな水平面への斜め衝突］ テスト

なめらかな水平面上で，質量 $m\,[\text{kg}]$ の小球を壁に向けて速さ $v\,[\text{m/s}]$ で運動させた。壁と小球は壁に対して θ の角度で衝突した。壁と小球との反発係数を e，壁はなめらかであるとして，以下の問いに答えよ。

(1) 衝突した直後，小球の壁に垂直な方向の速さはいくらか。

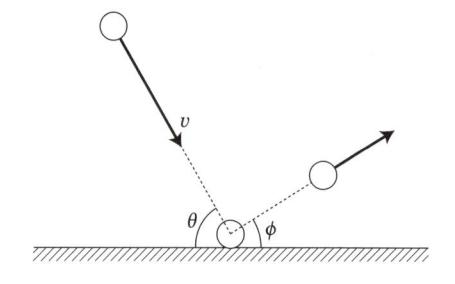

(2) 衝突後，小球の運動方向と壁とのなす角度を ϕ とすれば，$\tan\phi$ の値はいくらか。

(3) 衝突後の小球の速さはいくらか。v, e, θ を用いて答えよ。

(4) 小球に壁から加えられた力積の大きさはいくらか。m, v, e, θ を用いて答えよ。

ヒント 衝突前後では，速度の壁に対する垂直成分のみ変化する。

15 [力 積]

図のように，時間とともに大きさが変化する力を質量 m〔kg〕の物体に加えた。力の向きが一定であるとして，以下の問いに答えよ。

(1) 物体に加えられた力積の大きさを求めよ。

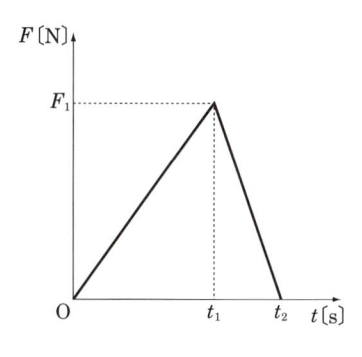

(2) 物体に加えられた平均の力の大きさを求めよ。

(3) 物体は最初静止していたとすれば，力積を加えられたあとの速さはいくらか。

16 [斜め衝突①] テスト

速さ v〔m/s〕で運動してきた質量 m〔kg〕の小球 A が，静止している質量 M〔kg〕の小球 B に衝突した。衝突後，小球 A は衝突前の進行方向から 60° の方向へ，小球 B は 30° の方向へ運動した。衝突後の小球 A の速さを v_A〔m/s〕，小球 B の速さを v_B〔m/s〕とする。

(1) 小球の衝突前後で，衝突前の小球 A の運動方向の運動量保存の式をつくれ。

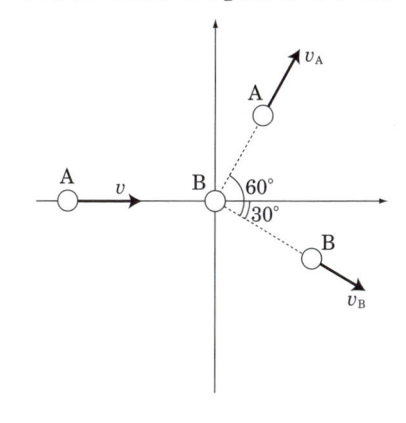

(2) 小球の衝突前後で，衝突前の小球 A の運動方向に垂直な方向の運動量保存の式をつくれ。

(3) 衝突後の小球 A と小球 B の速さ v_A, v_B はそれぞれいくらか。

17 ［斜め衝突②］ 難

図のように，質量 m_1〔kg〕の物体 A と質量 m_2〔kg〕の物体 B が，それぞれ速さ v_1〔m/s〕，v_2〔m/s〕でなめらかな水平面上を運動している。物体 A は x 軸に対して θ_1 の角度で，物体 B は θ_2 の角度で運動し，原点 O で衝突した。衝突後，物体 A は x 軸に対して ϕ_1 の方向に速さ v_1'〔m/s〕で，物体 B は ϕ_2 の方向に速さ v_2'〔m/s〕で運動した。θ_1，θ_2，ϕ_1，ϕ_2 はすべて 0° より大きく 90° 未満だとして，以下の問いに答えよ。

(1) x 軸方向の運動量保存の法則の式を記せ。

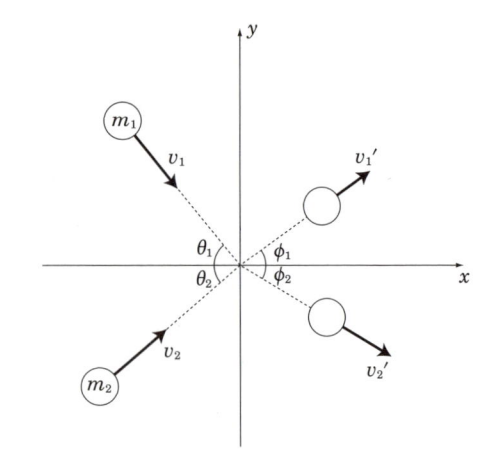

(2) y 軸方向の運動量保存の法則の式を記せ。

(3) 2つの小球の質量が等しく m であり，衝突前の小球 B が衝突点で静止していて，完全弾性衝突を行う場合を考える。(1)，(2)の2式と，衝突によって運動エネルギーが失われないことを使って，ϕ_1 と ϕ_2 の関係を求めよ。ただし，必要なら次式を用いよ。
$$\cos(\alpha + \beta) = \cos\alpha\cos\beta - \sin\alpha\sin\beta$$

18 ［運動量保存］

図のように，水平でなめらかな床の上に質量 M〔kg〕の台車があり，台車が自由に動ける状態にしている。台車上には高さ a〔m〕のなめらかなすべり面が設置されている。台車のすべり面の上端から質量 m〔kg〕の小球を静かに放した。台車および小球の運動に対する空気抵抗の影響は無視できるものとし，重力加速度の大きさを g〔m/s²〕として，以下の問いに答えよ。ただし，図の右向きの速度を正とする。

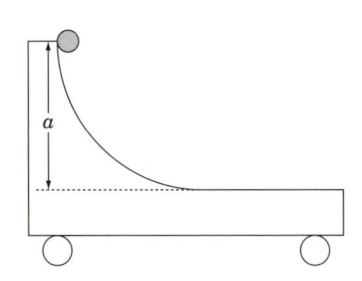

(1) 小球がすべり面の下端に達したときの，床に対する小球の速度を v [m/s]，台車の速度を V [m/s] とする。
　① 運動量保存の法則の式を記せ。

　② 力学的エネルギー保存の法則の式を記せ。

(2) (1)の v および V を，m，M，g，a を用いてそれぞれ表せ。

19 [壁への斜め衝突] 難

図のように，垂直に立てられたなめらかな壁に対して，距離 L [m] 離れた高さ h [m] の台の上から，小球を水平方向に速さ v [m/s] で投げ出したところ，壁に1回衝突して床に落下した。壁と小球との反発係数を e，重力加速度の大きさを g [m/s^2] として，以下の問いに答えよ。

(1) 壁に衝突した直後の速さはいくらか。

(2) 壁に衝突した直後，小球は壁と θ の方向に運動したとすれば，$\tan\theta$ の値はいくらか。

(3) 壁への衝突によって失われた力学的エネルギーはいくらか。

(4) 床に衝突する直前の小球の速さはいくらか。

ヒント 鉛直方向には等加速度運動を行う。

3章 円運動と万有引力

⚙11 □ 等速円運動

- **角速度** 単位時間あたりに回転する**角度**のこと。角度は弧度法（ラジアン）で表し，たとえば1sで1回転するときの角速度は2π rad/sである。
- **周期** 1回転するのにかかる**時間**のこと。
- **円運動の速さと角速度** 半径がr〔m〕で角速度がω〔rad/s〕の等速円運動をしている物体の速さv〔m/s〕は，

$$v = r\omega$$

- **向心加速度** 等速円運動している物体の加速度は円の中心に向かうので，**向心加速度**とよばれる。

$$\text{向心加速度}\quad a = \frac{v^2}{r} = r\omega^2$$

> 向心力は円の中心を向くよ。

- **円運動の方程式（円運動の運動方程式）**
  等速円運動をしている質量mの物体にはたらく力の合力がFのとき，円運動の方程式は，

$$m\frac{v^2}{r} = F \quad \text{または} \quad mr\omega^2 = F$$

となる。合力の向きは加速度の向きに等しいので**円の中心**を向く。この力を**向心力**という。

⚙12 □ 慣性力

- **慣性力** 観測者が加速度$\vec{a}$の運動をするとき，観察者から見ると質量mの物体には $-m\vec{a}$ の**慣性力**がはたらく。
- **遠心力** 半径r，速さv（角速度ω）の円運動を行う乗り物内の観察者から見ると，質量mの物体に

$$m\frac{v^2}{r} \,(= mr\omega^2)$$

の**遠心力**が円の中心と反対の向きにはたらく。

⚙13 □ 単振動

物体に，変位に比例している**復元力**（$F = -Kx$）がはたらくとき，物体は**単振動**を行う。

- **単振動の変位** $x = A\sin\omega t$
- **単振動の速度** $v = A\omega\cos\omega t$
- **単振動の加速度**

$$a = -A\omega^2\sin\omega t = -\omega^2 x$$

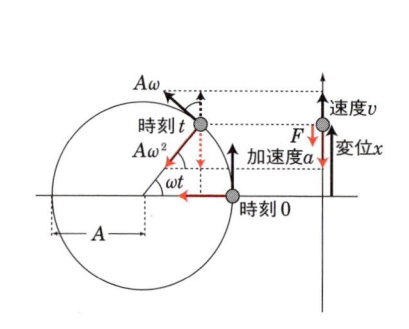

● 単振動の周期

質量 m の物体にはたらく力の合力 F が
$$F = -Kx$$
で表されるとき，物体は単振動をする。このときの周期 T は，
$$T = 2\pi\sqrt{\frac{m}{K}}$$

● ばね振り子の周期

ばね定数 k のばねに質量 m の物体をつけて単振動させたときの周期 T は，
$$T = 2\pi\sqrt{\frac{m}{k}}$$

● 単振り子の周期

長さ l の単振り子を微小な振れ角で振動させると，単振り子は単振動をする。このときの周期 T は，重力加速度を g として，
$$T = 2\pi\sqrt{\frac{l}{g}}$$

単振動の公式は図を見ながら覚えてね。

14 □ ケプラーの法則

● **第1法則** 惑星は太陽を1つの焦点とする楕円軌道を回る。

● **第2法則** 惑星が太陽のまわりに描く面積速度は一定である。

● **第3法則** 惑星の公転周期の2乗は楕円軌道の長半径の3乗に比例する。

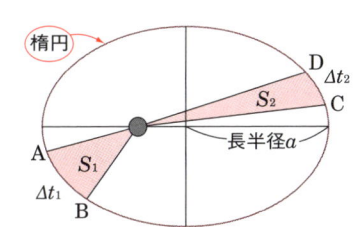

惑星がAからBに移動する時間 Δt_1 とCからDに移動する時間 Δt_2 が同じならば，$S_1 = S_2$ になる。

15 □ 万有引力の法則

質量 m と M の2つの物体が，距離 r 離れて存在するとき，物体にはたらく万有引力の大きさ F は，
$$F = G\frac{mM}{r^2} \qquad G：万有引力定数$$

16 □ 万有引力による位置エネルギー

地球の質量を M〔kg〕としたとき，地球の中心から r〔m〕の点にある質量 m〔kg〕の物体の万有引力による位置エネルギー U〔J〕は，無限遠方での位置エネルギーを0とすると，
$$U = -G\frac{mM}{r}$$

基礎の基礎を固める！

（　）に適語を入れよ。　答⇒別冊 p.13

22 等速円運動 ⚷11

等速円運動を行っている物体には，円の中心に向かう（❶　　　　）力がはたらいている。この力によって生じる加速度の向きは（❷　　　　）である。

23 等速円運動の向心力① ⚷11

質量 2.0 kg の物体が半径 0.50 m，速さ 1.5 m/s の等速円運動をしている。このとき物体にはたらいている力の大きさは（❸　　　　）N である。

24 等速円運動の角速度 ⚷11

半径 0.50 m，速さ 1.5 m/s の等速円運動をしている物体の角速度は，（❹　　　　）rad/s である。

25 等速円運動の加速度① ⚷11

半径 0.50 m，速さ 1.5 m/s の等速円運動をしている物体の加速度の大きさは，（❺　　　　）m/s² である。

26 等速円運動の速さ ⚷11

半径 0.20 m，角速度 3.0 rad/s で等速円運動をしている物体の速さは，（❻　　　　）m/s である。

27 等速円運動の加速度② ⚷11

半径 0.20 m，角速度 3.0 rad/s で等速円運動をしている物体の加速度の大きさは，（❼　　　　）m/s² である。

28 等速円運動の向心力② ⚷11

質量 2.0 kg の物体が，半径 0.20 m，角速度 3.0 rad/s で等速円運動をしている。このとき物体にはたらいている力の大きさは，（❽　　　　）N である。

29 慣性力 ⚷12

加速度 0.50 m/s² で運動している観測者が質量 10 kg の物体を見ると，物体には大きさ（❾　　　　）N の慣性力がはたらくように見える。

30 遠心力 ○ー12

角速度 3.1 rad/s で円運動している円板の，回転軸から 3.0 m の場所にいる 60 kg の人間にはたらく遠心力の大きさは，(⑩　　　　) N である。

31 単振り子 ○ー13

重力加速度の大きさを 9.8 m/s² とする。振れ角が小さいとき，糸の長さ 0.20 m の単振り子の周期は (⑪　　　　) s である。

32 ばね振り子 ○ー13

ばね定数 3.6 N/m のばねに，質量 0.10 kg の物体をつけて単振動させた。このばね振り子の周期は (⑫　　　　) s である。

33 ケプラーの法則 ○ー14

惑星は太陽を焦点とする (⑬　　　　) 軌道上を運動する。これをケプラーの (⑭　　　　) 法則という。惑星と太陽を結ぶ直線が 1 s 間に横切る (⑮　　　　) は一定である。これをケプラーの (⑯　　　　) 法則といい，(⑰　　　　) 一定の法則ともよぶ。

また，簡単な整数を使って表すと，惑星の公転周期の (⑱　　　　) 乗は長半径の (⑲　　　　) 乗に比例する。これをケプラーの (⑳　　　　) 法則という。

34 万有引力 ○ー15

月の公転半径は 3.8×10^5 km，万有引力定数は 6.7×10^{-11} N·m²/kg² であることから，質量 6.0×10^{24} kg の地球と質量 7.4×10^{22} kg の月との間にはたらく万有引力の大きさは (㉑　　　　) N である。

35 万有引力による位置エネルギー ○ー16

万有引力定数は 6.7×10^{-11} N·m²/kg²，位置エネルギーは無限遠方を 0 とすると，質量 6.0×10^{24} kg の地球のまわりを半径 1.0×10^4 km で円運動している，質量 7.0×10^4 kg の人工衛星の万有引力による位置エネルギーは (㉒　　　　) J である。

テストによく出る問題を解こう！

答 ➡ 別冊 p.14

20 [等速円運動] 必修

なめらかな水平面上で質量 m [kg] の小球が糸につながれ，半径 r [m]，速さ v [m/s] の等速円運動を行っている。

(1) 円運動の周期を求めよ。

(2) 糸の張力の大きさを求めよ。

21 [円すい振り子] 必修

長さ l [m] の糸につながれた質量 m [kg] の小球が水平面内で等速円運動を行っている。糸が鉛直方向とのなす角度を θ，重力加速度の大きさを g [m/s^2] として，以下の問いに答えよ。

(1) 糸の張力の大きさを m, g, θ を用いて表せ。

(2) 円運動の角速度を ω [rad/s] として，小球の円運動の方程式をつくれ。

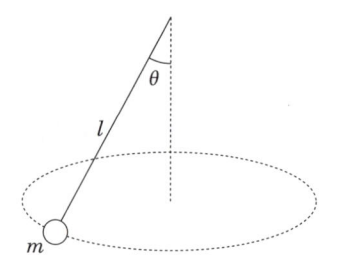

(3) 円すい振り子の周期を求めよ。

22 [鉛直面内での円運動]

長さ r [m] の糸につながれた質量 m [kg] の小球がある。糸につり下げられた小球に v_0 [m/s] の初速度を与えたところ，小球は鉛直面内で止まることなく円運動を始めた。重力加速度の大きさを g [m/s^2] として，次の問いに答えよ。

(1) 円運動を始めた直後の糸の張力の大きさを求めよ。

(2) 小球が円運動の最高点に達したときの速さを v〔m/s〕として,このときの糸の張力の大きさを求めよ。

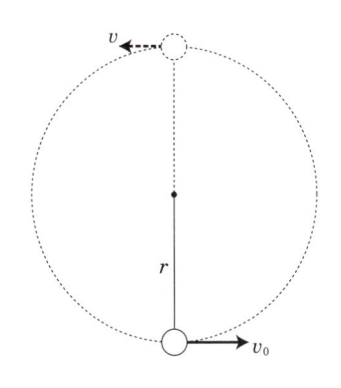

(3) v を v_0 を用いて表せ。

(4) 小球が円運動を続けるための v_0 の条件を求めよ。

ヒント (4) 最高点における糸の張力の条件から求める。

23 〔慣性力〕 テスト

加速度 a〔m/s^2〕で,水平な直線線路上を走行している電車内にいる人が,天井から糸でつり下げられた質量 m〔kg〕の物体を観測した。重力加速度の大きさを g〔m/s^2〕として,以下の問いに答えよ。

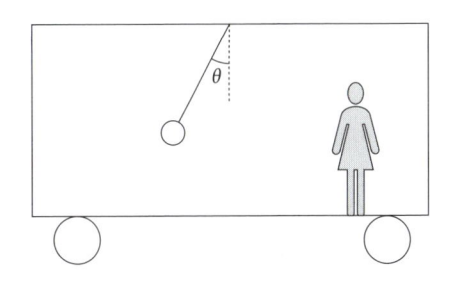

(1) 観測された物体をつるす糸は鉛直方向から角度 θ 傾いていた。$\tan\theta$ を求めよ。

このとき,物体をつるしていた糸が切れた。

(2) 糸が切れてから時間 t〔s〕後,観測者から見た水平方向の速さ v_x〔m/s〕と,水平方向の移動距離 x〔m〕を求めよ。

(3) 糸が切れてから時間 t〔s〕後,観測者から見た鉛直方向の速さ v_y〔m/s〕と,鉛直方向の移動距離(落下距離)y〔m〕を求めよ。

(4) 糸が切れてから時間 t〔s〕後,観測者から見た速さ v〔m/s〕を求めよ。

24 [物体の融合と慣性力] 必修

図のように，水平でなめらかな床の上に，質量 M [kg] の台車が置かれている。また，左側のなめらかな床は台車と同じ高さになっており，その上に質量 m [kg] の小物体がある。左側の床の上の小物体を，速度 v_0 で右向きに走らせた。小球は静止した台車に向かってまっすぐ進み，台車上をすべったあと，台車と一体となって運動した。小物体と台車上面との動摩擦係数を μ'，重力加速度の大きさを g [m/s²] とし，右向きを正にとって，以下の問いに答えよ。

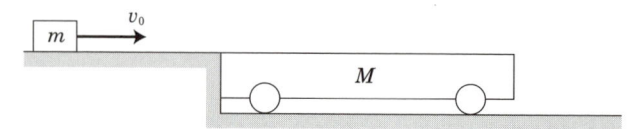

(1) 小物体が台車に乗って台車上をすべっているときの台車の加速度 a [m/s²] を求めよ。

(2) 台車上から小物体を見たときの加速度を b [m/s²] として，台車上から見た小物体の運動方程式を，a を含まない式で記せ。

(3) 小物体が台車に対して静止するまでの時間 t [s] を求めよ。

(4) 小物体が台車に対して静止するまでに，台車上をすべった距離を求めよ。

25 [遠心力]

角速度 ω [rad/s] で回転している水平に置かれた円板の上に，質量 m [kg] の小物体が置かれ，円板の上をすべらずに半径 r [m] の等速円運動をしている。この小物体を，円板上にいる観測者から見たときの運動について，以下の問いに答えよ。ただし，小物体と円板との静止摩擦係数を μ，重力加速度の大きさを g [m/s²] とする。

(1) 小物体にはたらく摩擦力の大きさを求めよ。

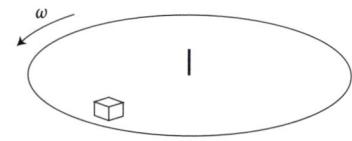

(2) 円板の回転を速くしていくと，角速度が ω_0 [rad/s] となった直後に，小物体は円板上をすべり始めた。ω_0 を求めよ。

26 [単振動]

質量 m [kg] の物体が、周期 T [s]、振幅 A [m] の単振動をしている。

(1) 単振動している物体の速さの最大値を求めよ。

(2) 単振動している物体に生じる加速度の最大値を求めよ。

(3) 単振動を行う物体には、変位 x に比例する力 F がはたらき、$F = -Kx$ のように表される。この単振動における比例定数 K を m, T を用いて表せ。

27 [鉛直ばね振り子] テスト

質量 m [kg] の物体をばね定数 k [N/m] のばねにつなぎ、天井からつるした。重力加速度の大きさを g [m/s²] として、以下の問いに答えよ。

(1) 物体が静止し、物体にはたらく力がつり合っているときのばねの伸びを求めよ。

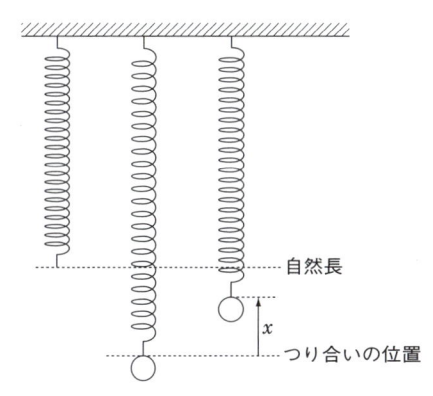

物体が静止している状態から、さらにばねを A [m] 伸ばし静かに放したところ、物体は単振動を行った。

(2) つり合いの位置を通過するときの、物体の速さを求めよ。

(3) ばねがつり合いの位置から上に x [m] 変位しているとき、物体の運動方程式を記せ。ただし、この単振動の角振動数を ω [rad/s] とする。

(4) この単振動の周期を A, g, m, k のうち必要なものを使って示せ。

28 [水平ばね振り子]

ばね定数 k [N/m] のばねの一端が壁に固定されており，もう一端に質量 m [kg] の物体がつながれ，なめらかな水平面上に置かれている。この物体をばねの方向に押し，ばねを A [m] 縮めてから静かに放したところ，物体は単振動を始めた。

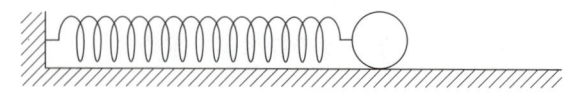

(1) 物体が振動の中心を通過するときの速さを求めよ。

(2) このばね振り子の周期を求めよ。

29 [単振り子]

質量 m [kg] の小物体を長さ l [m] の糸につけ，天井からつるした。物体を鉛直方向からわずかに傾けて，静かに放したところ，単振動をした。重力加速度の大きさを g [m/s^2] として，以下の問いに答えよ。ただし，適当な近似を行い，三角関数を含まない式で答えること。

(1) 振り子が，鉛直方向から $\theta \ll 1$ 傾いているとき，
　① 小物体にはたらく，接線方向の力の大きさ F [N] を，m，g，θ を用いて表せ。

　② 小物体の振動の中心からの変位 x [m] を，l，θ を用いて表せ。

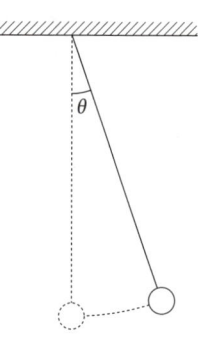

　③ F を，m，l，g，x を用いて表せ。

(2) この単振り子の周期 T [s] を，l，g を用いて表せ。

ヒント (1)① 小物体にはたらく力は重力と張力である。張力の接線方向の分力は 0 である。

30 ［円軌道で運動する人工衛星］ テスト

質量 M〔kg〕，自転周期 T〔s〕の惑星のまわりを運動する，質量 m〔kg〕の人工衛星がある。これについて，以下の問いに答えよ。ただし，惑星の半径を R〔m〕，万有引力定数を G〔N·m²/kg²〕とする。

(1) 惑星の表面すれすれを等速円運動する人工衛星の速さを求めよ。

(2) (1)で求めた速さを，重力加速度 g〔m/s²〕と R を用いて表せ。

(3) 人工衛星を静止衛星にするための，人工衛星と惑星の中心との距離を求めよ。

(4) 半径 r〔m〕の等速円運動をしている人工衛星を惑星の重力圏から脱出させるためには，人工衛星の速さをいくら以上にすればよいか。

31 ［楕円軌道で運動する人工衛星］ 難

図のように，惑星を1つの焦点とする楕円軌道を描く人工衛星がある。人工衛星が惑星に最も近づいたときの惑星と人工衛星との距離が r〔m〕，人工衛星が惑星から最も遠ざかったときの距離が $4r$〔m〕である。人工衛星が惑星に最も近づいたときの速さを v〔m/s〕，最も遠ざかったときの速さを V〔m/s〕，惑星の質量を M〔kg〕，人工衛星の質量を m〔kg〕，万有引力定数を G〔N·m²/kg²〕として，以下の問いに答えよ。

(1) ケプラーの第2法則を用いて，v と V の関係を表せ。

(2) (1)の結果と，力学的エネルギー保存の法則を用いて，v と V を，M，r，G を用いてそれぞれ表せ。

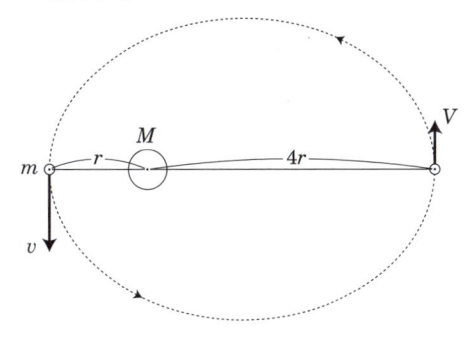

3章　円運動と万有引力

入試問題にチャレンジ！

答➡別冊 p.20

1 高さ h [m] の台の上に小物体 A が置かれ，その真下の床面上の点 O に小物体 B が置かれている。今，A を速さ v_0 [m/s] で水平に打ち出し，同時に B を，床と θ の角度をなす向きに打ち出した。B を打ち出す速さは，空中で A に衝突するように設定されているとして，次の問いに答えよ。ただし，重力加速度を g [m/s^2] とし，A と B の大きさや空気抵抗は無視できるものとする。

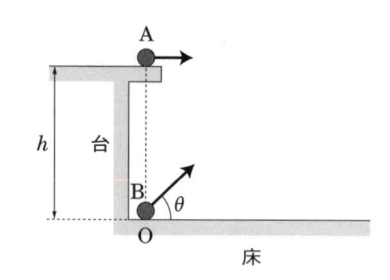

(1) 仮に B が A に衝突しなかったとしたら，A は床のどの地点に落下するか。その点の O からの距離 L_0 [m] を求めよ。

(2) B が A に衝突するとき，打ち出されてから衝突するまでの時間 T [s]，および衝突する位置（床からの高さ H [m] と O からの水平距離 L [m]）を求めよ。

(3) 衝突するまでの，B から見た A の相対速度の大きさ V [m/s] と向きを求めよ。

(4) B を打ち出す速さを 2 倍にしても，B を打ち出すタイミングを遅らせることで，空中で B を A に衝突させることができた。A を打ち出してから B を打ち出すまでの時間 T_1 [s] と，A を打ち出してから衝突するまでの時間 T_2 [s] を求めよ。

(群馬大)

2 長さ l で硬くて軽い棒の両端の点を A, B とする。点 A, B と棒上の点 C にそれぞれ質量 m_1, m_2, m_3 の小さな物体を取り付け，水平面に置いた。この棒にばね定数 k の軽いばねを点 A, B とその間の点 P のいずれかに取りつけて，それぞれ鉛直上向きに静かに引っ張り上げたところ，以下のようになった。図は点 A にばねを取り付けた場合を示す。

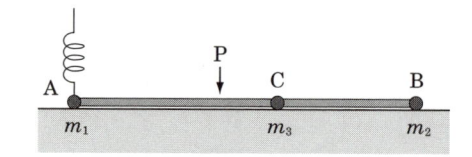

〔点 A の場合〕：ばねが自然長から u_1 伸びたとき，点 A が水平面から離れた。
〔点 B の場合〕：ばねが自然長から u_2 伸びたとき，点 B が水平面から離れた。
〔点 P の場合〕：ばねが自然長から u_3 伸びたとき，棒全体が水平のまま持ち上がった。

このとき以下の問いに答えよ。ただし，重力加速度の大きさを g とし，BC 間の距離を $xl (0 < x < 1)$，BP 間の距離を yl とする。

(1) u_1 を k, g, x, l, m_1, m_2, m_3 のうちから必要なものを使って表せ。

(2) u_2 を k, g, x, l, m_1, m_2, m_3 のうちから必要なものを使って表せ。

(3) u_3 を k, g, x, l, m_1, m_2, m_3 のうちから必要なものを使って表せ。

(4) 点 P のまわりの力のモーメントのつり合いを考えて，y を k, g, x, l, m_1, m_2, m_3 のうちから必要なものを使って表せ。

(5) 点 P が点 C に一致するときの x を求めよ。

(信州大)

3 図は中心軸Oが水平で内側の半径がRの円筒の断面を示す。その円筒のなめらかな内面の最下点Aに，大きさが無視できる質量mの小球が置かれている。この小球に円筒の中心軸に垂直，かつ水平方向に初速度を与えた。空気の抵抗を無視し，重力加速度をgとして，以下の問いに答えよ。

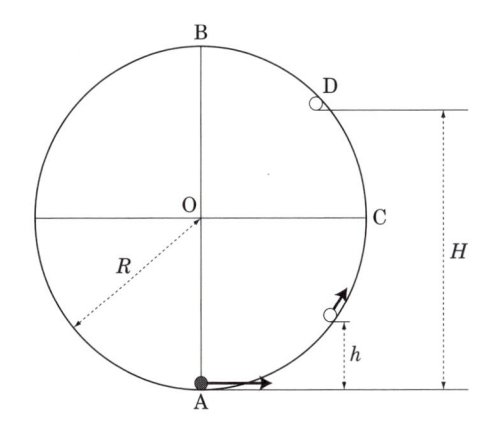

まず，小球が点Aから動き出し，円筒から離れずに，再び点Aに戻ったとする。

(1) 小球が点Aからの高さhを速さvで通過するとき，小球が円筒の内面から受ける抗力NをR, m, g, h, vを用いて示せ。

(2) 小球が円筒の内面の最高点Bを通過するために必要な点Aでの小球の最小の速さv_0をR, gを用いて示せ。

次に，小球はOと同じ高さにある円筒面の点Cを通過した後，弧BC上にあり点Aからの高さ$H(R<H<2R)$の点Dで面を離れたとする。

(3) 点Cに到達するために必要な点Aでの小球の最小の速さu_0をR, gを用いて示せ。

(4) 点Dでの小球の速さ$u(u_0<u<v_0)$をR, g, Hを用いて示せ。

(5) 小球が点Dで面を離れてから最も高い位置に至るまでの時間TをR, g, Hを用いて示せ。

(熊本大)

4 図に示すように，なめらかな床の上に置かれた質量m〔kg〕の小物体にばね定数k_1〔N/m〕とk_2〔N/m〕の2つのばねを直線をなすように取りつける。小物体に取りつけたばねのもう一方の端は，それぞれ，対面する壁に固定する。このとき，2つのばねは自然の長さになっているとする。ばねが自然の長さであるときの小物体の位置に原点Oをとり，ばねの長さ方向にx軸をとる。小物体を原点Oからx軸の正の方向にL_0〔m〕だけ変位させてから静かに手を離したところ，小物体はある周期の単振動をした。小物体やばねに作用する重力，空気抵抗，および床との摩擦による影響は無視できるとする。以下の問いに答えよ。

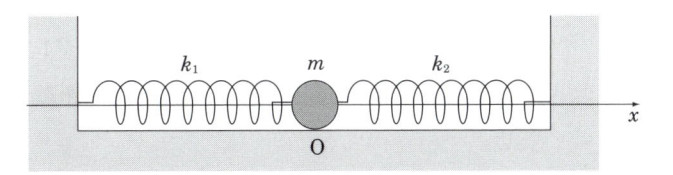

(1) 手を離す直前の小物体に作用する力をすべてあげ，それぞれの大きさを式で示せ。

(2) 手を離す直前にばねにたくわえられたエネルギーを式で示せ。

(3) 小物体が最初に原点を通過するときの速さを求めよ。

(4) 手を離してから最初に速さが0となるときの小物体の座標を求めよ。

(5) 単振動の周期をk_1, k_2およびmを用いて表せ。

(6) この装置を使って，質量の大きさを求める方法を説明せよ。

(福島大)

5 図1のような，水平な床に鉛直に立てられた高さ l 〔m〕の支柱に，支柱と同じ長さの軽くて伸びないひもを付け，さらにひもの先端に質量 m 〔kg〕で大きさの無視できるおもりを付けたハンマー投げマシンを考える。おもりを一定の角速度 ω 〔rad/s〕で矢印の向きに回転させると，ひもと支柱の角度が θ 〔rad〕となった。重力加速度の大きさを g 〔m/s²〕として，各問いに答えよ。

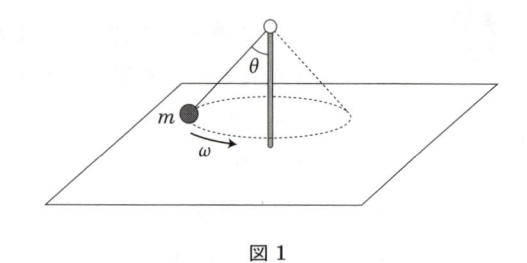

(1) おもりと支柱の水平距離を求めよ。
(2) おもりの床からの高さを求めよ。
(3) おもりの速さを，ω を用いた簡単な式で表せ。
(4) おもりとともに回転する立場では，図2のように，ひもの張力 T 〔N〕に加えて，水平方向と鉛直方向の力がそれぞれはたらく。水平方向の力と鉛直方向の力の名称およびその大きさをそれぞれ T を用いずに示せ。
(5) おもりとともに回転する立場では，おもりは静止しているように見え，このことからおもりにかかる力はつり合っている。水平方向と鉛直方向の力のつり合いの式をそれぞれ示せ。
(6) (5)で得られた2つの力のつり合いの式より，角速度 ω を求めよ。
(7) おもりが回転している状態でひもをはずし，おもりを投射したとき，おもりが床に衝突するまでの時間とおもりの水平到達距離を l, θ, g のうちで必要なものを用いて表せ。

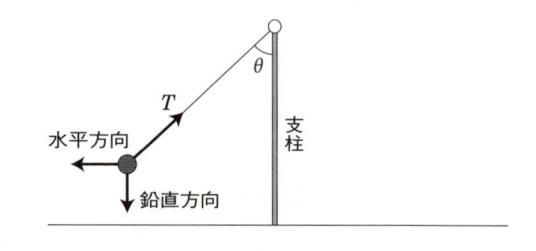

(愛知教育大)

6 底面積 S 〔m²〕，高さ H 〔m〕の直方体の物体を密度 ρ 〔kg/m³〕の水に浮かべたところ，図1のように深さ a 〔m〕で静止した。重力加速度の大きさを g 〔m/s²〕，直方体の物体の密度は一様とする。以下の問いでは，運動は鉛直方向のみに考えるものとする。

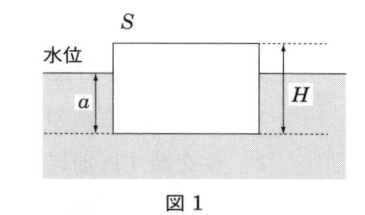

(1) 直方体の物体の密度 ρ_1 〔kg/m³〕を求めよ。
(2) 直方体の物体を少し鉛直方向に押して手を離すと，物体は振動を始めた。このときの物体の振動周期 T_1 〔s〕を求め，a, g を用いて表せ。

(3) 図2に示すように，質量 m 〔kg〕の粘土を，静止している直方体の物体の上方 h 〔m〕の高さから静かに物体の上面の中心に落下させた。衝突後，粘土は物体と一体となって振動した。以下の問いでは物体の上面はつねに水面以上にあるものとし，ρ_1 ならびに T_1 を含まない式で答えよ。

① 直方体の物体と粘土が一体となったときの振動周期 T_2〔s〕を求めよ。

② 衝突によって失われる力学的エネルギー〔J〕を求めよ。

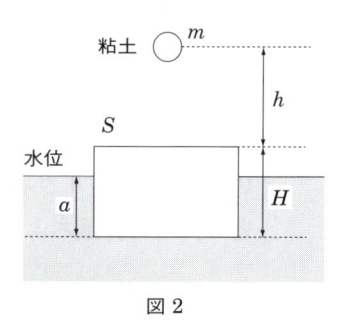

図2

(山梨大)

7 天井の点Aから自然長 l 〔m〕のゴムひもがつるされている。右図上のように，ゴムひもの下端に質量 m 〔kg〕の小球をつけて静止させたとき，ゴムひもは自然長の2倍の長さにまで伸びた。点Aから鉛直下向きに距離 l の点をBとする。ゴムひもが自然長より伸びたとき，小球にはフックの法則にしたがう復元力がはたらくが，小球が点Bより上にあるとき，ゴムひもは小球に力をおよぼさない。ゴムひもにおけるフックの法則の比例定数を k 〔N/m〕，重力加速度の大きさを g 〔m/s^2〕として，以下の問いに答えよ。

(1) 質量 m の小球に対する力のつり合いの式を書け。

質量 m の小球をはずして質量 $\dfrac{2}{3}m$ の小球をゴムひもの下端につけ，その小球を点Aまで持ち上げ静かに放す。その後小球は鉛直方向に運動し，右図下のように，最下点Dに到達した後，AD の間で往復運動を行う。小球が点Cにあるとき，重力とゴムひもからの復元力がつり合う。なお，以降の問いに対しては，k を用いずに答えよ。

(2) ADの長さを l を用いて表せ。

次の手順に従い，小球の往復運動の周期を求める。

(3) BCおよびCDの長さを求めよ。

(4) 小球が点Aから点Bに達するまでの時間 t_{AB}〔s〕を求めよ。

(5) BD間では，小球の運動は点Cを中心とした単振動になる。小球が点Cから点Dに達するまでの時間 t_{CD}〔s〕を求めよ。

(6) 小球が点Bから点Cに達するまでの時間 t_{BC}〔s〕を求めよ。

(7) 小球がADの間で行う往復運動の周期 T〔s〕を求めよ。

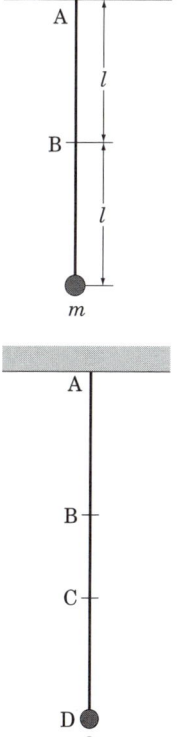

(大阪市大)

8 質量 m の小球に伸縮しない長さ l の糸をつけ，点 O でつるした振り子がある。点 O を中心とする円軌道上の最下点を P とし，線分 OP 上で点 P からの高さ $r\left(0 < r < \dfrac{l}{2}\right)$ の点 O′ に，じゅうぶん細くなめらかな棒を水平に固定した。重力加速度の大きさを g とし，糸の質量および空気抵抗は無視できるものとして，以下の問いに答えよ。

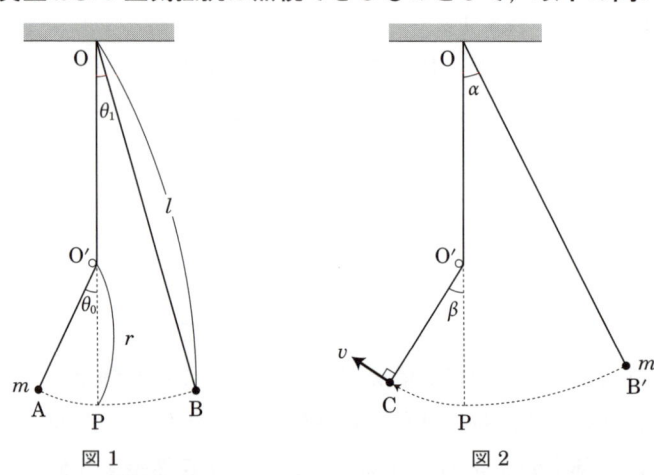

図1のように，糸を棒に触れさせ，左側の点 A で小球を静かに放すと，小球は点 P を通過して右端の点 B に到達したのち，ふたたび点 P を通過し点 A に戻った。直線 O′A と直線 OP のなす小さい角を θ_0 とし，直線 OP と直線 OB のなす角を θ_1 とする。

(1) 小球が点 A に戻ってきたとき，糸にかかる張力の大きさ T_A を，θ_0 を用いて表せ。
(2) 小球が点 B に達したとき，糸にかかる張力の大きさ T_B を，θ_1 を用いて表せ。
(3) $\cos\theta_1$ を l, r, θ_0 を用いて表せ。
(4) (3)で得られた $\cos\theta_0$ と $\cos\theta_1$ の関係式より，T_A と T_B のどちらが大きいと考えられるか。
(5) 小球が点 A から動き始めて点 A に戻るまでの時間(周期)を，g, l, r を用いて表せ。ただし，θ_0 および θ_1 はじゅうぶん小さいとする。

次に，右側の点から小球を放す場合を考える。図2のように，点 B′ から質量 m の小球を静かに放したところ，この小球は点 P を通過したのち，点 O′ を中心とする半径 r の円軌道を描き始めた。直線 OP と直線 OB′ のなす角を $\alpha\left(0 < \alpha < \dfrac{\pi}{2}\right)$ とする。

(6) 小球が点 P を通過するときの速さ v_P を g, l, α を用いて表せ。
(7) 直線 OP と糸のなす角が β である点を C とする。点 C における小球の速さ v_C を g, r, β および v_P を用いて表せ。
(8) 点 C における糸の張力の大きさ T_C を m, g, r, β および v_P を用いて表せ。
(9) r が一定の値 r_1 以下の場合，小球は点 O′ を中心に 1 回転することができる。r_1 を g および v_P を用いて表せ。

(名古屋市大)

⑨ 探査機が図1のように，地球の重力圏でABを長軸とする楕円軌道上を回っている。探査機の質量をm，地球の質量をM，地球の半径をR，地表での重力加速度の大きさをg，万有引力定数をGとして，以下の問いに答えよ。なお，探査機と地球は同一平面内を運動し，軌道を変えるときの加速による探査機の質量の損失はないものとする。

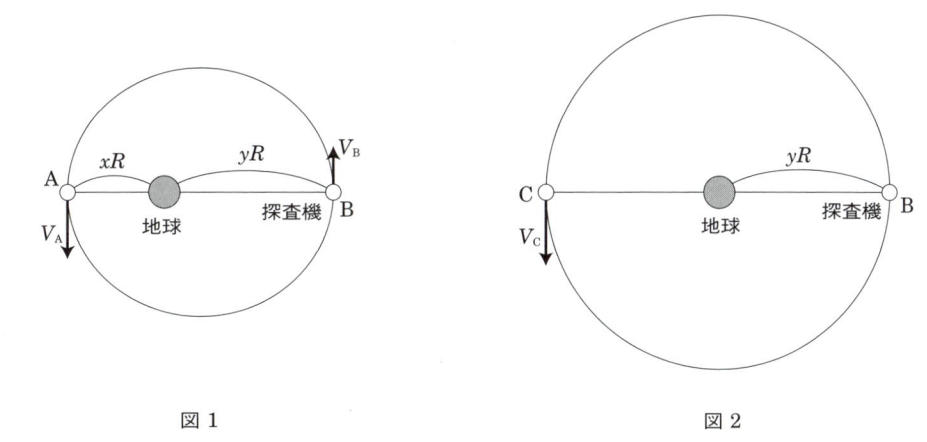

図1

図2

(1) Gをg，R，Mを用いて表せ。

地球に最も近い点(近地点)Aの地球中心からの距離はxR(地球の半径Rのx倍，$x > 1$)で，最も遠い点(遠地点)Bの地球中心からの距離はyR(地球の半径Rのy倍，$y > x$)である。

(2) 楕円軌道における点Aおよび点Bでの速度V_AおよびV_Bをx，y，g，Rを用いて表せ。

点Bで接線方向に加速して，図2のような，BCを直径とする円軌道に移った。

(3) BCを直径とする円軌道における速度V_Cをy，g，Rを用いて表せ。また，この公転周期T_{BC}をy，g，Rを用いて表せ。

(4) (3)での公転周期は，(2)での楕円軌道での公転周期の何倍か，x，yを用いて表せ。

(5) 探査機が円軌道の点Cにおいて，地球重力圏内から飛び去るために必要な最小の速度V_Dをy，g，Rを用いて表せ。また，これは(3)のV_Cの何倍か。

(静岡県大)

2編 熱とエネルギー

1章 気体の状態方程式

1 ボイルの法則

気体の量が変わらないようにして，温度を一定に保ちながら気体の状態を変化させたとき，気体の圧力 p〔Pa〕と体積 V〔m³〕は反比例する。

$$pV = 一定$$

2 シャルルの法則

気体の量が変わらないようにして，圧力を一定に保ちながら気体の状態を変化させたとき，気体の絶対温度 T〔K〕と体積 V〔m³〕は比例する。

$$\frac{V}{T} = 一定$$

3 ボイル・シャルルの法則

気体の量が変わらないようにして，気体の状態を変化させたとき，気体の圧力 p〔Pa〕と体積 V〔m³〕，絶対温度 T〔K〕には次の関係式が成り立つ。

$$\frac{pV}{T} = 一定$$

ボイル・シャルルの法則が厳密に成り立つ気体を**理想気体**とよぶ。

4 理想気体の状態方程式

気体の量 n〔mol〕の理想気体の圧力が p〔Pa〕，体積が V〔m³〕，絶対温度が T〔K〕のとき，**理想気体の状態方程式**は，

$$pV = nRT$$

である。R〔J/(mol·K)〕を気体定数とよぶ。

5 内部エネルギー

定積モル比熱が C_V〔J/(mol·K)〕で一定の気体 n〔mol〕の絶対温度が T〔K〕のとき，気体の内部エネルギー U〔J〕は，

$$U = nC_V T$$

単原子分子理想気体では，$C_V = \frac{3}{2}R$ なので，単原子分子理想気体 n〔mol〕の絶対温度が T〔K〕のとき，内部エネルギー U〔J〕は運動エネルギーの和であり，

$$U = \frac{3}{2}nRT$$

基礎の基礎を固める！

( )に適語を入れよ。　答⇒別冊 p.28

1 ボイルの法則　○→1

体積 $3.0 \times 10^{-3}\,\mathrm{m^3}$ の理想気体の温度を一定に保ちながら，圧力を $1.0 \times 10^5\,\mathrm{Pa}$ から $1.5 \times 10^5\,\mathrm{Pa}$ に変化させた。このとき，理想気体の体積は (❶　　　　) $\mathrm{m^3}$ となる。

2 シャルルの法則　○→2

体積 $2.0 \times 10^{-3}\,\mathrm{m^3}$ の理想気体の圧力を一定に保ちながら，温度を 27 ℃ から 87 ℃ に上昇させた。このとき，理想気体の体積は (❷　　　　) $\mathrm{m^3}$ となる。

3 ボイル・シャルルの法則　○→3

密閉された容器に閉じこめられた理想気体がある。はじめ，気体の圧力は $1.0 \times 10^5\,\mathrm{Pa}$，体積は $1.1 \times 10^{-2}\,\mathrm{m^3}$，温度は 27 ℃ であった。この気体に熱を加え，温度を 77 ℃ に変化させると，体積は $1.2 \times 10^{-2}\,\mathrm{m^3}$ になった。このときの圧力は (❸　　　　) Pa である。

4 理想気体の状態方程式　○→4

物質量が 2.0 mol で温度が 27 ℃ の理想気体の圧力が $1.0 \times 10^5\,\mathrm{Pa}$ であった。気体定数を $8.3\,\mathrm{J/(mol \cdot K)}$ とすると，この理想気体の体積は (❹　　　　) $\mathrm{m^3}$ である。

5 気体の分子運動と内部エネルギー　○→5

理想気体では，熱運動による (❺　　　　) の和が，気体の内部エネルギーである。

6 比熱と内部エネルギー　○→5

物質量が 2.0 mol，温度が 27 ℃ の気体がある。この気体の定積モル比熱が $12\,\mathrm{J/(mol \cdot K)}$ で一定であるとすれば，この気体のもつ内部エネルギーは (❻　　　　) J である。

7 単原子分子理想気体の内部エネルギー　○→5

物質量 3.0 mol の単原子分子理想気体の温度が 17 ℃ である。気体定数を $8.3\,\mathrm{J/(mol \cdot K)}$ とすると，この単原子分子理想気体のもつ内部エネルギーは (❼　　　　) J である。

テストによく出る問題を解こう！

答⇒別冊 p.29

1 ［理想気体の状態方程式］

質量 M，断面積 S のなめらかに動くピストンがついたシリンダーに理想気体が封入されている。図のように，外気圧 p_0，温度 T のもとでシリンダーを(A)鉛直上向きと(B)鉛直下向きにしたとき，気体の体積はそれぞれ V_A と V_B であった。重力加速度を g，気体定数を R として，以下の問いに答えよ。

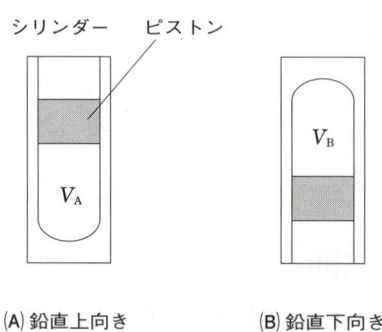

(A)鉛直上向き　　(B)鉛直下向き

(1) 配置(A)と配置(B)の気体の圧力 p_A と p_B を求めよ。

(2) 外気圧 p_0 を，V_A，V_B，M，S，g を用いて表せ。

(3) 気体の物質量 n を，V_A，V_B，T，M，S，g，R を用いて表せ。

(4) ピストンの質量は $M = 2.5\,\text{kg}$，断面積は $S = 50\,\text{cm}^2$，気体の温度は $T = 300\,\text{K}$，気体の体積は配置(A)で $V_A = 0.90 \times 10^3\,\text{cm}^3$，配置(B)で $V_B = 1.00 \times 10^3\,\text{cm}^3$ である。重力加速度を $g = 9.8\,\text{m/s}^2$，気体定数を $R = 8.3\,\text{J/(mol·K)}$ として，気体の物質量 n を求めよ。

2 [気体の分子運動] テスト

1辺の長さが L〔m〕の立方体の容器がある。その中に，圧力 p〔Pa〕，温度 T〔K〕の理想気体が入っている。この気体は質量 m〔kg〕の単原子分子で構成され，その分子の数は非常に多く N 個である。これらの分子は壁面と弾性衝突するものとし，分子どうしの衝突および重力の影響は無視する。

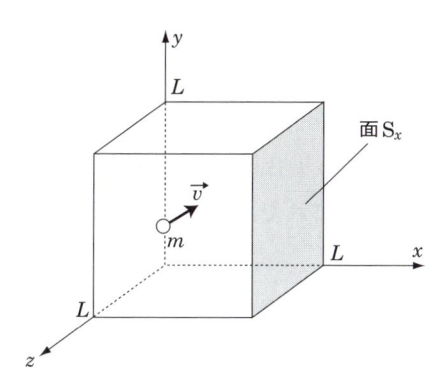

図のように，座標軸を立方体の各面と垂直にとり，x 軸と垂直な1つの面 S_x に気体分子が衝突することから気体の圧力を考えよう。

速度 $\vec{v} = (v_x, v_y, v_z)$〔m/s〕で運動している1個の分子が面 S_x に衝突し，はね返ると速度は（ ① , v_y, v_z）となる。そのときの運動量の変化から1個の分子が1回の衝突で面 S_x に与える力積は ② 〔N·s〕である。分子が面 S_x と1回目の衝突をし，立方体内を往復して同じ面 S_x と2回目の衝突をするまでに x 方向に移動する距離は $2L$〔m〕であるので，衝突から次の衝突までの時間は ③ 〔s〕となる。よって，じゅうぶん長い時間 t〔s〕の間に衝突する回数は ④ である。

時間 t の間に1個の分子から面 S_x が受ける平均の力を $\bar{f}$〔N〕とすると，1個の分子から面 S_x が受ける力積 $\bar{f}t$〔N·s〕は ② × ④ と表すことができ，平均の力 $\bar{f}$ を求めると $\dfrac{mv_x^2}{L}$ となる。N 個の分子の v^2 の平均を $\overline{v^2}$，v_x^2 の平均を $\overline{v_x^2}$ とすると，分子の運動はどの方向にも均等なので $\overline{v_x^2} =$ ⑤ $\overline{v^2}$ となる。したがって，面 S_x が N 個の分子から受ける力 F〔N〕は $\bar{f}$ の総和であることから，$F = \dfrac{m\overline{v^2}N}{3L}$ のように表され，面 S_x が受ける圧力 p は， ⑥ 〔Pa〕のように求めることができる。

容器の中に気体が n〔mol〕あるとすれば，気体の分子の数 N は，アボガドロ定数 N_A を使って nN_A と表される。気体定数を R〔J/(mol·K)〕とした理想気体の状態方程式に上で求めた圧力 $p =$ ⑥ の式を代入することにより，単原子分子1個の運動エネルギーの平均値を $\dfrac{1}{2}m\overline{v^2} =$ ⑦ 〔J〕と表すことができる。単原子分子の理想気体の内部エネルギーは，分子の平均運動エネルギーだけであるので，この容器の中の気体の内部エネルギー U〔J〕は $U =$ ⑧ である。

2章 気体の変化とエネルギー

🔑 6 □ 気体がされた仕事

一定の圧力 p〔Pa〕を保ったまま,気体の体積が ΔV〔m³〕増加したとき,**気体のした仕事は $p\Delta V$** である。このとき**気体のされた仕事** W〔J〕は,

$$W = -p\Delta V$$

と表すことができる。

気体の圧力が変化する場合に気体のした(された)仕事の大きさは,p–V 図上でグラフと V 軸に囲まれた部分の面積に等しい。

🔑 7 □ 熱力学の第1法則

気体に熱が Q〔J〕加えられ,W〔J〕の仕事をされたとき,気体の内部エネルギーの増加量 ΔU〔J〕は,

$$\Delta U = Q + W$$

🔑 8 □ 気体の状態変化

- **定積変化** 体積が一定の変化であり,$\Delta V = 0$。気体は仕事をすることもされることもない。
- **定圧変化** 圧力が一定の変化。
- **等温変化** 温度が一定の変化。内部エネルギーは変化せず,$\Delta U = 0$。
- **断熱変化** 熱の出入りがない変化であり,$Q = 0$。
- **ポアソンの法則** 理想気体の断熱変化では,圧力 p〔Pa〕と体積 V〔m³〕の間には,

$$pV^\gamma = 一定$$

という関係式が成り立つ。

ここで,$\gamma = \dfrac{C_p}{C_V}$ であり,γ のことを**比熱比**とよぶ。

🔑 9 □ モル比熱

1 mol の気体の温度を 1 K 上昇させるのに必要な熱量を**モル比熱**という。

- **定積モル比熱** 気体の体積を変化させずに,1 mol の気体の温度を 1 K 上昇させるのに必要な熱量を**定積モル比熱**といい,C_V で表す。
- **定圧モル比熱** 気体の圧力を変化させずに,1 mol の気体の温度を 1 K 上昇させるのに必要な熱量を**定圧モル比熱**といい,C_p で表す。

基礎の基礎を固める！

( )に適語を入れよ。　答➡別冊 p.30

8　気体のする仕事①　6

圧力を 1.0×10^5 Pa に保ちながら，体積を 2.0×10^{-4} m³ 増加させた。このとき，気体がした仕事は（❶　20　）J である。

9　気体のする仕事②　6

気体の圧力と体積が右のグラフのように変化した。このとき，気体のした仕事は（❷　220　）J である。

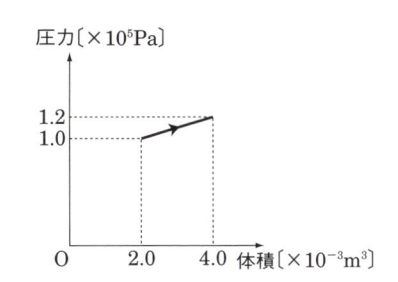

10　熱力学の第 1 法則　7

図のように，なめらかに動くことができる軽いピストンのついた断熱性のシリンダーがあり，中に気体が密閉されている。この気体に 1.0×10^3 J の熱を加えたところ，気体の体積が 4.0×10^{-3} m³ 増加した。気体の圧力が 1.0×10^5 Pa で保たれていたなら，この操作で気体の内部エネルギーは（❸　600　）J 増加したといえる。

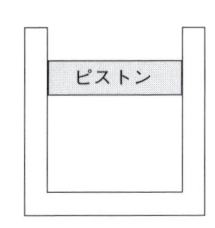

11　p-V 図　8

右のグラフの中には，状態 A から定積変化，定圧変化，等温変化，断熱変化を表す 4 本の線が記されている。①～④の線は，それぞれ何変化を表しているか。

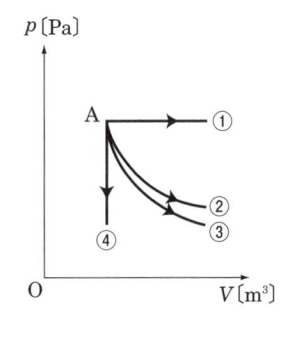

①：（❹　定圧　）変化
②：（❺　等温　）変化
③：（❻　断熱　）変化
④：（❼　定積　）変化

12　モル比熱　9

ある条件でモル比熱 21 J/(mol·K) となる気体が 4.0 mol ある。この条件下でこの気体の温度を 20 K 上昇させるために必要な熱量は（❽　1680　）J である。

3 [定積変化]

定積モル比熱 C_V [J/(mol·K)], 定圧モル比熱 C_p [J/(mol·K)] の理想気体 n [mol] がある。最初, 理想気体は圧力 P_0 [Pa], 体積 V_0 [m³], 温度 T_0 [K] であった。この理想気体に, 圧力を P_0 に保ちながら熱をゆっくりと加えていったところ, 体積が V [m³], 温度が T [K] になった。気体定数を R [J/(mol·K)] として, 以下の問いに答えよ。

(1) 気体の内部エネルギーの増加量を, C_V, n, T_0, T を用いて表せ。

(2) 気体に加えられた熱量を, C_p, n, T_0, T を用いて表せ。

(3) 気体のした仕事を, n, T_0, T, R を用いて表せ。

(4) C_V と C_p の間に成り立つ関係式を求めよ。

ヒント (4) 熱力学第1法則に(1)～(3)の結果を用いればよい。

4 [シリンダー内の気体] 必修

なめらかに動くことができるピストンのついた, 断面積 S [m²] のシリンダー内に, n [mol] の単原子分子理想気体を封入した。シリンダーの底には, 熱容量の無視できるヒーターがついていて, 気体に熱を加えることができる。シリンダーやピストンは断熱材でできており, ヒーター以外の熱の出入りは無視できる。はじめ, ピストンはシリンダーの底から l [m] の位置で静止していた。気体定数を R [J/(mol·K)], 外部の気体の圧力を P_0 [Pa], 重力加速度の大きさを g [m/s²], ピストンの質量は無視できるとして, 以下の問いに答えよ。

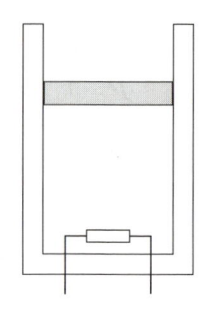

ヒーターのスイッチを切り, ピストンの上に質量 M [kg] のおもりをのせたところ, ピストンはゆっくり Δl [m] 下がって静止した。

(1) シリンダー内の気体の圧力を求めよ。

(2) シリンダー内の気体の温度を求めよ。

(3) シリンダー内の気体の内部エネルギー増加量を求めよ。

シリンダー内の気体に熱を加え、ピストンの高さをもとの位置に戻した。
(4) シリンダー内の気体の温度を求めよ。

(5) シリンダー内の気体の内部エネルギー増加量を求めよ。

(6) シリンダー内の気体に加えられた熱量を求めよ。

5 [p-V図] テスト

1molの単原子分子理想気体を，圧力と体積を右図のように状態Aから状態B，状態C，状態D，状態Aへと変化させた。状態Aの温度をT_0〔K〕，気体定数をR〔J/(mol・K)〕として，以下の問いに答えよ。

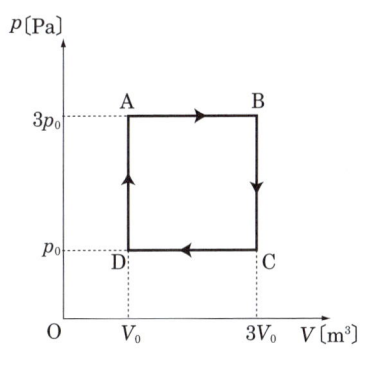

(1) 状態B，C，Dの温度をT_0を用いて表せ。

(2) 状態AからBへの変化で気体のした仕事をT_0を用いて表せ。

(3) 状態AからBへの変化で内部エネルギーの増加量をT_0を用いて表せ。

(4) 状態AからBへの変化で気体に加えられた熱量をT_0を用いて表せ。

(5) A→B→C→D→Aの熱サイクルでの熱効率は何％か。有効数字2桁で表せ。

ヒント (5) 気体がした仕事を，気体に加えられた熱量で割ればよい。

入試問題にチャレンジ！

答➡別冊 p.33

1 図のようなシリンダーがあり，内部には弁のついた仕切り板が固定してある。その右側にはなめらかに動くことができるピストンがついており，その外側は常に圧力 P_0 に保たれている。仕切り板の左側と右側の空間をそれぞれ空間1，空間2とする。空間2にはヒーターが取り付けられており，熱を与えることができる。また，シリンダー，仕切り板，ピストンは全て断熱材でできている。

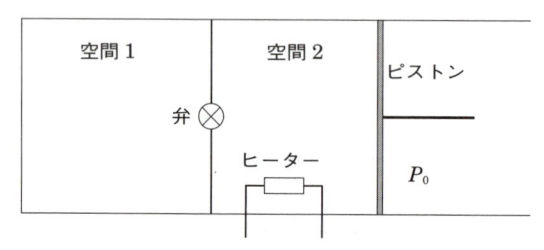

はじめ弁は閉じられており，空間1には n_1〔mol〕の，また空間2には n_2〔mol〕の同種類の単原子分子理想気体が入っている。このときの空間1の圧力と体積を P_1, V_1, 空間2の圧力と体積を P_0, V_2 とする。気体定数を R として，以下の問いに答えよ。

(1) はじめの状態における空間1，空間2の気体の温度をそれぞれ求めよ。

次に，ヒーターを使って空間2の気体に熱量 Q をゆっくりと与えると，気体は膨張した。

(2) 膨張後の空間2の気体の温度を求めよ。
(3) 膨張後の空間2の体積，および，膨張の過程において気体が外部に対して行った仕事を求めよ。

以下の問いでは，小問(2)(3)における膨張後の体積を $V_2{}'$ として答えよ。
空間2の気体が膨張した状態でピストンをシリンダーに固定した。その後，仕切り板の弁を開き，じゅうぶんに時間が経過した。

(4) このときの全気体の内部エネルギーを求めよ。
(5) このときの気体の温度と圧力を求めよ。

(電気通信大改)

2 図に示すように，圧力 p_0 の大気中に鉛直に置かれた断面積 S のピストンつきの円筒形の容器に，物質量 n の単原子分子の理想気体が閉じこめられている。

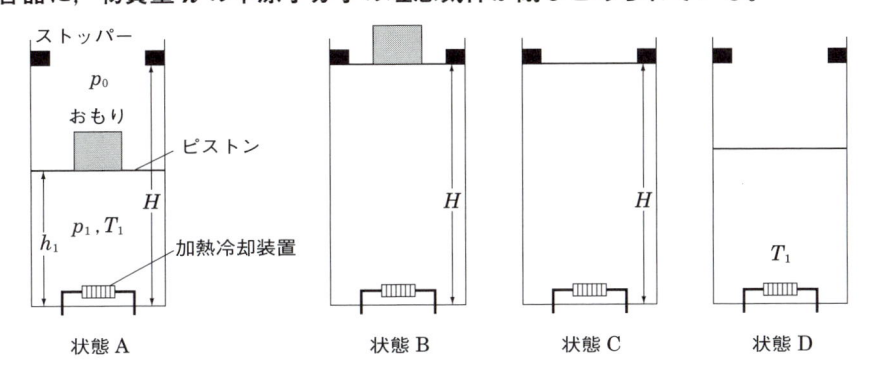

ピストンはなめらかに動き，その質量および厚さは無視できる。容器の底には，体積の無視できる加熱冷却装置が備えられている。容器およびピストンは断熱材でできている。また，容器の底から高さ H の位置に小さなストッパーがあり，ピストンが止まるようになっている。以下の問いに答えよ。ただし，気体定数を R とする。

ピストンの上におもりを乗せたところ，図の状態 A になった。このとき，ピストンの高さは h_1，容器内部の気体の圧力は p_1，絶対温度は T_1 であった。次に，気体を加熱したところ，ピストンがちょうどストッパーに接する位置で止まり，このときピストンがストッパーを押す力は 0 であった(状態 B)。

(1) 状態 B での気体の絶対温度を，T_1 を含む簡単な式で表せ。
(2) 状態 A から状態 B の過程において，気体が外部にした仕事および気体に与えられた熱量を求めよ。

次に，おもりを取りのぞいたところ，ピストンがストッパーを強く押した。続いて気体を冷却したところ，ピストンは動かずにストッパーを押す力が 0 になった(状態 C)。

(3) 状態 C での気体の絶対温度を，T_1 を含む簡単な式で表せ。
(4) 状態 B から状態 C の過程において，気体から奪われた熱量を，p_0, p_1, H, S を用いて表せ。

さらに，気体を絶対温度 T_1 になるまで冷却したところ，ピストンが降下した(状態 D)。

(5) 状態 D でのピストンの高さを，h_1 を含む簡単な式で表せ。
(6) 状態 C から状態 D の過程において，気体から奪われた熱量を，p_0, p_1, H, h_1, S を用いて表せ。

(鳥取大 改)

3 質量が m〔kg〕の単原子分子 N 個からなる理想気体が，図に示すようにシリンダー内に閉じこめられている。断面積 S〔m²〕のピストンは最初，シリンダーの左端から距離 L〔m〕のところに固定されている。気体分子はシリンダーの内壁やピストンと弾性衝突するが，分子同士の衝突はないものとする。また，シリンダーやピストンの比熱は無視できるほど小さく，加えられた熱量はすべて気体分子の運動エネルギーの増加に使われるものとする。x，y，z 軸を図のようにとり，気体定数を R〔J/(mol·K)〕，アボガドロ定数を N_A〔/mol〕として，以下の問いに答えよ。

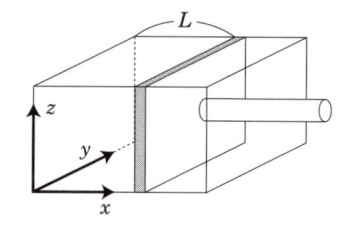

(1) シリンダー内の理想気体の圧力を P〔Pa〕，温度を T〔K〕とする。S，L，P，T の間に成り立つ関係式を記せ。

(2) x 方向の速度成分が v_x〔m/s〕である気体分子が Δt〔s〕の間にピストンへ与える力積はいくらか。

(3) シリンダー内の気体分子の速度の2乗平均を $\overline{v^2}$〔m²/s²〕とする。シリンダー内の圧力 P〔Pa〕を $\overline{v^2}$ を用いて表せ。

(4) 容器内の理想気体の温度を 1K 上げるために外部から加える熱量 Q〔J〕はいくらか。

(5) ピストンがなめらかに動けるように固定を解いてからシリンダーを加熱したところ，圧力は一定に保たれたまま理想気体の温度が 1K 上昇した。このとき外部から加えられた熱量 Q'〔J〕はいくらか。

(山梨大)

4 図のように，内側の断面積 S のシリンダーが水平に置かれた熱源の上に置いてある。シリンダーには質量 M のピストンが入っており，自然長 a のばねで底面とつながっている。このピストンは鉛直方向になめらかに動くことができる。シリンダーの側壁は熱を通さず，底面は熱を通すことができる。また，ピストンは熱を通さない。シリンダーの側壁の下部にはコックがあり，気体を出し入れすることができる。シリンダーの高さはじゅうぶんに大きく，ピストンが飛び出ることはない。ばねの質量は無視できるものとし，重力加速度の大きさを g，気体定数を R，大気圧を p_0 として，以下の問いに答えよ。

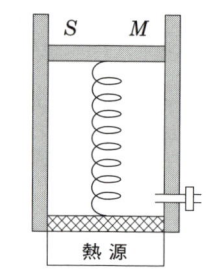

(1) シリンダーの中を真空にすると，ばねの長さは $\frac{1}{2}a$ になった。このばねのばね定数を求めよ。

熱源の温度を T_1 にし，コックを開いてばねの長さが a になるまで単原子分子理想気体をゆっくりシリンダーの中に入れ，コックを閉じたところ，シリンダー内の気体の圧力は p_1 となった。

(2) このときに成り立つ力のつり合いの式を求めよ。

(3) シリンダー内の気体の物質量(モル数)を求めよ。

次に，シリンダー内の気体の温度が $3T_1$ になるように熱源の温度を上げたところ，この気体の圧力は p_2 となった。また，このときのばねの伸びが x となった。

(4) このときに成り立つ力のつり合いの式を求めよ。

(5) シリンダー内の気体の内部エネルギーの増加量 ΔU を求めよ。

(6) シリンダー内の気体がした仕事 W，および熱源がこの気体に与えた熱量 Q を，x を含んだ式で表せ。

(7) ばねの伸びが $x = \dfrac{1}{2}a$ となることを導け。

(奈良女子大)

5　1 mol の単原子分子の理想気体が温度 T_0〔K〕，体積 V_0〔m³〕，圧力 p_0〔Pa〕の状態 A にある。図のように，気体の状態が A → B → C → A の順に変化する過程を考える。過程 A → B は状態 A から気体の体積を一定に保って圧力 $3p_0$ の状態 B へ変化する過程である。過程 B → C は状態 B から体積 V_C〔m³〕，圧力 p_0 の状態 C への断熱変化の過程である。この過程では，気体に出入りする熱量はなく，$pV^{\frac{5}{3}} = $ 一定という関係が成り立つ。過程 C → A は圧力を一定に保って状態 C から状態 A へ変化する過程である。気体定数を R〔J/(mol·K)〕とし，過程 A → B において，気体が得る熱量を $Q_{AB} = 3RT_0$〔J〕として，以下の問いに答えよ。ただし，$3^{\frac{3}{5}} = 1.93$ とする。

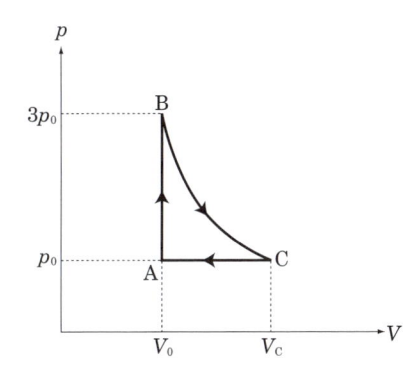

(1) 過程 A → B，B → C，C → A のうち，気体の温度が上昇する過程をすべて答えよ。

(2) 過程 A → B において，気体の内部エネルギーの変化量 ΔU_{AB}〔J〕を R と T_0 を用いて表せ。

(3) 状態 C の体積 V_C を V_0 を用いて表せ。

(4) 過程 B → C において，体積 V〔m³〕の状態における気体の温度 T〔K〕を V，T_0，V_0 を用いて表せ。

(5) 過程 C → A において，気体が失う熱量 Q_{CA}〔J〕を R，T_0 を用いて表せ。

(6) 過程 A → B → C → A の 1 サイクルにおける熱効率 $e = \dfrac{W}{Q_{AB}}$ を計算せよ。ここで W〔J〕は 1 サイクルの間に気体が外部にする仕事である。

(愛知教育大)

3編 波

1章 波の性質

1 □ 波の干渉

いくつかの波源から出た波が場所によって強め合ったり弱め合ったりする現象を，**干渉**という。

m を 0 以上の整数として，

経路差 $|r_1 - r_2| = \begin{cases} 2m \cdot \dfrac{\lambda}{2} & \cdots\cdots\cdots \text{強め合う（波源が同位相）／弱め合う（波源が逆位相）} \\ (2m+1)\dfrac{\lambda}{2} & \cdots\cdots\cdots \text{弱め合う（波源が同位相）／強め合う（波源が逆位相）} \end{cases}$

2 □ 正弦波の式

振幅 A，周期 T，波長 λ で表される波による，原点 $x=0$ における媒質の変位 y が，

$$y = A \sin 2\pi \dfrac{t}{T}$$

で表され，x 軸の正の向きに波が伝わるとき，座標 x における時刻 t での媒質の変位 y は，

$$y = A \sin 2\pi \left(\dfrac{t}{T} - \dfrac{x}{\lambda} \right)$$

で表される。また，x 軸の負の向きに伝わるとき，座標 x における時刻 t での媒質の変位 y は，

$$y = A \sin 2\pi \left(\dfrac{t}{T} + \dfrac{x}{\lambda} \right)$$

で表される。

3 □ 波の反射・屈折

●**反射の法則** 波が反射するときには，

入射角＝反射角

●**屈折の法則** 媒質Ⅰから媒質Ⅱへ波が伝わるとき，入射角 i と屈折角 r の間には，

$$n_{12} = \dfrac{\sin i}{\sin r}$$

の関係がある。ここで，n_{12} は媒質Ⅰに対する媒質Ⅱの**屈折率**である。

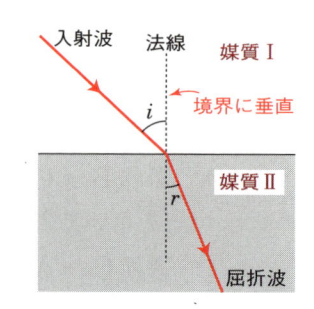

4 □ 波の回折

波が障害物の後ろ側に回りこむ現象を**回折**という。

基礎の基礎を固める！

( )に適語を入れよ。　答➡別冊 p39

1 波の干渉①

図のように，波源 S_1 と波源 S_2 から波長 λ，振幅 A の波が伝わっている。実線が波の山を，破線が波の谷を表している。

(1) この瞬間には，波源 S_1 から伝わってきた波はP点で(❶　　　)に，波源 S_2 から伝わってきた波はP点で(❷　　　)になっているので，P点は干渉によって(❸　　　)合う場所である。

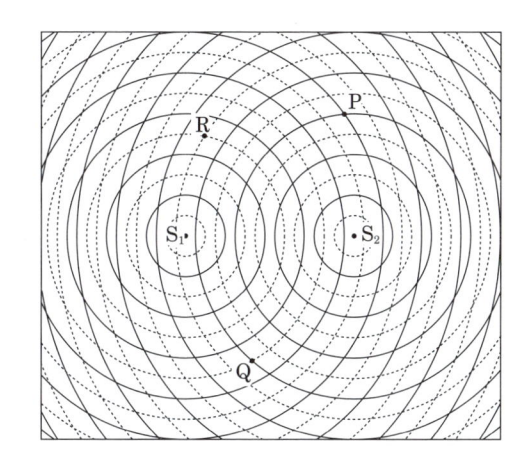

(2) この瞬間には，波源 S_1 から伝わってきた波はQ点で(❹　　　)に，波源 S_2 から伝わってきた波はQ点で(❺　　　)になっているので，Q点は干渉によって(❻　　　)合う場所である。

(3) この瞬間には，波源 S_1 から伝わってきた波はR点で(❼　　　)に，波源 S_2 から伝わってきた波はR点で(❽　　　)になっているので，R点は干渉によって(❾　　　)合う場所である。

2 波の干渉②

図のように，波源 S_1 と波源 S_2 から波長 λ，振幅 A の波が伝わっている。実線が波の山を，破線が波の谷を表している。距離 S_1P を λ を用いて表すと，

　　　$S_1P = ($❿　　　$)$

距離 S_2P を λ を用いて表すと，

　　　$S_2P = ($⓫　　　$)$

よって，波源 S_1 と波源 S_2 からP点までの経路差は，波長 λ を用いて，

　　　$|S_1P - S_2P| = ($⓬　　　$)$

P点は(⓭　　　)によって波が強め合う場所なので，S_1，S_2 から出た同位相の波が強め合うための条件は，経路差が波長の(⓮　　　)倍であることだと確かめられる。

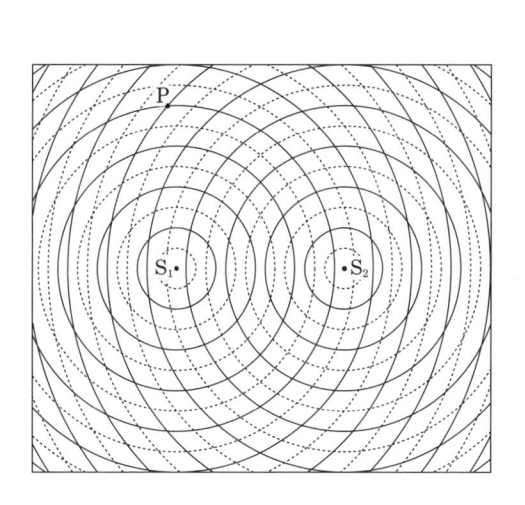

3 正の向きに進む正弦波の式 🔑2

x 軸上を正の向きに速さが v [m/s] で伝わる正弦波がある。原点の振動が座標 x [m] の場所に伝わるのにかかる時間は (⑮   ) であるから，座標 x の場所では原点の振動より時間 (⑯   ) だけ (⑰   ) 振動する。座標 x における時刻 t での媒質の変位 y [m] は，原点における時刻 (⑱   ) における変位に等しいので，原点の振動が $y = A \sin 2\pi \dfrac{t}{T}$ で表されるとき，座標 x における時刻 t での媒質の変位 y [m] は，

$$y = A \sin 2\pi \dfrac{(⑲ \qquad)}{T}$$

となる。波長 λ [m] を用いて表すと，

$$y = A \sin 2\pi \{(⑳ \qquad)\}$$

である。

4 負の向きに進む正弦波の式 🔑2

x 軸上を負の向きに速さが v [m/s] で伝わる正弦波がある。座標 x [m] の振動が原点に伝わるのにかかる時間は (㉑   ) であるから，座標 x の場所では原点の振動より時間 (㉒   ) だけ (㉓   ) 振動する。座標 x における時刻 t での媒質の変位 y [m] は，原点における時刻 (㉔   ) における変位に等しいので，原点の振動が $y = A \sin 2\pi \dfrac{t}{T}$ で表されるとき，座標 x における時刻 t での媒質の変位 y [m] は，

$$y = A \sin 2\pi \dfrac{(㉕ \qquad)}{T}$$

となる。波長 λ [m] を用いて表すと，

$$y = A \sin 2\pi \{(㉖ \qquad)\}$$

である。

5 反射の法則，屈折の法則 🔑3

入射角 30° で媒質Ⅰから媒質Ⅱに向かって伝わってきた波の反射角は (㉗   ) である。このとき，屈折角 45° で媒質Ⅱへ伝わったとすれば，媒質Ⅰに対する媒質Ⅱの屈折率は (㉘   ) である。

6 波の回折 🔑4

波は進行方向に障害物があると，その後ろ側に (㉙   )。このような現象を回折という。回折は波長の (㉚   ) 波ほど起こりやすい。

テストによく出る問題を解こう！

答➡別冊 p.40

1 ［波の干渉］ 必修

右図は，波源 S_1，S_2 から振動数と位相の等しい波が空間に広がっているようすを示しており，ある瞬間の山を実線，谷を破線で表している。このとき各波源から出てくる波の波長を λ として，以下の問いに答えよ。

(1) 右図の中の点 P，Q，R，S，T のうち，干渉によって強め合う点をすべて記せ。また，強め合う点の経路差を，λ を含む一般式で表せ。

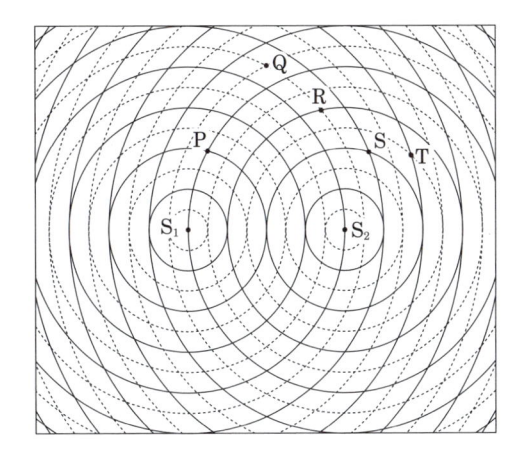

(2) 干渉によって強め合う場所を連ねた線を腹の線といい，弱め合う場所を連ねた線を節の線という。P 点を通る線は腹の線か節の線か述べよ。また，その線を右の図の中に描き入れよ。

(3) 波源 S_2 の振動の位相を S_1 と逆にしたとき，右図の中の点 P，Q，R，S，T のうち，干渉によって弱め合う点をすべて記せ。また，弱め合う点の経路差を，λ を含む一般式で表せ。

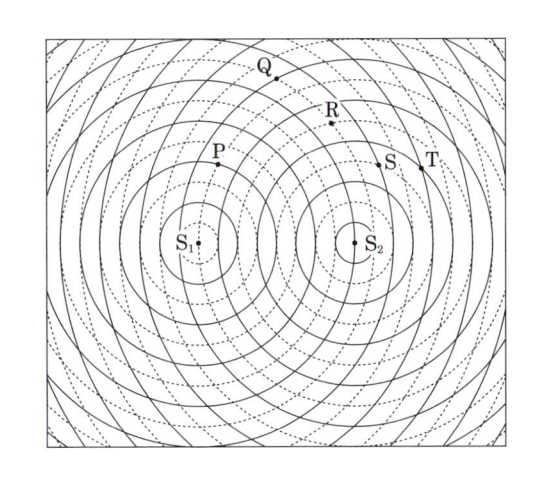

(4) (3)のとき P 点を通る線は腹の線か節の線か述べよ。また，その線を右の図の中に描き入れよ。

ヒント 波の山と山，谷と谷が重なり合うところで強め合う。

2 ［正弦波の式①］

時刻 $t=0$ における波形が図のように表される正弦波がある。伝わる速さが v [m/s] で波長が λ [m] の波が，x 軸の正の向きに伝わるものとして，以下の問いに答えよ。

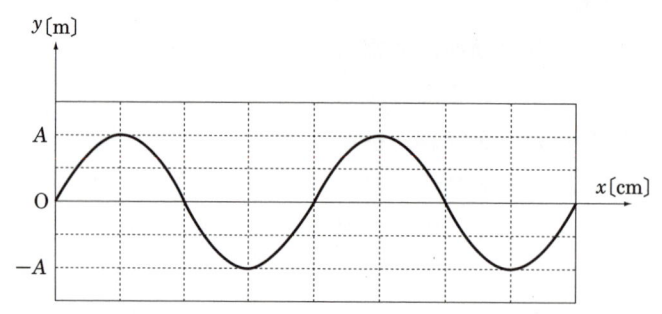

(1) この波の振幅 y_0，周期 T，振動数 f をそれぞれ求めよ。

(2) 原点 $x=0$ での時刻 t [s] における媒質の変位 y [m] をグラフに描け。

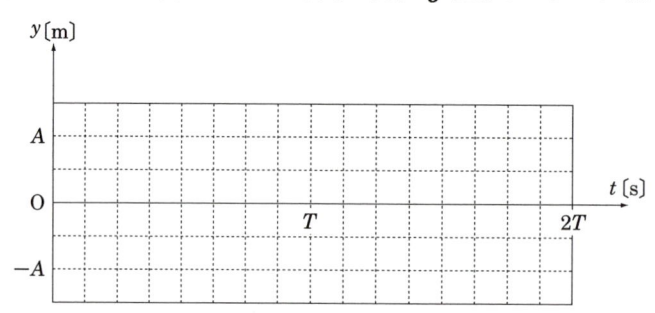

(3) 原点 $x=0$ での時刻 t [s] における媒質の変位 y [m] を，A, v, λ を含む式で表せ。

(4) 座標 x [m] での時刻 t [s] における媒質の変位 y [m] を，A, v, λ を含む式で表せ。

3 ［正弦波の式②］

時刻 $t=0$ における波形が図のように表される正弦波が，x 軸の正方向に伝わり，原点から距離 L [m]の点 R で固定端反射を行う。波の波長は λ [m]，周期は T [s] であるとして，以下の問いに答えよ。

(1) 時刻 $t=0$ における反射波の波形を図に破線で記せ。また，入射波と反射波の合成波を図に実線で記せ。(図の中には，入射波を灰色で記してある。)

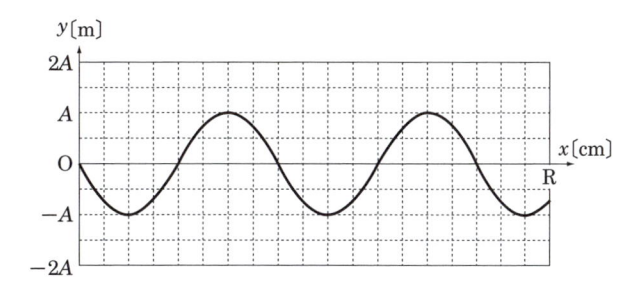

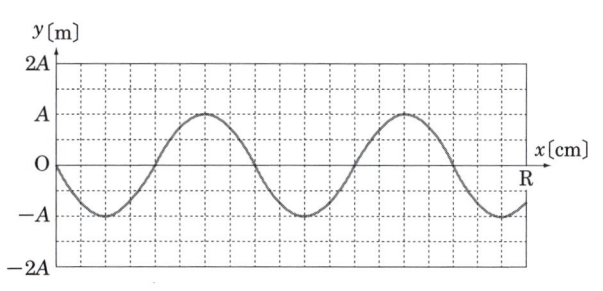

(2) 入射波による原点 $x=0$ での媒質の変位 y_0 [m]を時刻 t を用いた簡単な式で表せ。

(3) 座標 x [m]（$0<x<L$）の位置における入射波の変位 y_1 [m]を，時刻 t を用いた簡単な式で表せ。

(4) 点 R での反射波の変位 y_R [m]を，時刻 t および L を用いた簡単な式で表せ。

(5) 座標 x [m]（$0<x<L$）の位置における反射波の変位 y_2 [m]を，時刻 t および L を用いた簡単な式で表せ。

(6) 合成波の座標 x [m]（$0<x<L$）の位置における合成波の変位 Y [m]を，時刻 t および L を用いた簡単な式で表せ。ただし，必要なら次の公式を用いよ。

$$\sin\theta - \sin\phi = 2\cos\left(\frac{\theta+\phi}{2}\right)\sin\left(\frac{\theta-\phi}{2}\right)$$

4 ［正弦波の式③］

原点 $x=0$ における振動が図のように表されている正弦波がある。波の伝わる速さが 2.0 m/s で x 軸の正の向きに伝わるとき，以下の問いに答えよ。

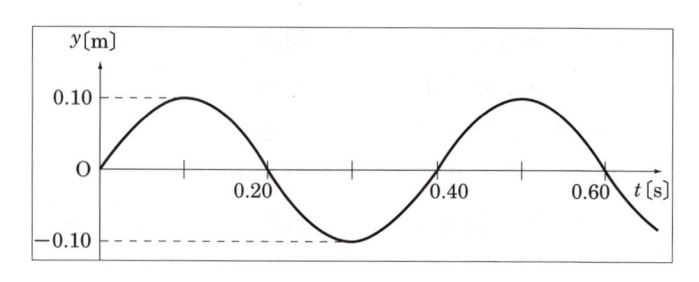

(1) この波の振幅，周期，振動数，波長をそれぞれ求めよ。

(2) 原点での時刻 t [s] における媒質の変位 y [m] を式で表せ。

(3) 座標 x [m] での時刻 t [s] における媒質の変位 y [m] を式で表せ。

5 ［水波の伝わり方］

水槽に水を張り，棒を振動させて水波が伝わるようすを観察した。細い線を波の山だとして，以下の問いに答えよ。

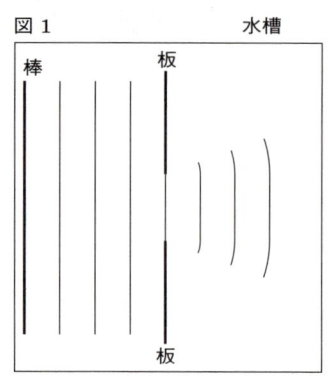

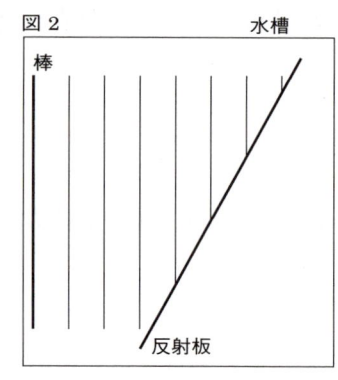

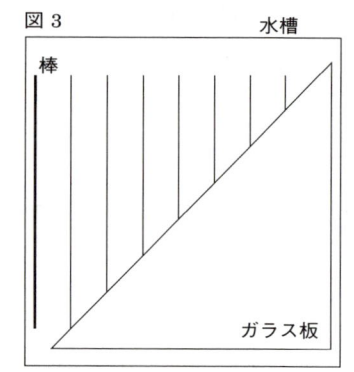

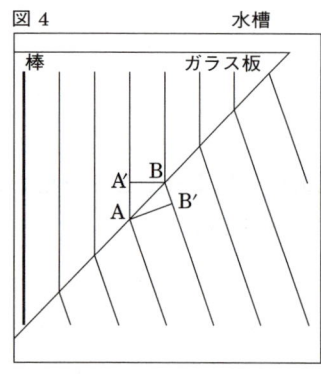

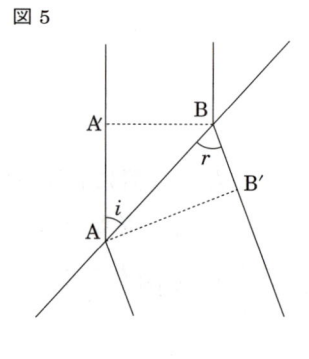

(1) 水波の伝わる方向と波面とはどのような関係があるか。

(2) 図1のように2枚の板を置いたところ，板の裏側に波が回りこんでいた。この現象を何と呼ぶか。また，2枚の板によってできるすきまの間隔を狭くしたとき，この現象にどのような変化が起きるか。

(3) 図2のように板を入れて，波を反射させた。反射波の波面を，ホイヘンスの原理を用いて作図せよ。このとき，入射波の波面と板とのなす角度と，反射波の波面と板とのなす角度とはどのような関係があるか。

(4) 図3のように，水深を変えるためにガラス板を沈めた。水波は水深が浅くなると，伝わる速さが遅くなる。ガラス板の上を伝わる水波のようすを，ホイヘンスの原理を用いて作図せよ。（素元波の波長は概略がわかればよい。）

(5) 棒の下にガラス板を沈めて波を発生させたところ，図4のように波が伝わった。図5はその一部を拡大したものである。ガラス板の上を伝わっているときの波面と波面の間隔を λ_1，ガラス板のないところの波面と波面の間隔を λ_2，入射波の波面と板とのなす角度を i，屈折波の波面と板とのなす角度を r，AB間の距離を d として，下の文章の（　　）に適当な数式または語句を入れよ。

波面と波面の間隔が波長を表すので，

$\quad$ A′B = (① 　　　　)
$\quad$ AB′ = (② 　　　　)

である。△ABA′は直角三角形なので，

$$\sin i = \frac{(③ \qquad)}{d}$$

△ABB′も直角三角形なので，

$$\sin r = \frac{(④ \qquad)}{d}$$

である。よって，

$$\frac{\sin i}{\sin r} = \frac{(⑤ \qquad)}{(⑥ \qquad)} = n$$

と求められる。ここで，n のことを (⑦ 　　　　) という。

2章 音波

5 □ 音波の干渉

音波も**干渉**を起こす。2つの波源から波長 λ の音波が発生しているとき，$m = 0, 1, 2, \cdots$ として，

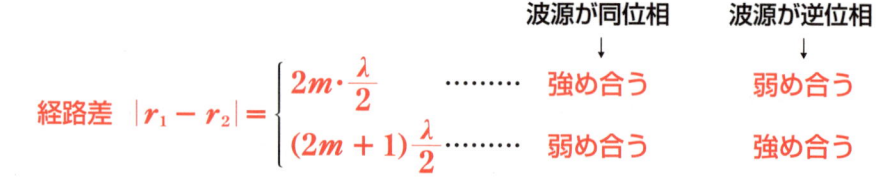

$$
\text{経路差 } |r_1 - r_2| = \begin{cases} 2m \cdot \dfrac{\lambda}{2} & \cdots\cdots \text{ 強め合う（波源が同位相）／弱め合う（波源が逆位相）} \\ (2m+1)\dfrac{\lambda}{2} & \cdots\cdots \text{ 弱め合う（波源が同位相）／強め合う（波源が逆位相）} \end{cases}
$$

6 □ ドップラー効果

音源や観測者の運動によって，観測される振動数が変化する。この現象を**ドップラー効果**という。以下では音速を V [m/s] とする。

● 音源が運動している場合

振動数 f_0 [Hz] の音源が観測者に向かって速さ v [m/s] で運動しているとき，観測者が観測する音の振動数 f [Hz] は，

$$
f = \frac{V}{V-v} f_0
$$

● 観測者が運動している場合

振動数 f_0 [Hz] の音源から速さ u [m/s] で遠ざかっている観測者が観測する音の振動数 f [Hz] は，

$$
f = \frac{V-u}{V} f_0
$$

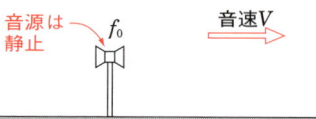

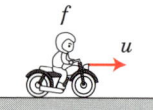

● 音源と観測者が運動している場合

振動数 f_0 [Hz] の音源が観測者に向かって速さ v [m/s]，観測者が音源から遠ざかるように速さ u [m/s] で運動しているとき，観測者が観測する音の振動数 f [Hz] は，

$$
f = \frac{V-u}{V-v} f_0
$$

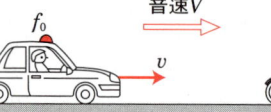

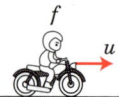

基礎の基礎を固める！

（　）に適語を入れよ。　答⇒別冊 p.43

7 音波の干渉 ○┳5

2つの音源から同じ音が発生しているとき，2つの音源の音の位相が等しければ，2つの音源からの経路差が半波長 $\frac{\lambda}{2}$ の(❶　　　)倍のとき強め合い，(❷　　　)倍のとき弱め合う。2つの音源の音の位相が逆であれば，2つの音源からの経路差が半波長 $\frac{\lambda}{2}$ の(❸　　　)倍のとき強め合い，(❹　　　)倍のとき弱め合う。

8 ドップラー効果 ○┳6

静止している音源に向かって運動している人は，音源が出している音の振動数より振動数の(❺　　　)音を観測し，音源から遠ざかるように運動している人は振動数の(❻　　　)音を観測する。逆に，静止している人に音源が近づいてくると，人が聞く音の振動数は，音源が出している音の振動数よりも(❼　　　)なり，音源が遠ざかっていると人が聞く音の振動数は(❽　　　)なる。この現象を(❾　　　)効果という。

9 音源の移動によるドップラー効果 ○┳6

振動数 f_0 の音波を発する音源Sが静止している観測者Oに向かって速さ v（ただし v は音速 V より小さい）で動いている場合を考える。この場合，音源Sが時間 Δt の間に発生させる(❿　　　)個の波が，Δt の間に音波の進む距離と Δt の間に音源S自体が進む距離との差(⓫　　　)の範囲にあることから，このとき観測者Oが観測する音波の波長は(⓬　　　)となる。音波が伝わる速さは音源Sの速さに無関係であることから，観測者Oが観測する音波の速度は(⓭　　　)である。よって，この場合に観測者Oが観測する音波の振動数 f は(⓮　　　)となる。

10 観測者の移動によるドップラー効果 ○┳6

振動数 f_0 の音波を発する音源Sが静止しており，観測者OがSに向かって速さ u（ただし u は音速 V より小さい）で動いている場合に観測者Oが観測する音波の振動数 f を求めよう。音源Sが静止していると，音源Sが発する音波は時間 Δt の間に $V\Delta t$ だけの距離を進み，この範囲に(⓯　　　)個の波が存在することになる。よって，静止する音源Sが発する音波の波長 λ は V および f_0 を用いて $\lambda =$ (⓰　　　)と書ける。また，観測者Oからみた音波の相対的な速さは(⓱　　　)であり，観測者Oが観測する音波の波長は λ であるので，f を V, u および f_0 を用いて表すと(⓲　　　)と書ける。

テストによく出る問題を解こう！

答⇒別冊 p.43

6 ［音波の干渉］

図のように，クインケ管を用いて，音の干渉実験を行った。クインケ管の右側の部分を調節していたところ，ある場所で大きな音を観測した。その位置から，さらに右側の部分を右に動かしたところ，20 cm 引き出したとき，再び大きな音を観測した。音の伝わる速さを 340 m/s として，以下の問いに答えよ。

(1) クインケ管に加えた音の波長は何 m か。

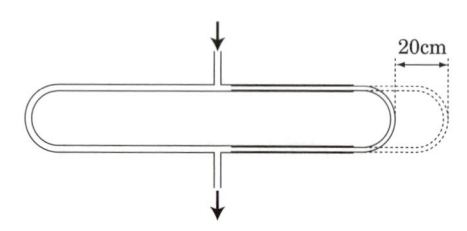

(2) クインケ管に加えた音の振動数は何 Hz か。

ヒント 右側の部分を引き出したとき，右側を通る音の経路は引き出した長さの2倍長くなる。

7 ［観測者の移動によるドップラー効果］ 必修

振動数 440 Hz の静止している音源がある。音の伝わる速さを 340 m/s として，以下の問いに答えよ。

(1) 音源がつくる音波の波長は何 m か。

(2) 音源から速さ 20 m/s で遠ざかる観測者が聞く音の振動数は何 Hz か。

8 ［音源の移動によるドップラー効果①］ 必修

振動数 600 Hz の音源が速さ 20 m/s で運動している。音源の後方で音源の出している音を聞いている観測者がいる。音の伝わる速さを 340 m/s として，以下の問いに答えよ。

(1) 観測者の場所における音波の波長は何 m か。

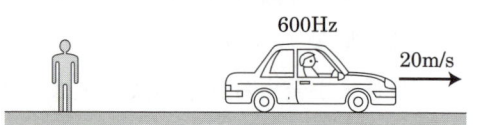

(2) 観測者が聞く音の振動数は何 Hz か。

9 ［音源と観測者の移動によるドップラー効果］

図のように，一直線上を同じ方向に運動している音源と観測者がある。音源の振動数は 400 Hz で速さ 20 m/s，観測者は速さ 5.0 m/s で運動している。音の伝わる速さを 340 m/s として，以下の問いに答えよ。

(1) 観測者の場所における音波の波長は何 m か。

(2) 観測者が聞く音の振動数は何 Hz か。

ヒント ドップラー効果の式で，音源および観測者の速度は，音源→観測者の向きを正とする。

10 ［音源の移動によるドップラー効果②］

図のように，静止している観測者に，振動数 f の音を出すスピーカーが一定の速さ v [m/s] で接近している。時刻 $t=0$ s において，スピーカーと観測者の間の距離は L [m] である。このとき，以下の各問いに答えよ。なお，スピーカーの動く速さは，音速 V [m/s] に比べてじゅうぶんに遅い。また，スピーカーと観測者が衝突することはないものとする。

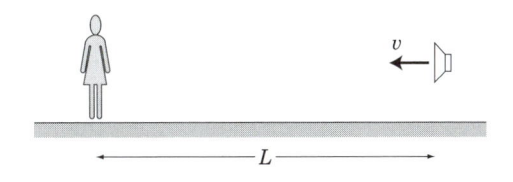

(1) 振動数 f_0 の音波の波長を λ [m] とするとき，λ を f_0 と V を用いて表せ。

(2) Δt [s] の間にスピーカーが発する音波の振動の回数を，f と Δt を用いて表せ。

(3) $t=0$ s にスピーカーで発生した波面が，$t=t_1$ [s] において観測者の位置に到達した。t_1 を $L,\ V$ を用いて表せ。

(4) $t=\Delta t$ [s] にスピーカーで発生した波面が，$t=t_2$ [s] において観測者の位置に到達した。t_2 を，$L,\ V,\ v,\ \Delta t$ を用いて表せ。

(5) 観測者の位置に到達した音波の振動数 f_B [Hz] を，$f,\ V,\ v$ のうち，必要なものを用いて表せ。

3章 光 波

7 □ 光とその速さ

真空中の光速 c〔m/s〕は，$c = 2.99792458 \times 10^8 \fallingdotseq 3.00 \times 10^8$ m/s である。

8 □ 光の反射・屈折

●**反射の法則**　入射光の射線と反射面(境界面)の法線とのなす角度 i を **入射角**，反射光の射線と反射面の法線とのなす角度 i' を **反射角** といい，入射角と反射角は等しい。

$$i = i' \quad (\text{反射の法則})$$

●**屈折の法則**　入射光の射線と境界面の法線とのなす角度 i を **入射角**，屈折光の射線と境界面の法線とのなす角度 r を **屈折角** といい，屈折率 n_1 の媒質Ⅰから屈折率 n_2 の媒質Ⅱへ光が進むとき，

$$\frac{\sin i}{\sin r} = \frac{n_2}{n_1} = n_{12} \quad (\text{屈折の法則})$$

の関係が成り立つ。ここで，n_{12} を媒質Ⅰに対する媒質Ⅱの **相対屈折率** という。

●**全反射**　屈折率の大きな媒質(屈折率 n_1)から小さな媒質(屈折率 n_2)に光が進むとき，入射角が θ_0 を超えると，光はすべて反射(全反射)する。角 θ_0 を **臨界角** という。

$$\sin \theta_0 = \frac{n_2}{n_1}$$

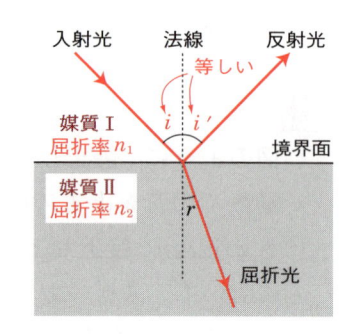

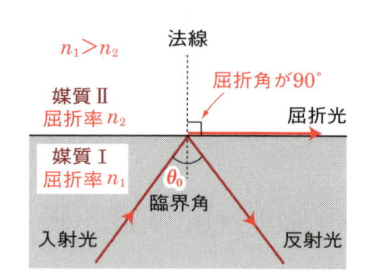

9 □ レンズのはたらき

●**レンズの式(写像公式)**　物体を焦点距離 f〔m〕のレンズから距離 a〔m〕の位置に置いたとき，レンズから b〔m〕の位置に像ができたとすれば，

$$\frac{1}{a} + \frac{1}{b} = \frac{1}{f}$$

b の符号 $\begin{cases} 正 \to 倒立実像 \\ 負 \to 正立虚像 \end{cases}$　　f の符号 $\begin{cases} 正 \to 凸レンズ \\ 負 \to 凹レンズ \end{cases}$

の関係式が成り立つ。

●**倍率の式**　物体をレンズから距離 a〔m〕の位置に置いたとき，レンズから b〔m〕の位置に像ができたとすれば，レンズの倍率 m は，

$$m = \left| \frac{b}{a} \right|$$

10 □ ヤングの実験

二重スリットの間隔を d, 二重スリットからスクリーンまでの距離を l としたとき，二重スリットの垂直二等分線とスクリーンの交点 O から x の位置までの経路差は $\dfrac{dx}{l}$ なので，このヤングの実験における干渉の条件は，波長を λ, $m = 0, 1, 2, \cdots$ として，

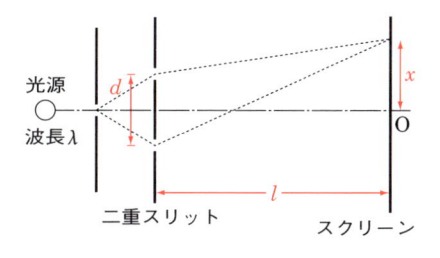

$$経路差 \quad \dfrac{dx}{l} = \begin{cases} 2m \cdot \dfrac{\lambda}{2} & \cdots\cdots 明線 \\ (2m+1)\dfrac{\lambda}{2} & \cdots\cdots 暗線 \end{cases}$$

11 □ 回折格子

格子定数 d の回折格子において，入射方向と角 θ をなす方向に進む回折光の経路差は $d \sin\theta$ であるから，回折格子による干渉で強め合う条件は，波長を λ, $m = 0, 1, 2, \cdots$ として，

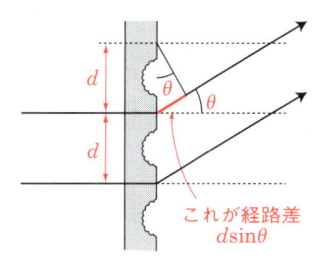

$$経路差 \quad d \sin\theta = m\lambda$$

12 □ 薄膜による光の干渉

膜厚 d, 屈折率 n の薄膜での反射光の干渉条件は，$m = 0, 1, 2, \cdots$ として，

$n_1 > n > n_3 \quad n_1 > n < n_3$
$n_1 < n < n_3 \quad n_1 < n > n_3$

$$光路差 \quad 2nd \cos r = \begin{cases} 2m \cdot \dfrac{\lambda}{2} & \cdots\cdots 明 \qquad 暗 \\ (2m+1)\dfrac{\lambda}{2} & \cdots\cdots 暗 \qquad 明 \end{cases}$$

薄膜での透過光を観察したときは，干渉の明暗の条件は上記の逆になる。

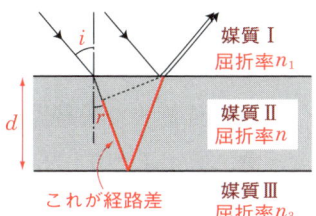

> 経路差に屈折率をかけたものを光路差といいます。

13 □ ニュートンリング

ニュートンリングの経路差は $\dfrac{r^2}{R}$ であるから，ニュートンリングの干渉の条件は，$m = 0, 1, 2, \cdots$ として，

反射光　透過光

$$経路差 \quad \dfrac{r^2}{R} = \begin{cases} 2m \cdot \dfrac{\lambda}{2} & \cdots\cdots 暗 \qquad 明 \\ (2m+1)\dfrac{\lambda}{2} & \cdots\cdots 明 \qquad 暗 \end{cases}$$

基礎の基礎を固める！

（　）に適語を入れよ。　答➡別冊 p.44

11 光の反射 ⚙8

光が反射するとき，入射角と反射角は（①　　　　）。これを（②　　　　）の法則という。

12 光の屈折 ⚙8

入射角 i で媒質Ⅰから媒質Ⅱへ屈折角 r で進む光には，$\dfrac{\sin i}{\sin r}$ が一定値 n_{12} となる。これを（③　　　　）の法則という。ここで，n_{12} のことを媒質Ⅰに対する媒質Ⅱの（④　　　　）屈折率という。また，真空に対する屈折率のことを（⑤　　　　）屈折率という。

13 凸レンズ ⚙9

焦点距離 10 cm の凸レンズから 30 cm のところに置かれた物体の像は，レンズから（⑥　　　　）cm の位置に（⑦　　　　）立の（⑧　　　　）像ができる。このときの倍率は（⑨　　　　）である。

14 凹レンズ ⚙9

焦点距離 10 cm の凹レンズから 30 cm のところに置かれた物体の像は，レンズから（⑩　　　　）cm の位置に（⑪　　　　）立の（⑫　　　　）像ができる。このときの倍率は（⑬　　　　）である。

15 ヤングの実験 ⚙10

ヤングの実験において，二重スリットの間隔を d，二重スリットからスクリーンまでの距離を l としたとき，二重スリットの垂直二等分線とスクリーンの交点 O からスクリーン上で x 離れた位置までの経路差 Δl は（⑭　　　　）である。このとき，$x \ll l$ より，干渉によって弱め合う条件は，0 以上の整数 m を用いて，$\Delta l =$（⑮　　　　）である。

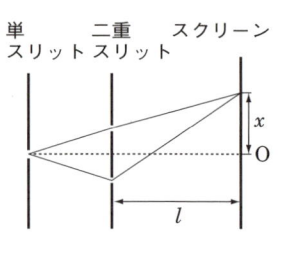

16 回折格子 ⚙11

格子定数 d の回折格子において，入射方向と角 θ をなす方向に進む回折光の経路差 Δl は（⑯　　　　）である。回折格子による干渉で強め合う条件は，波長 λ，0 以上の整数 m を用いて，$\Delta l =$（⑰　　　　）である。

テストによく出る問題を解こう！

答➡別冊 p.46

11 [光の反射・屈折] 必修

図のように，空気中からガラスに向けて光線を入射させた。空気の屈折率を 1，ガラスの屈折率を $\sqrt{3}$ として，以下の問いに答えよ。

(1) θ_1, θ_2, θ_3, θ_4 を求めよ。

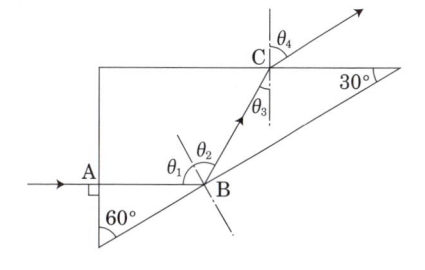

(2) 点 B で空気中に出る光はあるか。理由とともに答えよ。

(3) 点 C で反射した光の進み方をすべて図に示せ。

12 [見かけの深さ] テスト

プールサイドに立って，プールの底に描かれている線を見た。次の図のように，プール底の線から出た光は水面に入射角 θ_1 で達し，屈折角 θ_2 で空気中に出て，観測者の目に入った。空気の屈折率を 1，水の屈折率を n として，以下の問いに答えよ。

(1) θ_1 と θ_2 との間に成り立つ関係式を記せ。

(2) d と x，θ_1 との間に成り立つ関係式を記せ。

(3) d' と x，θ_2 との間に成り立つ関係式を記せ。

(4) θ がきわめて小さいとき，$\sin\theta \fallingdotseq \tan\theta$ が成り立つ。θ_2 がこの近似式を満たすとして，d' を d と n を用いて表せ。

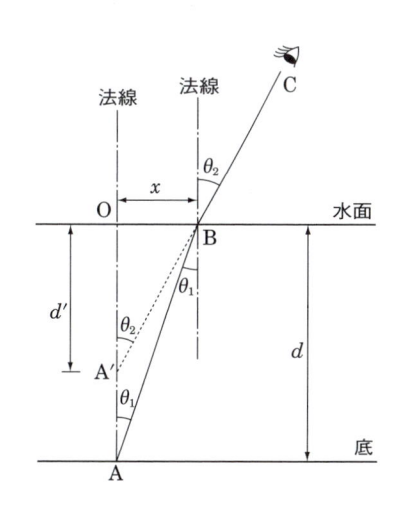

ヒント △AOB, △A'OB は直角三角形である。

3章 光波 61

13 [全反射] 必修

水中にある光源から，空気に向かって進む光線がある。空気の屈折率をちょうど1，水の屈折率を1.3として，以下の問いに答えよ。

(1) 点Aに入射角iで入射した光は，屈折角rで空気中に進んだ。iとrに成り立つ関係式を記せ。

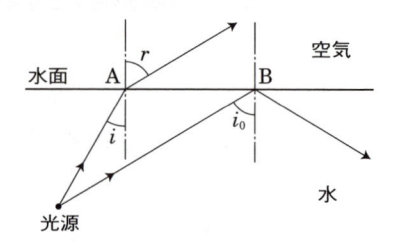

(2) 入射角を大きくしていったとき，点Bに達した光は空気中に進むことはなく，反射光のみになった。このときの入射角はi_0であった。$\sin i_0$の値を求めよ。

14 [レンズによる像] 必修

焦点距離がf〔m〕の薄い凸レンズLを考える。図のように，レンズからx〔m〕の位置に高さh〔m〕の物体ABを置いたところ，レンズの後方x'〔m〕の位置に大きさh'〔m〕の像（実像A'B'）が観察された。以下の問いに答えよ。

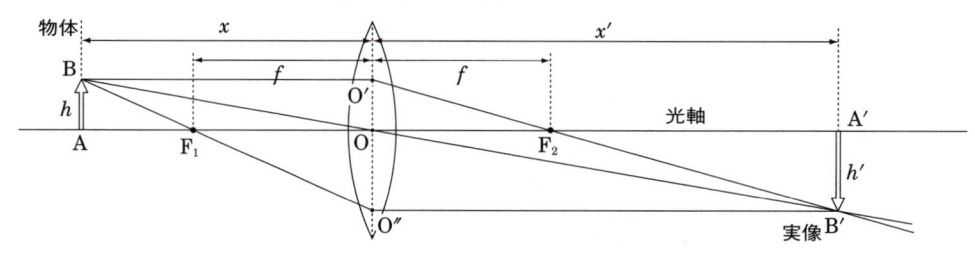

(1) 物体ABの大きさに対する実像A'B'の大きさの比（倍率）Mをfとxを用いて表せ。

(2) Mをx'とfを用いて表せ。

(3) (1)と(2)の結果を利用して，x，x'とfの関係を求め，簡単な式で表せ。

(4) 物体ABを下図のように凸レンズLと焦点F_1の間に置いたときの像を作図せよ。

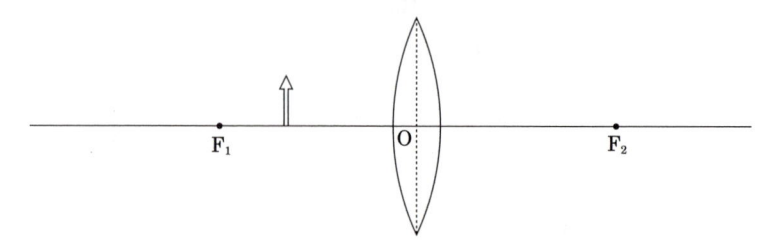

15 [回折格子]

図1のように格子定数 d の薄い回折格子が，格子面が紙面に垂直になるように置かれている。またスクリーンが，回折格子からじゅうぶん長い距離 D の位置に，格子面と平行に置かれている。回折格子上の位置 P に，単スリットを通した波長 λ で平行な単色光を垂直に入射すると，スクリーン上にいくつかの明線が現れた。もっとも明るい明線が現れたスクリーン上の位置を O として，以下の問いに答えよ。ただし $\angle\mathrm{OPQ} = \theta$ として，θ はじゅうぶん小さく，$\sin\theta ≒ \tan\theta$, $\sin\theta ≒ \theta$, $\cos\theta ≒ 1$ が成り立つものとする。

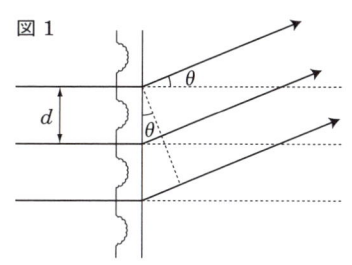

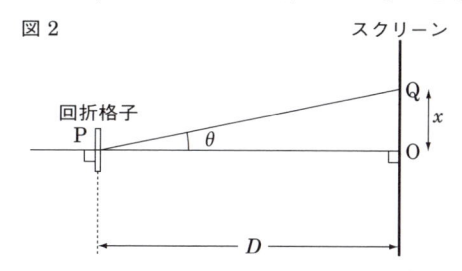

図1   図2

(1) 図2のように，スクリーン上の点 Q を考える。点 Q に達する光の経路差を d, θ を用いて表せ。

(2) 距離 OQ を x として，点 Q に達する光の経路差を d, D, x を用いて表せ。

(3) 点 Q で光が強め合う条件を d, D, x, λ および整数 m を用いて表せ。

(4) 明線と明線の間隔 Δx を，λ, d, D を用いて表せ。

(5) 波長 λ の単色光のかわりに白色光を入射したとき，点 O の明線および点 O のとなりにできる明線はどのようになるか，それぞれ理由とともに示せ。

16 [ヤングの実験] テスト

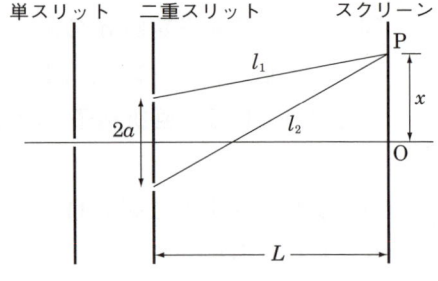

図のように,空気中で波長が λ の光が単スリットを通過したのち,スリット間距離 $2a$ の二重スリットに入射する。二重スリットの後方 L の位置にスクリーンを置く。このとき,スクリーン上には明暗のしま模様が現れた。ただし,a,x は L に比べてじゅうぶん小さいとする。二重スリットの垂直二等分線とスクリーンの交点を O として,以下の問いに答えよ。

(1) 点 O からスクリーン上の距離 x の点 P までの経路差 $|l_1 - l_2|$ を,a,x,L を用いて表せ。

(2) 点 P に明るいしまの現れる条件を,整数 m を含む式で表せ。

(3) 点 O から数えて最初の明るいしまの現れる位置を P_1 としたとき,距離 OP_1 を求めよ。

ヒント (3) P_1 は $m = 1$ のときの位置である。

17 [薄膜による干渉]

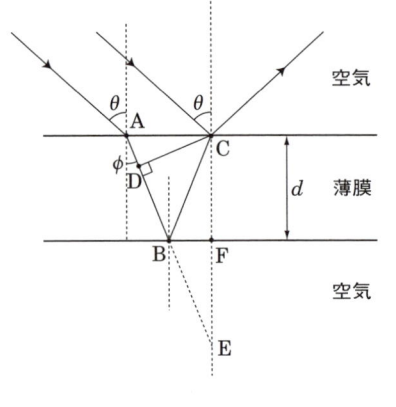

図のように,空気中で波長 λ の光が角度 θ で薄膜に入射している。薄膜の厚さは d でその表面および裏面は平面であるとする。入射光の一部は,点 A で屈折して薄膜内に入り,裏面の点 B で反射し,点 C で屈折して再び空気中に出る。入射光の他の一部は点 C で反射する。薄膜の屈折率を $n\ (> 1)$,薄膜へ入射した光の屈折角を ϕ,空気の屈折率を 1 として以下の問いに答えよ。

(1) $DB + BC$ を d,ϕ を用いて表せ。

(2) 薄膜の中での光の波長を n,λ を用いて表せ。

(3) 屈折率の大きい物質から屈折率の小さい物質に入射する光がその境界面で反射する場合には,反射光は入射光と波の形が同じであるが,逆の場合には反射光の波の形が逆転する。このことを考慮して,薄膜の表面での反射光と裏面での反射光とが互いに干渉して強め合うための条件を d,n,θ,λ と正の整数 $m\ (= 1,\ 2,\ 3,\ \cdots)$ を用いて表せ。

(4) 光が薄膜に垂直に入射したときを考える。このとき，入射光は薄膜の表面と裏面で反射し，その反射光は互いに干渉する。反射光が干渉して打ち消し合うときの薄膜の厚さ d_1 を n，λ と正の整数 m ($= 1, 2, 3, \cdots$) を用いて表せ。

18 ［ニュートンリング］　難

ニュートンリングについて，以下の問いに答えよ。

半径の大きな球面の一部を平面で切り取った形をもつ球面ガラス（平凸レンズ）を平板ガラスの上に置く。ただし，平凸レンズの平面と平板ガラスは平行であるとする。平凸レンズの球面の半径を R [m]，平凸レンズと平板ガラスとの接点を O とする。点 O から距離 r [m] の位置での平凸レンズと平板ガラス間の空気層の厚さを d [m] とする（図1）。このとき，d が R に比べて非常に小さいと仮定する。

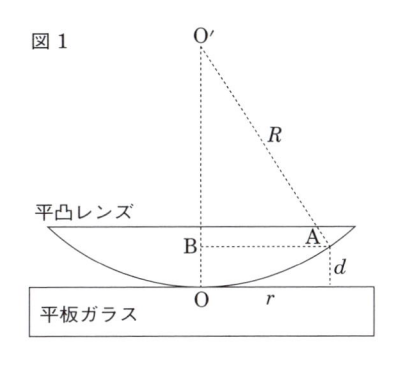

(1) 空気層の厚さ d を，r，R を用いて表せ。ただし，$|z| \ll 1$ のときに成立する近似式 $\sqrt{1+z} \fallingdotseq 1 + \dfrac{1}{2}z$ を用い，根号を含まない形で答えること。

図1の平凸レンズの上方から波長 λ [m] の単色光を当てると，図2に示すように，平凸レンズ下面（点 A）と平板ガラス上面（点 C）で光が反射する。点 A と点 C での反射光が干渉し，点 O を中心とする同心円状の明暗の模様が観測される。

(2) 明環の半径が r_1 [m] の位置における，2つの反射光の経路差を r_1，R で表せ。

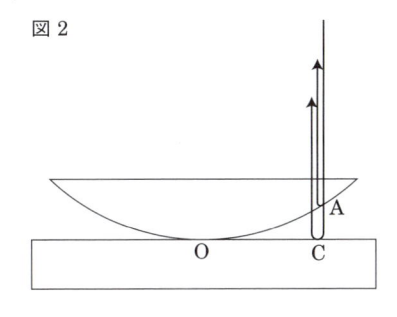

(3) 隣り合う明環の位置におけるそれぞれの反射光の経路差の差はいくらか。λ を含む式で表せ。

(4) 半径 r_1 [m] の明環のすぐ外側の明環の半径はいくらか。

ヒント (1) $d =$ OB，$r =$ BA である。

入試問題にチャレンジ！

答➡別冊 p.49

1 図のような波動実験器（ウェーブマシン）がある。実験器の左端で振幅 A〔m〕，振動数 f〔Hz〕の正弦波を，時刻 $t = 0$ から連続的に発生させたところ，波は一定の速さ v〔m/s〕で右向きに伝わっていった。実験器の左端から距離 x〔m〕の地点を P として，以下の問いに答えよ。

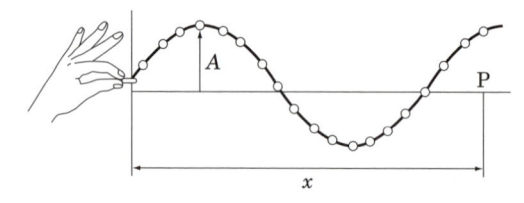

(1) 波の周期を T〔s〕とする。T を，A，f，v のうち必要なものを使って表せ。
(2) 波の波長を λ〔m〕とする。λ を，A，f，v のうち必要なものを使って表せ。
(3) ある時刻において実験器の左端で発生した波の山が，P の位置に到達するのに必要な時間 t_1 を求めよ。
(4) 実験器の左端における波の変位は $A\sin 2\pi ft$ と表される。時刻 t_1 以降において，P の位置における波の変位を表す数式を，t_1 を含まない式で表せ。

(新潟大)

2 水面上の 2 点 S_1，S_2 から，波長と周期が等しい球面波が出ている。右図には，それぞれの点から出た波の，ある瞬間の山の位置をつないだ線が示してある。図において，2 点から出る波は同位相である。2 点から出る波の波長を λ_1，周期を T_1 として，以下の問いに答えよ。

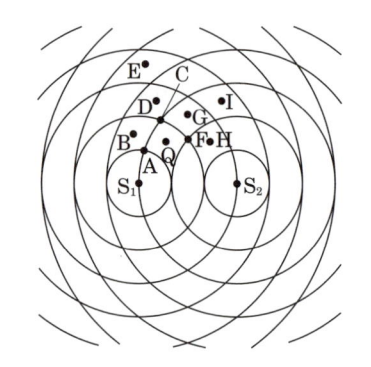

(1) 線分 S_1S_2 上に節はいくつあるか答えよ。
(2) 線分 S_1S_2 上の節の位置を，点 S_1 からの距離で示せ。
(3) 2 つの波が弱め合う点をつないだ線（節線）の上の任意の点 P は，どのような条件を満たしているか，その条件を式で表せ。
(4) 図中の点 Q は山か谷か答えよ。
(5) 点 Q の山または谷は，時間 T_1 の後，どこに移動するか。図中に示す点 A から点 I の中から選べ。

(大阪府大)

3 図のように，反射体Rが静止した音源Sに向かって速さv[m/s]で左向きに動いている。これについて，各問いに答えよ。ただし，Rの速さvは，音速Vより小さいものとする。

(1) 反射体R上では，静止している場合に比べて，単位時間あたりにより多くの波が観測される。この波の数を数えることにより，音源Sから発せられた音波が反射体R上で観測されたときの振動数f_R[Hz]を，f, v, Vを用いて表せ。

(2) 音源Sから発せられ，反射体Rで反射された後，音源Sの方向に戻ってきた音波の波長λ_S[m]を，f, v, Vを用いて表せ。反射体Rは，振動数f_Rの音波を発する音源と考えられることに注意せよ。

(3) (2)で考えた反射波を，音源Sと反射体Rを結ぶ線分上で静止している観測者が観測した。このときに観測される振動数f_S[Hz]を，f, v, Vを用いて表せ。

(4) (3)で考えた観測者が聞くうなりの周期T_B[s]を，f, v, Vを用いて表せ。

(福井大)

4 図1のように真空中で，波長λ[m]の平面波の単色光を，スリットが2つ開いている板に垂直に当てる。2つのスリットAとBは距離d[m]だけ離れている。スリットのある板の後方の距離L[m]にスリットの面に平行にスクリーンを置き，ABの中点後方のスクリーン上の点Oからx[m]の位置にある点Pでの干渉じまを見る。$L \gg d$, $L \gg |x|$として，以下の問いに答えよ。

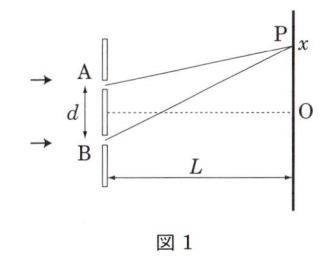

(1) スリットAとBからスクリーン上の点Pまでの経路の差BP－APを三平方の定理を用いて求めよ。ただし，実数aの絶対値が$|a| \ll 1$のときに成り立つ近似式$\sqrt{1+a} \fallingdotseq 1 + 0.5a$を用いて結果を簡単にせよ。

(2) (1)の結果を用いて，スクリーン上の点Pに明線の出る条件を式で表せ。

図2のようにスリットAの前に絶対屈折率$n(>1)$厚さs[m]の透明板を置いた。

(3) 点Pにあった明線の位置が中心から$x + \Delta x$[m]の位置にある点P'に移動した。この時に点P'に明線の出る条件を式で表せ。ただし，透明板の中では光は波長の異なる平面波として直進する。

(4) 透明板を置いた結果，明線は図2の上または下のいずれの方向にどれだけ移動したかを答えよ。

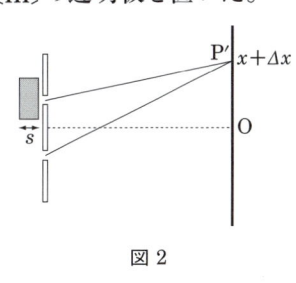

(高知大)

5 図1のように，光源から60.0cm，スクリーンSから40.0cmの位置に凸レンズL_1を置いたところ，スクリーンSに鮮明な像が映った。これについて以下の問いに答えよ。

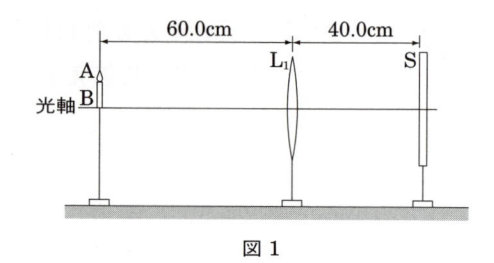

(1) 光源ABの点Aからの光線がスクリーンSに達するまでの経路を図2に作図せよ。なお，点Aから凸レンズL_1までの3本の光線の経路があらかじめ描かれているので，凸レンズL_1からスクリーンSまでの経路を描け。

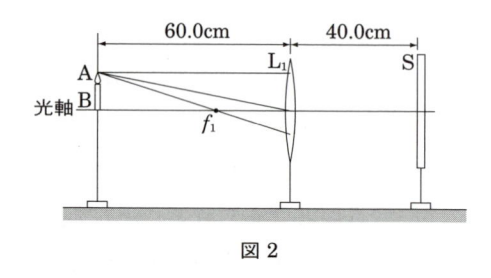

(2) スクリーンSに映った像は実像か虚像か答えよ。像の向きもあわせて答えよ。

(3) 凸レンズL_1の焦点距離f_1〔cm〕を求めよ。

(4) スクリーンSに映った像は光源ABの何倍の大きさであるか求めよ。

凸レンズL_1の光源AB側の上半分を黒い紙で覆った。

(5) 凸レンズL_1の上半分を覆ったときのスクリーンSの像は，覆う前と比べてどのように変化したか，簡潔に答えよ。

さらに，図3のように光源を移動させて，凸レンズL_1と同じ焦点距離の凸レンズL_2を凸レンズL_1からスクリーン側に焦点距離f_1〔cm〕だけ離して置いたところ，スクリーンSの像は不鮮明になった。そこで，スクリーンSを光軸にそって光源AB側に移動させたところ再び鮮明な像が映った。

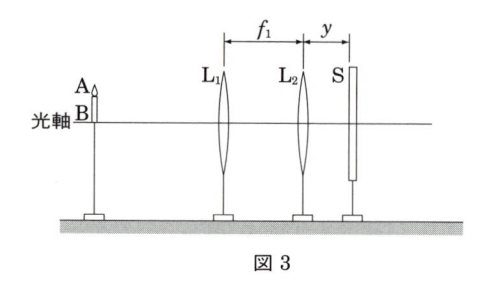

(6) このときの像は実像か虚像か答えよ。また，像の向きも答えよ。

(7) 光源ABの点Aからの光線がスクリーンSに達するまでの経路を，図4に作図せよ。

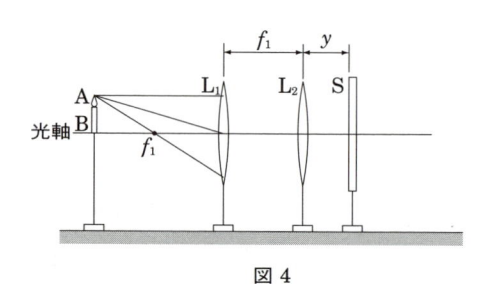

(帯広畜産大 改)

6 空気中におかれた相対屈折率 n のガラスのプリズムについて以下の問いに答えよ。このプリズムの断面は，図のように，辺 AB と辺 AC の長さが等しい二等辺三角形で∠BAC の値は α であるとする。

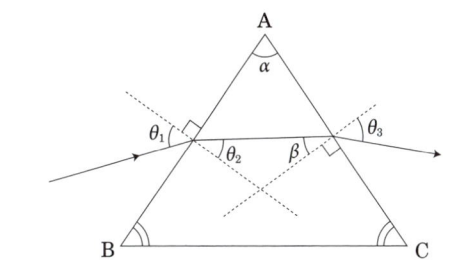

(1) 白色光はプリズムによって虹色にわかれる。この現象を何というか。

(2) 図のように入射角 θ_1 でプリズムに入射した光の屈折角を θ_2 としたときの $\sin\theta_2$ を n と θ_1 で表せ。

(3) 図の角度 β を α と θ_2 で表せ。

(大阪教育大)

7 空気に対する屈折率 n ($n > 1$) の薄いガラス板(厚さ d) に，空気中において波長 λ_1 の平行な単色光線が入射したとき，図1のように，ガラス表面の点 A で反射した光と，ガラスに進入してガラスの裏面の点 C で反射した光が干渉する。なお，ガラス中での光の波長は λ_2 とする。図2は，図1のガラスの表面付近の拡大図である。なお，点線は以降に問う経路差を考えるための補助線である。

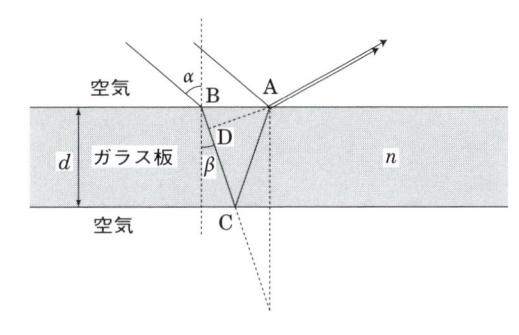

(1) 光は図1，図2のように入射角 α で入射し，ガラスの中へ屈折角 β で入射する。屈折率 n を α，β で表せ。

(2) 屈折率 n を，空気中の光の波長 λ_1，ガラス中の光の波長 λ_2 を用いて表せ。

(3) λ_1，λ_2 と，α，β の関係を求めよ。

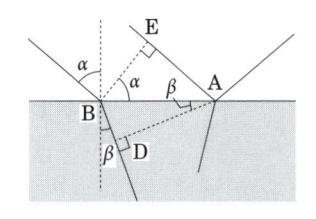

(4) 経路 BD と経路 EA は，2つの光波の伝搬において，同じ位相変化を与えることを説明せよ。

(5) $\cos\beta$ を，$\sin\beta$ を用いて表せ。

(6) $\cos\beta$ を，n と α を用いて表せ。

(7) ガラス表面の点 A で反射した光と，ガラスの裏面の点 C で反射した光との光路差 Δx を n，α，d を使って表せ。

(8) 干渉した光の入射角 α を変えながら観測すると，明るく見える，暗く見える，状況が繰り返された。暗く見える条件を n，α，λ_1 を用いて述べよ。

(福岡教育大)

4編 電気と磁気

1章 電場と電位

1 □ 静電気力

2つの点電荷 q_1〔C〕, q_2〔C〕を距離 r〔m〕離して置いたとき，点電荷間にはたらく静電気力の大きさ F〔N〕は，

$$F = k\frac{q_1 q_2}{r^2}$$

である。この関係を**クーロンの法則**という。k〔N·m²/C²〕をクーロンの法則の比例定数とよぶ。

2 □ 電荷が電場から受ける力

強さ E〔N/C〕の電場に置かれた点電荷 q〔C〕が，電場から受ける力の大きさ F は，

$$F = qE$$

電場を電界と表している本もあるよ。

3 □ 点電荷のまわりの電場

点電荷 q〔C〕から距離 r〔m〕離れた点の電場の強さ E〔N/C〕は，

$$E = k\frac{q}{r^2}$$

4 □ 一様な電場

強さ E〔N/C（または V/m）〕の一様な電場内で，電気力線に沿って d〔m〕離れた2点間の電位差 V〔V〕は，

$$V = Ed$$

5 □ 電場が電荷にする仕事

電位差 V〔V〕の2点間で電荷 q〔C〕を動かす仕事 W〔J〕は，

$$W = qV$$

6 □ 点電荷による電場の電位

点電荷 q〔C〕から距離 r〔m〕離れた点の電位 V〔V〕は，

$$V = k\frac{q}{r}$$

である。ここで，点電荷から無限に遠い場所の電位を0Vとした。

基礎の基礎を固める！

( )に適語を入れよ。　答➡別冊 p.52

1 静電気力　🔑1

電荷をもったものどうしは力を及ぼし合う。正（＋）の電荷どうしにはたらく力は（❶　　　　　），負（－）の電荷どうしにはたらく力は（❷　　　　　），正の電荷と負の電荷の間にはたらく力は（❸　　　　　）である。

2 静電気力の大きさ　🔑1

クーロンの法則の比例定数を $9.0 \times 10^9 \, \text{N·m}^2/\text{C}^2$ とすると，$3.0 \times 10^{-6} \, \text{C}$ の点電荷と $4.0 \times 10^{-6} \, \text{C}$ の点電荷が，距離 $0.30 \, \text{m}$ 離れて置かれているとき，点電荷どうしにはたらく静電気力の大きさは（❹　　　　　）N である。

3 電荷が電場から受ける力　🔑2

$-2.4 \times 10^{-6} \, \text{C}$ の点電荷が，電場から $0.60 \, \text{N}$ の大きさの力を受けるとき，この点電荷を置いた場所の電場の強さは（❺　　　　　）N/C であり，電場の向きは点電荷にはたらく静電気力の向きと（❻　　　　　）である。

4 点電荷のまわりの電場　🔑3

クーロンの法則の比例定数を $9.0 \times 10^9 \, \text{N·m}^2/\text{C}^2$ とすると，$3.0 \times 10^{-6} \, \text{C}$ の点電荷から距離 $0.30 \, \text{m}$ の点の電場の強さは（❼　　　　　）N/C である。

5 一様な電場　🔑4

一様な電場内で，電場の向きに距離 $0.50 \, \text{m}$ 離れた2点間の電位差が $10 \, \text{V}$ のとき，一様な電場の強さは（❽　　　　　）V/m である。

6 電場が電荷にする仕事　🔑5

電位差 $50 \, \text{V}$ の2点間を $4.0 \times 10^{-5} \, \text{C}$ の点電荷が電場の向きに移動したとき，点電荷が電場からされた仕事は（❾　　　　　）J である。

7 点電荷による電場の電位　🔑6

無限遠方の電位を $0 \, \text{V}$ とし，クーロンの法則の比例定数を $9.0 \times 10^9 \, \text{N·m}^2/\text{C}^2$ とすると，$2.0 \times 10^{-6} \, \text{C}$ の点電荷から $0.60 \, \text{m}$ の点の電位は（❿　　　　　）V である。

1章　電場と電位

テストによく出る問題を解こう！

答⇒別冊 p.53

1 ［クーロンの法則］ 必修

質量 m〔kg〕の小さな導体球に長さ l〔m〕の糸をつけたものを2つ用意し，天井の同じ場所につるした。導体球に等量の電荷を加えたところ，図のように，糸は鉛直方向から θ 傾いて静止した。クーロンの法則の比例定数を k〔N·m²/C²〕，重力加速度の大きさを g〔m/s²〕として，以下の問いに答えよ。

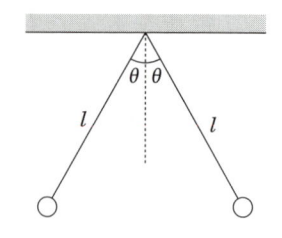

(1) 導体球にはたらく静電気力の大きさはいくらか。

(2) 導体球に加えられた電気量を求めよ。

2 ［同符号の点電荷のつくる電場］

図のように，$+q_1$〔C〕の点電荷Aと，$+q_2$〔C〕の点電荷Bを置いた。クーロンの法則の比例定数は k〔N·m²/C²〕であるとして，以下の問いに答えよ。

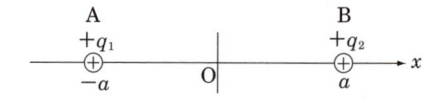

(1) このとき，無限遠点以外で電場の大きさが0になる x 軸上の点の座標を求めよ。

(2) 電場が0になる点に，$-q$〔C〕の点電荷Cを置いた。このとき，点電荷Cにはたらく静電気力の大きさを求めよ。

3 ［逆符号の点電荷のつくる電場］ テスト

図のように，$+q$〔C〕の点電荷Aと，$-q$〔C〕の点電荷Bを，距離 r〔m〕離して置いた。クーロンの法則の比例定数は k〔N·m²/C²〕であるとして，次の問いに答えよ。

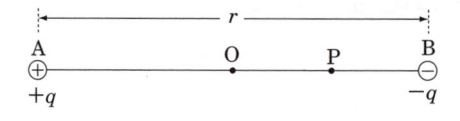

(1) 点電荷 A と点電荷 B の中点 O における電場の強さと向きを求めよ。

(2) 中点 O の電位を求めよ。ただし，無限に遠い場所の電位を 0 とする。

(3) 中点 O に，$-Q$ [C] の点電荷 C を置いたとき，点電荷 C が電場から受ける力の大きさと向きを求めよ。

(4) 中点 O から右に $\frac{r}{4}$ [m] 離れた点 P まで，点電荷 C を移動させるために加える力のした仕事を求めよ。

4 [一様な電場] 必修

強さ E [V/m] の一様な電場内に，質量 m [kg]，電気量 $-q$ [C] の点電荷を置く。以下の問いに答えよ。

(1) 点電荷が電場から受ける力の大きさと向きを求めよ。

(2) この点電荷を，電場内の点 A から点 B まで移動させるために，W [J] の仕事が必要だった。AB 間の電位差を求めよ。

(3) この点電荷を点 A で静かに放したところ，点電荷は運動をはじめ，点 C を通過した。この点電荷が点 C を通過するときの速さを求めよ。ただし，AC 間の電位差は V [V] である。

2章 静電誘導とコンデンサー

7 □ 静電誘導

導体を電場内に置くと，**静電誘導**によって導体内の電場が0になり，**導体内はすべて等電位になる**。これは，導体内の自由電子が電場から力を受け，導体内の電場が0になるように，導体の表面に電荷が分布するためである。

8 □ コンデンサー

●**コンデンサーにたくわえられる電荷**　電気容量 C〔F〕のコンデンサーの極板間の電位差が V〔V〕のときコンデンサーにたくわえられる電荷 Q〔C〕は，

$$Q = CV$$

●**平行平板コンデンサーの電気容量**　極板間の物質の誘電率を ε〔F/m〕，極板の面積を S〔m^2〕，極板間の間隔を d〔m〕とすれば，**平行平板コンデンサーの電気容量** C〔F〕は，

$$C = \varepsilon \frac{S}{d}$$

●**比誘電率**　物質の誘電率 ε〔F/m〕の，真空の誘電率 ε_0〔F/m〕に対する比率 ε_r を**比誘電率**という。

$$\varepsilon_r = \frac{\varepsilon}{\varepsilon_0}$$

9 □ コンデンサーの接続

●**直列接続**　電気容量 C_1〔F〕，C_2〔F〕のコンデンサーを直列に接続したときの**合成容量**を C〔F〕とすれば，

$$\frac{1}{C} = \frac{1}{C_1} + \frac{1}{C_2}$$

●**並列接続**　電気容量 C_1〔F〕，C_2〔F〕のコンデンサーを並列に接続したときの**合成容量**を C〔F〕とすれば，

$$C = C_1 + C_2$$

> コンデンサーの直列・並列の式は，抵抗の場合と逆になっています。

10 □ 静電エネルギー

電気容量 C〔F〕のコンデンサーが電位差 V〔V〕で電荷 Q〔C〕をたくわえているとき，コンデンサーにたくわえられている**静電エネルギー** U〔J〕は，

$$U = \frac{1}{2}CV^2 = \frac{1}{2}QV = \frac{Q^2}{2C}$$

基礎の基礎を固める！

（　）に適語を入れよ。　答➡別冊 p.55

8 静電誘導 ○━7

導体に正の帯電体を近づけると，導体内の自由電子が力を受け，導体の帯電体の近い側には（❶　　　　　）の電荷が集まり，反対側には（❷　　　　　）の電荷が集まる。この現象を（❸　　　　　）という。

9 導体内の電場 ○━7

導体に帯電体を近づけたとき，静電誘導によって導体内部の電場は（❹　　　　　）になり，導体内部の電位はすべて（❺　　　　　）なる。

10 コンデンサーにたくわえられる電荷① ○━8

コンデンサーにたくわえられる電荷は，極板間の（❻　　　　　）に比例する。その比例定数を（❼　　　　　）といい，単位（❽　　　　　）（記号：F）で表す。

11 コンデンサーにたくわえられる電荷② ○━8

1.5×10^{-6} F のコンデンサーに 20 V の電圧を加えると，コンデンサーにたくわえられる電荷は（❾　　　　　）C である。

12 平行平板コンデンサー① ○━8

平行平板コンデンサーの電気容量は，極板の（❿　　　　　）に比例し，（⓫　　　　　）に反比例する。このときの比例定数を（⓬　　　　　）といい，極板間の物質によって決まる。

13 平行平板コンデンサー② ○━8

空気の誘電率を 8.9×10^{-12} F/m とすると，極板間隔 3.0×10^{-4} m，極板面積 3.9×10^{-5} m² で，極板間が空気で満たされている平行平板コンデンサーの電気容量は，（⓭　　　　　）F である。

2章　静電誘導とコンデンサー

14 平行平板コンデンサー③ 🔑 8

真空の誘電率を 8.9×10^{-12} F/m とすると，極板面積 $5.3\,\text{mm}^2$ の極板間に，厚さが 8.0×10^{-2} mm，比誘電率が 7.5 のガラス板をはさんだ平行平板コンデンサーの電気容量は，(⑭　　　) F である。

15 コンデンサーの並列接続 🔑 9

4.0×10^{-6} F のコンデンサーと 9.0×10^{-6} F のコンデンサーを並列に接続したとき，合成容量は (⑮　　　) F である。

16 コンデンサーの直列接続 🔑 9

4.0×10^{-6} F のコンデンサーと 6.0×10^{-6} F のコンデンサーを直列に接続したとき，合成容量は (⑯　　　) F である。

17 耐電圧 🔑 9

2.0×10^{-6} F のコンデンサーと 4.0×10^{-6} F のコンデンサーを直列に接続した。それぞれの耐電圧が 1000 V のとき，全体にかけられる最大電圧は (⑰　　　) V である。

18 静電エネルギー 🔑 10

2.0×10^{-6} F のコンデンサーに 30 V の電圧を加えて充電させたとき，コンデンサーにたくわえられた静電エネルギーは (⑱　　　) J である。

19 電池のした仕事 🔑 10

2.5×10^{-6} F のコンデンサーに内部抵抗の無視できる 3.0 V の電池を接続して充電したとき，導線のジュール熱などで消費されるエネルギーを含めると，電池がコンデンサーを充電するためにした仕事は (⑲　　　) J である。

テストによく出る問題を解こう！

答⇒別冊 p.56

5 [静電誘導]

はじめ帯電していないはく検電器を用いたそれぞれの実験を行ったときの，はくの動きについて述べよ。また，そのようになる理由を記せ。

(1) はく検電器に，負に帯電したエボナイト棒を近づけたとき。

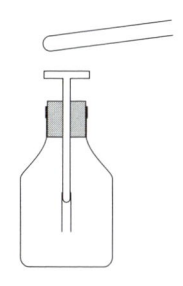

(2) はく検電器に，正に帯電したガラス棒を近づけたとき。

(3) 金網で囲まれたはく検電器に，負に帯電したエボナイト棒を近づけたとき。

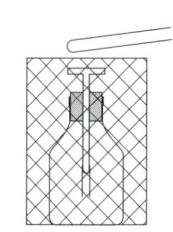

(4) はく検電器に，負に帯電したエボナイト棒を近づけた状態で，はく検電器の金属板部分に指を触れ，指を離した後にエボナイト棒を遠ざけたとき。

6 [コンデンサーの合成容量] 必修

図のように，電気容量 C_1 [F]，C_2 [F]，C_3 [F] のコンデンサー C_1，C_2，C_3 を，起電力 V [V] の直流電源 E に接続した。この回路について，以下の問いに答えよ。

(1) この3つのコンデンサーの合成容量を求めよ。

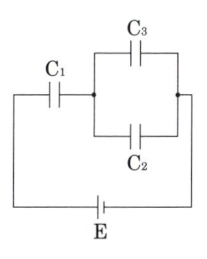

2章　静電誘導とコンデンサー

(2) コンデンサー C_1 にたくわえられた電荷を求めよ。

(3) コンデンサー C_2 にたくわえられる静電エネルギーを求めよ。

7 ［平行平板コンデンサー①］ テスト

面積 S〔m²〕の正方形をした金属板2枚を空気中で平行に置き，平行平板コンデンサーをつくった。金属板の間隔を d〔m〕，空気の誘電率を ε〔F/m〕として，以下の問いに答えよ。

(1) このコンデンサーに，V〔V〕の直流電源を接続した。
　① コンデンサーにたくわえられた電荷を求めよ。

　② コンデンサーにたくわえられた静電エネルギーを求めよ。

(2) コンデンサーに接続されている電源を外してから，上側の極板をわずかな距離 Δd〔m〕だけ，上に移動した。
　① コンデンサーの極板間の電位差を求めよ。

　② コンデンサーにたくわえられている静電エネルギーの増加量を求めよ。

　③ コンデンサーにたくわえられた静電エネルギーが増加したのは，極板を移動するときに電気力に逆らって外力が仕事をしたからである。このことを利用して，極板間にはたらく静電気力の大きさを求めよ。

8 ［コンデンサーとスイッチ］

起電力 E [V] の電池 E，電気容量がそれぞれ C_1 [F]，C_2 [F] のコンデンサー C_1，C_2 からなる図のような直流回路がある。はじめ，スイッチ S_1 と S_2 は開かれており，C_1 と C_2 には電荷はたくわえられていないものとする。

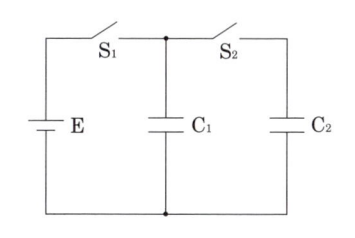

(1) S_2 を開いたまま，S_1 を閉じることにより，C_1 を充電した。このとき C_1 にたくわえられる電荷を求めよ。

(2) (1)の状態から，S_1 を開いて，S_2 を閉じた。
① C_2 の極板間に生じる電圧を求めよ。

② コンデンサー C_2 にたくわえられた静電エネルギーを求めよ。

9 ［平行平板コンデンサー②］ 難

図のように，縦 l [m]，横 a [m] である長方形の薄い金属板 A，B を d [m] 離して水平に置いて固定し，コンデンサーを形成する。両金属板を導線を用いて起電力 V [V] の直流電源に接続する。ここで金属板および導線の電気抵抗，直流電源の内部抵抗は無視できるとし，空気の誘電率は真空の誘電率 ε_0 [F/m] と等しいとする。

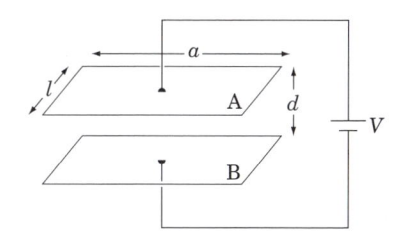

(1) コンデンサーにたくわえられた電荷と静電エネルギーを求めよ。

(2) この金属板 A，B 間に，縦 l [m]，横 $\dfrac{a}{2}$ [m]，高さ d [m] の直方体をした比誘電率 3 の誘電体を，左端から完全に挿入した。
① コンデンサーの電気容量を求めよ。

② コンデンサーにたくわえられた静電エネルギーを求めよ。

ヒント (2)① 誘電体を挿入した部分と残りの部分の並列接続と考える。

3章 直流回路

11 □ 電流

導線のある断面を時間 Δt〔s〕の間に通過する電気量が Δq〔C〕であるとき，電流の大きさ I〔A〕は，

$$I = \frac{\Delta q}{\Delta t}$$

12 □ 導線内の電子の運動と電流

断面積 S〔m²〕の導線を I〔A〕の電流が流れるとき，導線内を運動する電子の平均の速さを v〔m/s〕とすれば，

$$I = enSv$$

である。e は電子1個の電荷の絶対値(**電気素量**)であり，n は導線 1m^3 あたりに含まれる自由電子の数である。

13 □ オームの法則

抵抗値 R〔Ω〕の抵抗に E〔V〕の電圧を加えたとき，抵抗に流れる電流が I〔A〕であるとき，

$$E = RI$$

の関係式が成り立つ。(**抵抗に流れる電流は抵抗にかかる電圧に比例する。**)

14 □ 抵抗の接続

● **直列接続** 抵抗値 R_1〔Ω〕と R_2〔Ω〕の抵抗を直列に接続したときの合成抵抗 R〔Ω〕は，

$$R = R_1 + R_2$$

● **並列接続** 抵抗値 R_1〔Ω〕と R_2〔Ω〕の抵抗を並列に接続したときの合成抵抗 R〔Ω〕は，

$$\frac{1}{R} = \frac{1}{R_1} + \frac{1}{R_2}$$

> 抵抗の接続の式は物理基礎で学習しました。

15 □ 電力とジュール熱

● **電力** 1秒間に消費される電気エネルギーのこと。

$$P = IV = RI^2 = \frac{V^2}{R}$$

●ジュール熱　導体に電流が流れるとき，熱が発生する。この熱を**ジュール熱**という。
$$Q = IVt = RI^2t = \frac{V^2}{R}t$$

🔑 16 □ キルヒホッフの法則
●**第1法則（電流則）**　回路の交点では，そこに流れこむ電流の和と，その点から流れ出る電流の和は等しい。
●**第2法則（電圧則）**　1つの閉じた回路について，ある場所から1周してもとに戻ると，その電位差は0になる。

🔑 17 □ ホイートストンブリッジ
ホイートストンブリッジで，検流計に電流が流れていないとき，
$$\frac{R_1}{R_2} = \frac{R_3}{R_4}$$

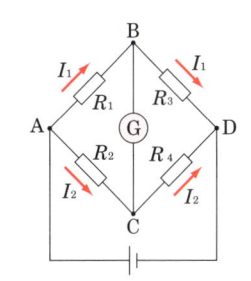

🔑 18 □ 電池の起電力と内部抵抗
内部抵抗 r〔Ω〕，起電力 E〔V〕の電池に，電流 I〔A〕が流れているとき，端子電圧 V〔V〕は，
$$V = E - rI$$

🔑 19 □ 電流計と電圧計
●**電流計**　回路中の抵抗に流れる電流を測定するとき，電流計を抵抗に直列に，電流計の＋端子を電源の＋極側に接続する。
●**電圧計**　回路中の抵抗にかかる電圧を測定するとき，電圧計を抵抗に並列に，電圧計の＋端子を電源の＋極側に接続する。

🔑 20 □ コンデンサーを含む直流回路
●スイッチを閉じた瞬間は，コンデンサーは導線と見なしてよい。
●じゅうぶんに時間がたったあとは，コンデンサーには電流が流れない。

🔑 21 □ 非直線抵抗
オームの法則にしたがわない抵抗を**非直線抵抗**という。非直線抵抗の電流や電圧を求めるには，まず非直線抵抗の電圧を V〔V〕，流れる電流を I〔A〕として，キルヒホッフの第2法則による関係式をつくる。その式を**特性曲線**の中にグラフとして描きこみ，その交点の座標を読みとる。

基礎の基礎を固める！

（　）に適語を入れよ。　答➡別冊 p.59

20 電流 ○┅11
導線の断面を 0.20 s 間に 0.30 C の電荷が通過するとき，この導線を流れている電流は（❶　　　）A である。

21 自由電子の数 ○┅12
電子 1 個のもつ電荷は -1.6×10^{-19} C であるので，導線を流れる電流が 0.20 A のとき，1 s 間に導線の断面を通過する自由電子の数は（❷　　　）個である。

22 電力 ○┅15
20 V の電圧を加えて 0.10 A の電流が流れたときの電力は（❸　　　）W である。

23 抵抗の消費電力 ○┅15
抵抗値 100 Ω の抵抗に 3.0 V の電圧を加えたとき，抵抗で消費される電力は（❹　　　）W である。

24 ジュール熱 ○┅15
抵抗値 1.0 kΩ の抵抗に 0.20 A の電流を 1 分間流したとき，抵抗で発生するジュール熱は（❺　　　）J である。

25 キルヒホッフの第 1 法則 ○┅16
図のような回路の交点に，0.10 A と 0.30 A の電流が流れ込んだとき，交点から流れ出す電流は（❻　　　）A である。

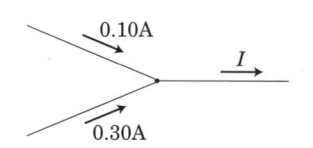

26 キルヒホッフの第 2 法則 ○┅16
図のような閉じた回路において，抵抗を流れる電流を I 〔A〕とすれば，

（❼　　　）＝（❽　　　）× I ＋ 20 × I

の関係式が成り立つ。

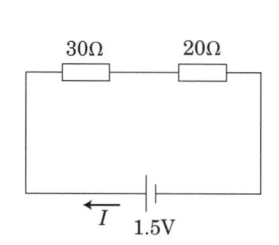

27 ホイートストンブリッジ ⚙17

図のように，2.0 Ω，3.0 Ω，5.0 Ω，抵抗値が未知の抵抗 R を使って，ブリッジ回路をつくったとき，検流計には電流が流れなかった。この結果から，抵抗 R の抵抗値は(⑨　　　)Ω であることが求められる。

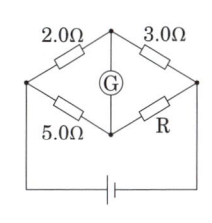

28 電池の起電力と内部抵抗 ⚙18

電流計，電圧計と可変抵抗器を用いて，電池の端子電圧 V [V] と電池に流れる電流 I [A] を測定した。その結果が右のグラフで表されるとき，電池の起電力が(⑩　　　)V，内部抵抗が(⑪　　　)Ω であることが求められる。

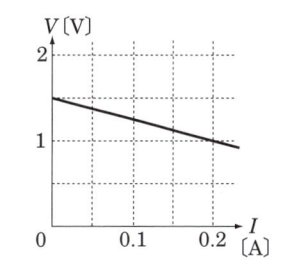

29 電流計 ⚙19

電流計を用いて回路の抵抗に流れる電流を測定するとき，電流計を抵抗に(⑫　　　)に接続し，電流計の −端子は電源の(⑬　　　)極側に接続する。

30 分流器 ⚙19

電流計で測定できる最大の電流より大きな電流を測定するためにつける抵抗を分流器という。100 倍の電流を測定するためには，電流計の内部抵抗の(⑭　　　)倍の抵抗を電流計に(⑮　　　)に接続すればよい。

31 電圧計 ⚙19

電圧計を用いて回路の抵抗に流れる電圧を測定するとき，電圧計を抵抗に(⑯　　　)に接続し，電圧計の −端子は電源の(⑰　　　)極側に接続する。

32 倍率器 ⚙19

電圧計で測定できる最大の電圧より大きな電圧を測定するためにつける抵抗を倍率器という。100 倍の電圧を測定するためには，電圧計の内部抵抗の(⑱　　　)倍の抵抗を電圧計に(⑲　　　)に接続すればよい。

33 非直線抵抗 ⚙21

図のような電流 - 電圧特性曲線で表される電球がある。この電球に 60 V の電圧を加えたとき，電球に流れる電流は(⑳　　　)A である。

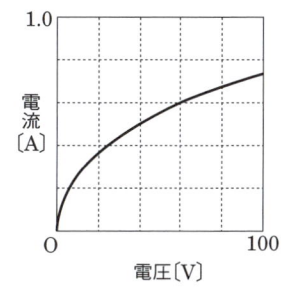

テストによく出る問題を解こう！

答⇒別冊 p.61

10 ［電気抵抗］

抵抗値が R〔Ω〕で断面積が S〔m²〕の太さが一様で長さが l〔m〕の電熱線がある。この電熱線に V〔V〕の直流電源を接続した。電子の電荷を $-e$〔C〕とする。

(1) 電熱線の両端に加えられた電圧により電熱線内には一様な電場ができる。自由電子はこの電場からの力と，自由電子の速さ v〔m/s〕に比例する力 kv〔N〕の合力が0となって等速運動を行うと考えることができる。自由電子の速さ v を，V, l, e, k を用いて表せ。

(2) 電熱線の自由電子の密度を n〔/m³〕としたとき，電熱線を流れる電流 I〔A〕を，e, n, S, V, l, k を用いて表せ。

(3) 電熱線の抵抗値 R を，e, n, S, l, k を用いて表せ。

11 ［電池の起電力と内部抵抗］

図のような回路を用いて，すべり抵抗器の抵抗値を変化させ，電圧計と電流計の値を測定した。

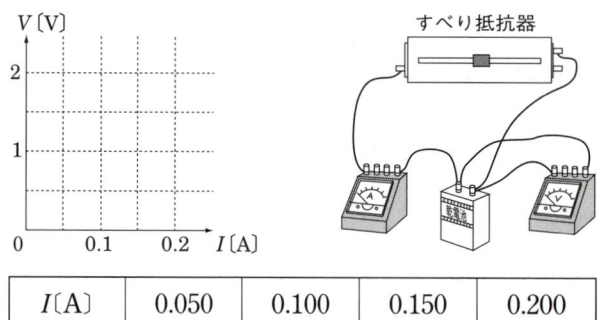

I〔A〕	0.050	0.100	0.150	0.200
V〔V〕	1.51	1.40	1.29	1.20

(1) 測定値から I と V の関係を表すグラフを図中に描きこめ。

(2) この実験で用いた乾電池の起電力と内部抵抗を求めよ。

12 [メートルブリッジ]

図のように，長さ L〔m〕の一様な導線 AB に直流電源，検流計，抵抗値 R〔Ω〕の抵抗 R_1 と抵抗値のわからない抵抗 R_2 をつなぎ，接点 D を移動させて検流計を流れる電流を 0 にした。このとき AD 間の長さが l〔m〕であるとして，次の問いに答えよ。

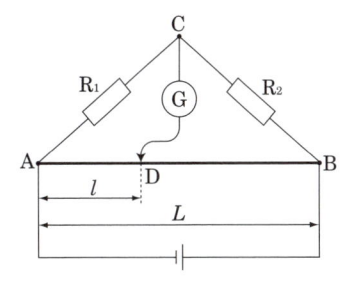

(1) 導線の電気抵抗率を ρ〔Ω・m〕，断面積を S〔m²〕として，
  ① 導線 AD の抵抗値 R_{AD}〔Ω〕を求めよ。

  ② 導線 DB の抵抗値 R_{DB}〔Ω〕を求めよ。

(2) 導線に流れる電流を i〔A〕としたとき，
  ① AD 間の電位差 V_{AD}〔V〕を求めよ。

  ② DB 間の電位差 V_{DB}〔V〕を求めよ。

(3) 抵抗 R_1 に流れる電流を I〔A〕，抵抗 R_2 の抵抗値を r〔Ω〕としたとき，
  ① AC 間の電位差 V_{AC}〔V〕を求めよ。

  ② CB 間の電位差 V_{CB}〔V〕を求めよ。

(4) 抵抗値 r を L，l，R を用いて表せ。

13 ［抵抗の回路］ 必修

図のように，抵抗値 R_1〔Ω〕，R_2〔Ω〕，R_3〔Ω〕の抵抗 R_1，R_2，R_3 と，起電力 E_1〔V〕，E_2〔V〕の直流電源 E_1，E_2 を接続する回路をつくった。

(1) 抵抗 R_1，R_2，R_3 を流れる電流を，図のように I_1〔A〕，I_2〔A〕，I_3〔A〕とする。
  ① 回路の交点 P において，キルヒホッフの第 1 法則の式を記せ。

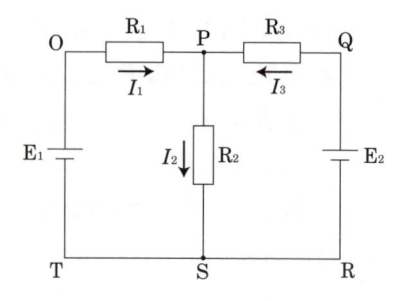

  ② 回路 OPST において，キルヒホッフの第 2 法則の式を記せ。

  ③ 回路 OPQRST において，キルヒホッフの第 2 法則の式を記せ。

(2) (1)で記した式から，I_1，I_2，I_3 を，R_1，R_2，R_3，E_1，E_2 を用いて表せ。

(3) 抵抗 R_1 で消費される電力を求めよ。

(4) 抵抗 R_2 で 10 s 間に発生したジュール熱を求めよ。

14 ［コンデンサーを含む回路］ 必修

図のように，抵抗値 R_1〔Ω〕，R_2〔Ω〕の抵抗 R_1，R_2 と電気容量 C_1〔F〕，C_2〔F〕のコンデンサー C_1，C_2，内部抵抗の無視できる起電力 E〔V〕の電池 E，スイッチ S_1，S_2 からなる回路がある。最初，スイッチは開いており，コンデンサーには電荷はたくわえられていない。導線の抵抗は無視できるとして，各問に答えよ。

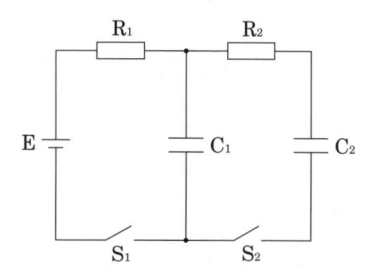

(1) スイッチ S_1 を閉じた直後に抵抗 R_1 に流れる電流を求めよ。

(2) スイッチ S_1 を閉じてじゅうぶんに時間が経過したとき，コンデンサー C_1 にたくわえられた電荷はいくらか。

(3) (2)のあとスイッチ S_1 を開いてからスイッチ S_2 を閉じ，じゅうぶんに時間が経過した。コンデンサー C_2 にかかる電圧はいくらか。

(4) (3)のときに抵抗 R_2 で発生したジュール熱はいくらか。

ヒント (4) コンデンサーの静電エネルギーの減少量から求められる。

15 ［非直線抵抗］ 難

図1のように，電球と $100\,\Omega$ の抵抗，起電力 $3.0\,\mathrm{V}$ の内部抵抗が無視できる電池からなる回路をつくった。電球の電流－電圧特性曲線は図2のように表される。導線の抵抗は無視できるとして，以下の問いに答えよ。

(1) この回路で電球にかかる電圧を $V\,[\mathrm{V}]$，流れる電流を $I\,[\mathrm{A}]$ として，I の満たす条件を V を使って表せ。

(2) 電球にかかる電圧と流れる電流はいくらか。

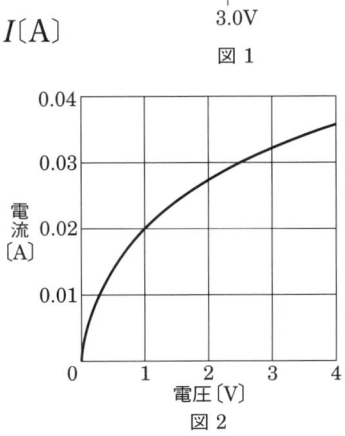

4章 電流と磁場

🔑 22 □ 直線電流がつくる磁場

電流の大きさ I〔A〕の直線電流から距離 r〔m〕の場所に，直線電流がつくる磁場の強さ H〔A/m〕は，

$$H = \frac{I}{2\pi r}$$

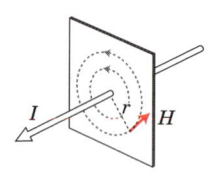

🔑 23 □ 円形電流がつくる磁場

半径 r〔m〕の円形導線に I〔A〕の電流が流れるとき，円の中心にできる磁場の強さ H〔A/m〕は，

$$H = \frac{I}{2r}$$

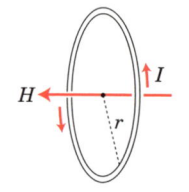

🔑 24 □ ソレノイドがつくる磁場

単位長さあたりの巻き数が n〔/m〕のソレノイドに I〔A〕の電流を流したとき，ソレノイドの内部には一様な磁場ができ，その磁場の強さ H〔A/m〕は，

$$H = nI$$

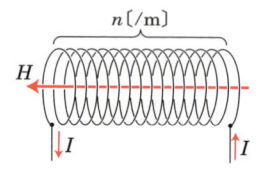

🔑 25 □ 磁束密度

磁場の強さが H〔A/m〕の場所における磁束密度 B〔T(= Wb/m²)〕は，

$$B = \mu H$$

である。μ は **透磁率** とよばれ，その空間の物質によって決まる。

🔑 26 □ 電流が磁場から受ける力

電流の向きと磁場の向きのなす角度が θ のとき，長さ l〔m〕の導線が受ける電磁力の大きさ F〔N〕は，

$$F = IBl\sin\theta = \mu IHl\sin\theta$$

である。

> 力の向きはフレミングの左手の法則を使おう。

🔑 27 □ ローレンツ力

電荷 q〔C〕の荷電粒子が速さ v〔m/s〕で磁束密度 B〔T〕の磁場と垂直に運動するとき，荷電粒子にはたらくローレンツ力の大きさ F〔N〕は，

$$F = qvB$$

基礎の基礎を固める！

( )に適語を入れよ。　答➡別冊 p.63

34 直線電流がつくる磁場 ○‒22

図のように，長い直線状の導線を x 軸に平行に張り，10 A の電流を流した。この導線から 0.20 m 離れた点 P(0, 0, 0.20)での磁場の強さは(❶　　　)A/m で，磁場の向きは(❷　　　)軸の(❸　　　)の向きである。

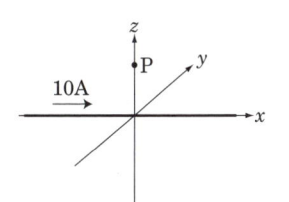

35 円形電流がつくる磁場 ○‒23

図のように，x 軸に垂直に置かれた半径 0.15 m の円形コイルに 6.0 A の電流を流した。円形コイルの中心にできる磁場の向きは(❹　　　)軸の(❺　　　)の向きで，強さは(❻　　　)A/m である。

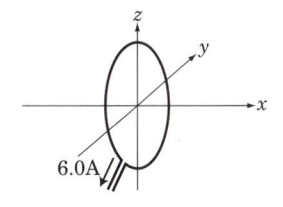

36 ソレノイドがつくる磁場 ○‒24

長さが 0.25 m で巻き数が 250 回のソレノイドに 1.5 A の電流を流した。このソレノイドの内部にできる磁場の強さは(❼　　　)A/m であり，このソレノイドの右端は電磁石の(❽　　　)極になる。

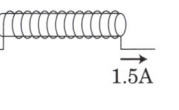

37 磁束密度 ○‒25

空気の透磁率を $4\pi \times 10^{-7}$ N/A^2 とすると，磁場の強さが 4.0×10^4 A/m の磁場の磁束密度は(❾　　　)T で，その向きは磁場の向きと(❿　　　)。

38 電流が磁場から受ける力 ○‒26

図のように，磁束密度 0.70 T の一様な磁場内で，磁場に垂直に置かれた長さ 0.20 m の導線に 3.0 A の電流を流した。このとき導線は(⓫　　　)軸の(⓬　　　)の向きに大きさ(⓭　　　)N の電磁力を受ける。

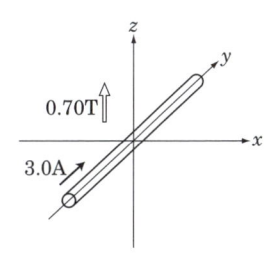

39 ローレンツ力 ○‒27

磁束密度 5.0 T の磁場に垂直に，3.2×10^{-19} C の荷電粒子が速さ 2.0×10^5 m/s で運動している。この荷電粒子が受ける力の大きさは(⓮　　　)N で，その向きは(⓯　　　)軸の(⓰　　　)の向きである。

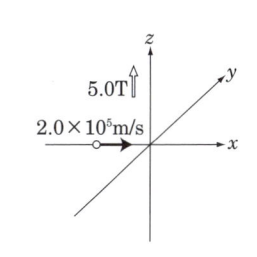

4 章　電流と磁場

テストによく出る問題を解こう！

答⇒別冊 p.64

16 ［直線電流のつくる磁場］

南北に水平に張られた直線状の導線の真下 d〔m〕の場所に，方位磁石を置き，I〔A〕の電流を流したところ，方位磁石は東に少し振れて止まった。方位磁石の指す向きと南北方向とのなす角を θ として，以下の問いに答えよ。

(1) 導線に流れる電流が方位磁石の位置につくる磁場の強さを求めよ。

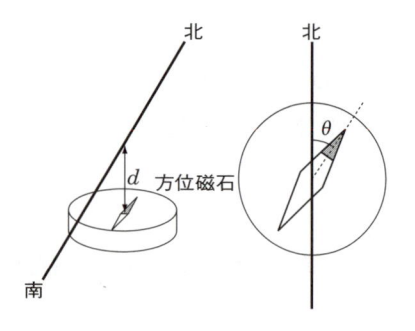

(2) 導線に流した電流の向きは南向きか，北向きか。

(3) 方位磁石を置いた場所の，地球磁場の水平成分の大きさを求めよ。

17 ［平行電流のつくる磁場］

図のように，紙面に垂直に置かれた直線状の導線 P, Q がある。導線 P には I〔A〕の電流が紙面の裏から表の向きに，導線 Q には I〔A〕の電流が紙面の表から裏の向きに流れている。

(1) 点 R に導線 P を流れる電流がつくる磁場の大きさを求めよ。

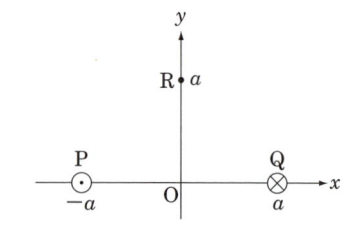

(2) 点 R に導線 P と導線 Q を流れる電流がつくる磁場の大きさと向きを求めよ。

18 ［直線電流からコイルの受ける力］　必修

図のように，直線状の導線の脇に，縦 a〔m〕，横 b〔m〕の長方形のコイル ABCD がある。辺 AB と直線状の導線は平行に置かれ，その距離は L〔m〕である。直線状の導線には I〔A〕の電流を P から Q の向きに，コイルには A→B→C→D→A の向きに i〔A〕の電流を流した。空気の透磁率を μ〔N/A²〕として，以下の問いに答えよ。

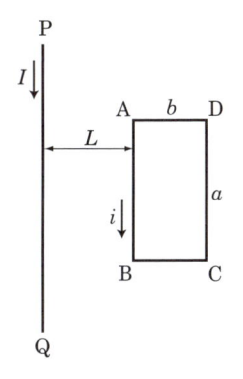

(1) コイルの辺 AB が導線の電流から受ける力の大きさと向きを求めよ。

(2) コイルの辺 CD が導線の電流から受ける力の大きさと向きを求めよ。

(3) コイルが導線の電流から受ける力の大きさと向きを求めよ。

---

19 ［電流にはたらく電磁力］

図のように，磁束密度 B〔T〕の一様な磁場の中に，長さ a〔m〕，質量 m〔kg〕の導線 PQ を長さ l〔m〕の糸でつるし，導線に電流を流したところ，糸が傾いて導線 PQ は静止した。糸と鉛直方向とのなす角を θ，重力加速度の大きさを g〔m/s²〕として，以下の問いに答えよ。

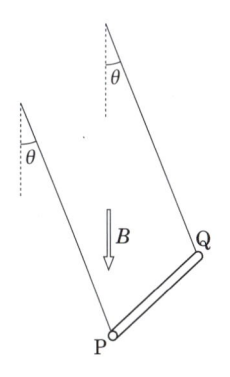

(1) 導線 PQ に流した電流の向きは P→Q か，Q→P か。

(2) 導線 PQ にはたらく電磁力の大きさを，m，g，θ を用いて表せ。

(3) 導線 PQ に流れている電流 I〔A〕を，m，g，θ，B，a を用いて表せ。

20 ［平行電流が及ぼし合う力］

図のように，じゅうぶん長い 2 本の導線を距離 a 〔m〕離して平行に張り，逆向きにそれぞれ I_1 〔A〕，I_2 〔A〕の電流を流した。導線を張った空間の透磁率を μ 〔N/A²〕として，次の問いに答えよ。

(1) 電流 I_1 が電流 I_2 の位置につくる磁場の大きさを求めよ。

(2) 電流 I_1 のつくる磁場から，電流 I_2 が流れる導線の単位長さあたりに受ける力の大きさと向きを求めよ。

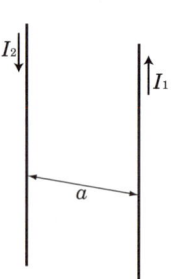

21 ［磁場内での荷電粒子の運動］ 必修

磁束密度 B 〔T〕の磁場の中を，電荷 q 〔C〕，質量 m 〔kg〕の荷電粒子が，磁場に垂直に速さ v 〔m/s〕で運動すると，荷電粒子は等速円運動を行う。これについて，次の問いに答えよ。

(1) 等速円運動の半径 r 〔m〕を，B, q, m, v を用いて表せ。

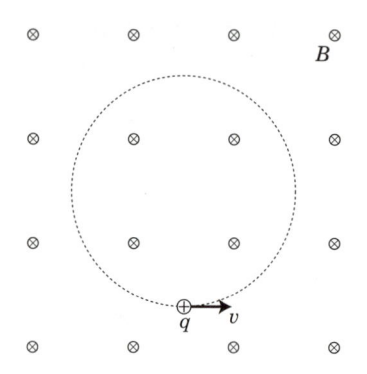

(2) 荷電粒子が円運動で 1 周する時間 T 〔s〕を，B, q, m を用いて表せ。

22 ［質量分析］

図の XY より上側には，紙面に垂直な磁束密度 B 〔T〕の一様な磁場がかけられている。電荷 q 〔C〕（$q > 0$），質量 m 〔kg〕の荷電粒子 A が XY に垂直に速さ v 〔m/s〕で点 P から入射し，XY 上の点 Q に達した。

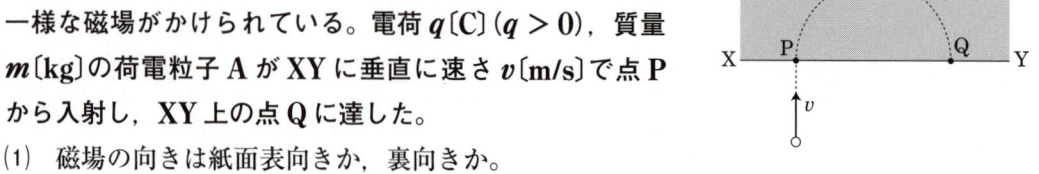

(1) 磁場の向きは紙面表向きか，裏向きか。

(2) PQ の距離を求めよ。

荷電粒子 A のかわりに，質量が M〔kg〕で電荷が q〔C〕の荷電粒子 B を XY に垂直に速さ v〔m/s〕で点 P から入射させたところ，荷電粒子は XY 上の点 R に達した。

(3) PR の長さと PQ の長さの比 $\dfrac{\mathrm{PR}}{\mathrm{PQ}}$ を求めよ。

(4) 荷電粒子 A が点 P から点 Q に達するまでの時間 t_1〔s〕と，荷電粒子 B が点 P から点 R に達するまでの時間 t_2〔s〕との比 $\dfrac{t_2}{t_1}$ を求めよ。

23 〔ホール効果〕 難

幅 W〔m〕，高さ h〔m〕の直方体の導体の側面中央にある端子①，②，③，④に図のように回路を接続した。この導体中にはそれぞれ等しい電気量の荷電粒子が存在している。電池の起電力 V_0〔V〕により，この導体中の荷電粒子は一定の速さ v〔m/s〕で導体中を移動する。さらに，図に示す z 軸の正の向きである磁束密度 B〔T〕の一様な磁場を導体にかけたところ，端子③と④の間に V_1〔V〕の電位差が生じた。荷電粒子1個の電気量を q〔C〕とし，以下の問いに答えよ。

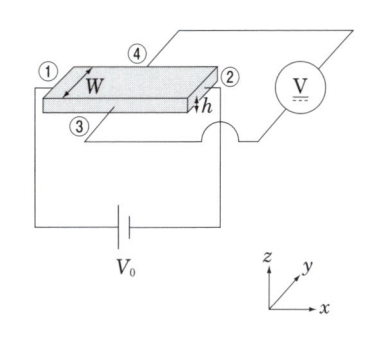

(1) 導体中の荷電粒子の電気量を正とした場合，荷電粒子1個にはたらくローレンツ力の大きさを v を含む式で表し，その向きを答えよ。

(2) 磁場をかけたことで，導体中には荷電粒子の分布にかたよりが生じている。このかたよりの結果生じた y 方向の電場の強さ E〔N/C〕を B を用いて表せ。

(3) 導体中の荷電粒子の速さ v を，B，W，V_1 を用いて表せ。

(4) 導体に流れる電流を I〔A〕として導体 $1\,\mathrm{m}^3$ あたりの荷電粒子の数 n〔/m³〕を求めよ。

5章 電磁誘導と電磁波

28 □ レンツの法則

コイルを貫く磁束が変化すると，誘導起電力が発生する。この起電力による誘導電流は，磁束の変化をさまたげる向きの磁場をつくる。

29 □ 磁束と磁束密度

磁束密度 B〔T〕の一様な磁場の中の，磁場と垂直な面積 S〔m²〕の面を貫く磁束 Φ〔Wb〕は，

$$\Phi = BS$$

30 □ ファラデーの電磁誘導の法則

N 巻きのコイルを貫く磁束 Φ〔Wb〕が時間 Δt〔s〕の間に $\Phi + \Delta\Phi$〔Wb〕になったとき，コイルに発生する誘導起電力 V〔V〕は，

$$V = -N\frac{\Delta\Phi}{\Delta t}$$

31 □ 導体棒に発生する誘導起電力

長さ l〔m〕の導体が，磁束密度 B〔T〕の磁場内を，磁場と垂直に速さ v〔m/s〕で横切るとき，導体に発生する誘導起電力 V〔V〕は，

$$V = vBl$$

32 □ 自己誘導

コイルに流れる電流が時間 Δt〔s〕の間に ΔI〔A〕変化したとき，コイルに発生する誘導起電力 V〔V〕は，

$$V = -L\frac{\Delta I}{\Delta t}$$

である。L〔H〕は，コイルの自己インダクタンスとよばれる。

33 □ コイルにたくわえられるエネルギー

自己インダクタンス L〔H〕のコイルに I〔A〕の電流が流れているとき，コイルにたくわえられているエネルギー U〔J〕は，

$$U = \frac{1}{2}LI^2$$

34 □ 相互誘導

1次コイルに流れる電流が時間 Δt〔s〕の間に ΔI_1〔A〕変化したとき，2次コイルに発生する誘導起電力 V_2〔V〕は，

$$V_2 = -M\frac{\Delta I_1}{\Delta t}$$

である。M〔H〕は，**相互インダクタンス**とよばれる。

> 家庭用電源で電圧100Vや200Vとあるのは，実効値を表しています。

35 □ 交流の実効値

●**電圧** 電圧の最大値が V_0〔V〕の交流電圧の実効値 V_e〔V〕は，

$$V_e = \frac{1}{\sqrt{2}}V_0$$

●**電流** 電流の最大値が I_0〔A〕の交流電流の実効値 I_e〔A〕は，

$$I_e = \frac{1}{\sqrt{2}}I_0$$

36 □ 変圧器

1次コイルの巻き数が N_1，2次コイルの巻き数が N_2 の変圧器の1次コイル側に V_1〔V〕の電圧を加えたとき，2次コイル側に発生する誘導起電力を V_2〔V〕とすると，

$$\frac{V_1}{V_2} = \frac{N_1}{N_2}$$

37 □ コイルのリアクタンス

●**電流と電圧** コイルに流れる電流の位相は，電圧より $\frac{\pi}{2}$ 遅れる。

●**リアクタンス** 自己インダクタンス L〔H〕のコイルを角周波数 ω〔rad/s〕の交流電源に接続したとき，コイルのリアクタンス X_L〔Ω〕は，

$$X_L = \omega L$$

38 □ コンデンサーのリアクタンス

●**電流と電圧** コンデンサーに流れる電流の位相は，電圧より $\frac{\pi}{2}$ 進む。

●**リアクタンス** 電気容量 C〔F〕のコンデンサーを角周波数 ω〔rad/s〕の交流電源に接続したとき，コンデンサーのリアクタンス X_C〔Ω〕は，

$$X_C = \frac{1}{\omega C}$$

39 □ 電気振動

電気容量 C〔F〕のコンデンサーと，自己インダクタンス L〔H〕のコイルからなる振動回路における，振動電流の周波数 f〔Hz〕は，

$$f = \frac{1}{2\pi\sqrt{LC}}$$

基礎の基礎を固める！

（　）に適語を入れよ。　答⇒別冊 p.67

40 レンツの法則　○→28

図のように，磁石のN極を左側から近づけると，コイルを通る右向きの磁力線の数が（①　　　　）する。コイルにはこの磁力線の変化をさまたげるようにコイルの右側から見て（②　　　　）回りに誘導電流が流れる。

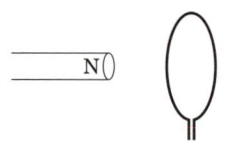

41 磁束と磁束密度　○→29

磁束密度10Tの一様な磁場に垂直な面積0.20 m²の面を貫く磁束は（③　　　　）Wbである。

42 ファラデーの電磁誘導の法則　○→30

1巻きのコイルを貫く磁束が時間0.20 sの間に0.30 Wb変化したとき，コイルに発生する誘導起電力の大きさは（④　　　　）Vである。

43 導体棒に発生する誘導起電力①　○→31

長さ0.30 mの導体棒が，磁束密度15 Tの磁場に垂直に速さ2.0 m/sで運動しているとき，導体棒の両端に発生する誘導起電力は（⑤　　　　）Vである。

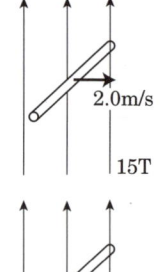

44 導体棒に発生する誘導起電力②　○→31

長さ0.30 mの導体棒が，磁束密度15 Tの磁場に対して30°の方向に速さ2.0 m/sで運動しているとき，導体棒の両端に発生する誘導起電力は（⑥　　　　）Vである。

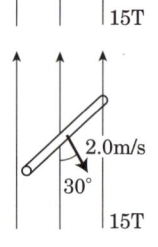

45 自己誘導　○→32

自己インダクタンス0.60 Hのコイルに流れる電流が，時間0.10 s間に0.20 A変化した。コイルに発生する自己誘導による誘導起電力の大きさは（⑦　　　　）Vである。

46 コイルにたくわえられるエネルギー　○→33

自己インダクタンス0.50 Hのコイルに，2.0 Aの電流が流れているとき，コイルにたくわえられるエネルギーは（⑧　　　　）Jである。

47 相互誘導 ⚬ 34

相互インダクタンス 0.80 H の 2 つのコイルの，1 次コイル側を流れる電流が，0.20 s 間に 0.70 A 変化したとき，2 次コイル側に発生する誘導起電力は (⑨　　　) V である。

48 交流の実効値 ⚬ 35

実効値が 100 V の交流電圧の最大値は (⑩　　　) V，実効値が 2.0 A の交流電流の最大値は (⑪　　　) A である。

49 変圧器と 2 次電圧 ⚬ 36

1 次コイルの巻き数が 200 回，2 次コイルの巻き数が 24 回の変圧器がある。1 次コイル側に 100 V の交流電圧を加えたとき，2 次コイル側に発生する電圧は (⑫　　　) V である。

50 変圧器と 2 次電流 ⚬ 36

1 次コイルの巻き数が 200 回，2 次コイルの巻き数が 40 回の変圧器がある。2 次コイル側に 100 Ω の抵抗をつなぎ，1 次コイル側に 100 V の交流電圧を加えた。2 次コイルに流れる電流は (⑬　　　) A，1 次コイルに流れる電流は (⑭　　　) A である。

51 コイルを流れる交流 ⚬ 37

角周波数 310 rad/s の交流電源に，自己インダクタンス 0.500 H のコイルを接続した。このとき，コイルのリアクタンスは (⑮　　　) Ω である。コイルに流れる電流の位相は，コイルに加えられた電圧の位相より，$\frac{\pi}{2}$ だけ (⑯　　　)。

52 コンデンサーを流れる交流 ⚬ 38

周波数 50 Hz の交流電源に，電気容量 8.0×10^{-6} F のコンデンサーを接続した。このとき，コンデンサーのリアクタンスは (⑰　　　) Ω である。コンデンサーに流れる電流の位相は，コンデンサーに加えられた電圧の位相より，$\frac{\pi}{2}$ だけ (⑱　　　)。

53 電気振動 ⚬ 39

自己インダクタンス 0.16 H のコイルと，電気容量 4.0×10^{-6} F のコンデンサーを用いた振動回路において，電気振動の振動数は (⑲　　　) Hz である。

5 章　電磁誘導と電磁波

テストによく出る問題を解こう！

答➡別冊 p.69

24 ［磁場の変化による誘導起電力］

面積 S〔m^2〕の正方形のコイル ABCD を紙面の裏から表の向きに貫く磁束密度が，右のグラフのように変化した。正方形コイルの抵抗は R〔Ω〕である。

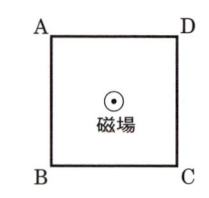

(1) コイルに発生する誘導起電力の大きさを求めよ。

(2) コイルに流れる電流の向きを求めよ。

(3) コイルに流れる電流の大きさを求めよ。

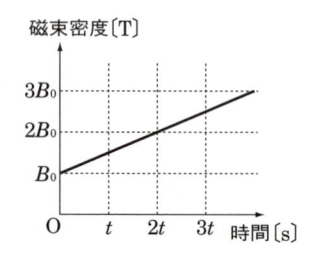

25 ［移動するコイルに発生する誘導起電力］ 必修

図のように，紙面に垂直で表から裏に向かう一様な磁束密度 B〔T〕の磁場が $0 \leq x \leq 2a$〔m〕の領域にある。いま，長方形の1巻きコイルを xy 平面上で，辺 AB を x 軸に平行にしたまま，一定の速さ v〔m/s〕で x 軸の正の方向へ移動させる。このコイルの抵抗を R〔Ω〕，辺 AB，CD の長さを a〔m〕，辺 AD，BC の長さを l〔m〕とする。コイル ABCD の辺 BC が y 軸と重なったときの時刻を $t = 0$〔s〕として，以下の問いに答えよ。

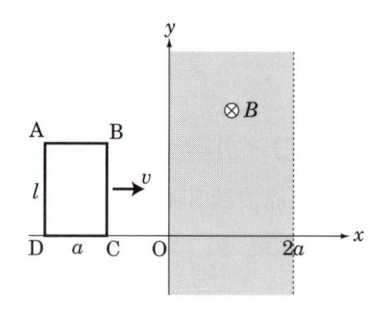

(1) 時刻 $t = \dfrac{a}{2v}$ において，

　① コイルに発生する誘導起電力の大きさを求めよ。

　② コイルを流れる誘導電流の向きと大きさを求めよ。

(2) 時刻 $t = \dfrac{3a}{2v}$ においてコイルに発生する誘導起電力の大きさを求めよ。

(3) 時刻 $t = \dfrac{5a}{2v}$ において，

　① コイルに発生する誘導起電力の大きさを求めよ。

　② コイルを流れる誘導電流の向きと大きさを求めよ。

26 ［水平に移動する導体棒に発生する誘導起電力］ テスト

図のように，鉛直下向きで磁束密度 B [T] の一様な磁場中に，電気抵抗を無視できるじゅうぶんに長い 2 本の導線 EF，GH が，水平面内に間隔 d [m] で平行に並んでいる。導線の一端 E，G は抵抗値 R [Ω] の抵抗で接続されている。

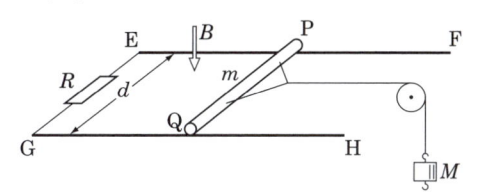

この 2 本の導線の上に，質量 m [kg] の電気抵抗を無視できる導体棒 PQ を 2 本の導線に垂直になるように置く。静止した導体棒 PQ の中点を通るように糸をつないで，2 本の導線に糸が平行になるように定滑車を通して，質量 M [kg] のおもりをつるし，静かに手を放した。重力加速度の大きさを g [m/s²] として，以下の問いに答えよ。

(1) 導体棒 PQ の速さが v [m/s] になったとき，

　① 導体棒に流れる電流の向きと大きさを求めよ。

　② 導体棒が磁場から受ける力の向きと大きさを求めよ。

　③ 導体棒に生じる加速度の大きさを求めよ。

(2) じゅうぶんに時間がたったとき，導体棒 PQ の速さは一定となる。このときの速さ v_E [m/s] を求めよ。

27 [斜面をすべる導体棒に発生する誘導起電力①] 難

2本の平行でじゅうぶんに長い金属製のレール(間隔 L)が、図のように水平な床から角度 θ で壁に立てかけられ、レールの下端が電気抵抗値 R [Ω] の抵抗で結ばれている。また、磁束密度 B の一様な磁場が、2本のレールがつくる平面に垂直で、平面を下から上に突きぬける向きに加えられている。質量 m の導体棒 PQ をレールと直角に置くと、導体棒 PQ はレール上をすべり出した。金属棒とレールとの摩擦、金属棒やレールの電気抵抗は無視できるものとし、重力加速度の大きさを g [m/s²] とする。

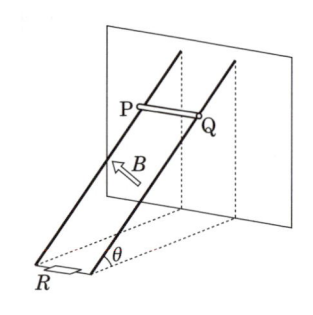

(1) 導体棒の速さが v [m/s] になったとき、以下の問いに答えよ。
  ① 導体棒に流れる電流の向きと大きさを求めよ。

  ② 導体棒が磁場から受ける力の向きと大きさを求めよ。

  ③ 導体棒に生じる加速度の大きさを求めよ。

(2) じゅうぶん時間が経過すると、導体棒は等速直線運動を行う。このとき、以下の問いに答えよ。
  ① このときの速さを求めよ。

  ② 抵抗で発生する1sあたりのジュール熱を求めよ。

  ③ 導体棒の1sあたりの力学的エネルギーの減少量を求めよ。

> **ヒント** (1)③ 加速度を a として、重力の斜面成分と電磁力より運動方程式をつくる。
> (2)③ 導体棒は1sの間に $v\sin\theta$ だけ下がる。

28 [斜面をすべる導体棒に発生する誘導起電力②] 必修

図のように，鉛直上向きで磁束密度 B〔Wb/m²〕の一様な磁場中の，水平面から θ の角度をなす斜面がある。この斜面上に，2本の金属レール PQ，RS を間隔 l〔m〕で平行に，最大傾斜の方向に置いた。さらに，PR 間に抵抗値 R〔Ω〕の抵抗と，内部抵抗の無視できる起電力 E〔V〕の電池を接続した。金属レールに直角に質量 m〔kg〕の金属棒 XY を置いて静かに放したところ，金属棒は斜面上のレール上を上向きに運動を始めた。金属棒とレールとの摩擦，金属棒とレールの電気抵抗は無視できる。重力加速度の大きさを g〔m/s²〕として，以下の問いに答えよ。

(1) 金属棒の速さが v〔m/s〕になったとき，
  ① 金属棒を流れる電流の向きと大きさを求めよ。

  ② 金属棒の加速度の大きさを求めよ。

(2) しばらくすると，金属棒は一定の速さ v_E〔m/s〕で運動した。v_E を求めよ。

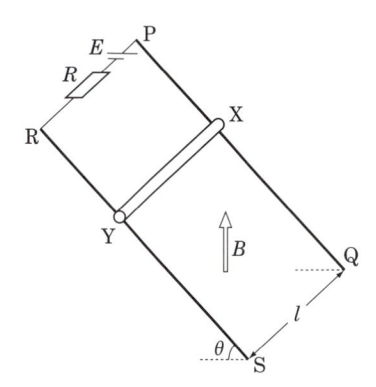

29 [回転円板に発生する誘導起電力]

図のように，磁束密度 B〔T〕の磁場に垂直に半径 r〔m〕の金属円板を置き，金属円板の中心軸，抵抗値 R〔Ω〕の抵抗，検流計をリード線で配線した。検流計からのリード線の1本を円板の端に接触させ，金属円板を角速度 ω〔rad/s〕で矢印の方向に回転させた。金属円板や導線の抵抗は無視できる。金属円板を流れる電流は，円板の接点と中心軸の間を直線的に流れると考えてよい。

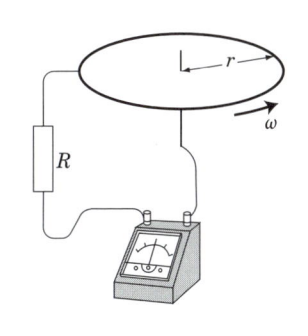

(1) 回転の角速度が ω〔rad/s〕のとき，金属円板に発生する誘導起電力の大きさ V〔V〕を，r，ω，B を用いて表せ。

次に，検流計を内部抵抗の無視できる起電力 E〔V〕の電池と取り替え，円板が矢印の方向に回転するように接続させた。

(2) じゅうぶん時間がたつと金属円板の角速度はある一定値 ω_1〔rad/s〕になる。ω_1 を E，B，r を用いて表せ。

30 ［交流と抵抗］ テスト

電圧 V〔V〕が $V = V_0 \sin \omega t$ で表される交流電源を抵抗値 R の抵抗に接続した。以下の問いに答えよ。

(1) 抵抗に流れる電流 I〔A〕を求めよ。

(2) 抵抗で消費される電力 P〔W〕を求めよ。

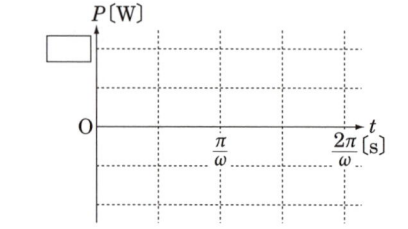

(3) 抵抗で消費される電力の時間変化を表すグラフを描け。□には電力の最大値を記入せよ。

31 ［交流とコイル］

自己インダクタンス L〔H〕のコイルに交流電源を接続したところ，コイルには $I = I_0 \sin \omega t$ で表される交流電流が流れた。以下の問いに答えよ。

(1) コイルにかかる電圧 V〔V〕を求めよ。

(2) コイルで消費される電力の時間変化を表すグラフを描け。□には電力の最大値を記入せよ。また，コイルで消費される電力の平均値を求めよ。

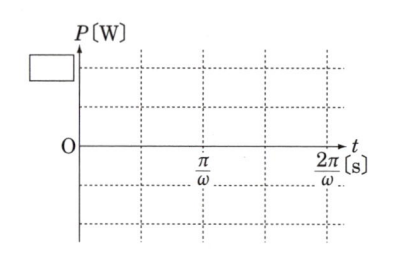

32 ［交流とコンデンサー］

電圧 V〔V〕が $V = V_0 \sin \omega t$ で表される交流電源を電気容量 C〔F〕のコンデンサーに接続した。以下の問いに答えよ。

(1) コンデンサーに流れる電流 I〔A〕を求めよ。

(2) コンデンサーで消費される電力の時間変化を表すグラフを描け。□には電力の最大値を記入せよ。また，コンデンサーで消費される電力の平均値を求めよ。

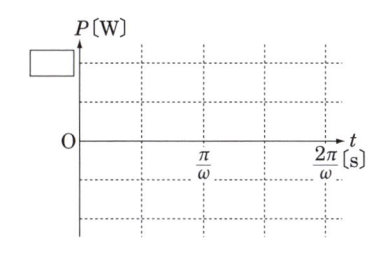

33 [共振回路] 難

抵抗値 R〔Ω〕の抵抗，自己インダクタンス L〔H〕のコイル，電気容量 C〔F〕のコンデンサーを直列に接続した共振回路がある。この回路に，角周波数 ω〔rad/s〕，電圧 $V = V_0 \sin \omega t$ の交流電源を接続した。以下の問いに答えよ。

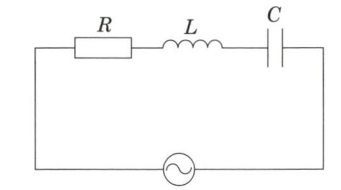

(1) 回路に流れる電流を求めよ。

(2) 回路に流れる電流が最大になるときの角周波数を ω_0〔rad/s〕とする。ω_0 を求めよ。

ヒント (1) 電圧をインピーダンスで割ればよい。位相のずれを考慮すること。

34 [電気振動]

図のように，電気容量 C〔F〕のコンデンサー，自己インダクタンス L〔H〕のコイル，起電力 E〔V〕の電池，スイッチ S_1, S_2 からなる回路がある。はじめ，スイッチ S_1 と S_2 は開いており，コンデンサーには電荷はたくわえられていない。

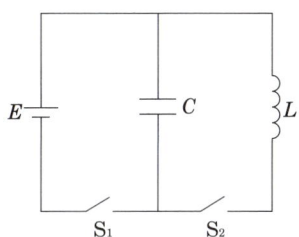

(1) スイッチ S_1 のみを閉じてじゅうぶん時間が経過したとき，コンデンサーにたくわえられるエネルギーはいくらか。

(2) スイッチ S_1 を開いてからスイッチ S_2 を閉じたところ，回路に振動電流が流れた。
① 電気振動の振動数を求めよ。

② 振動回路に流れる電流の最大値を求めよ。

入試問題にチャレンジ！

答⇒別冊 $p.74$

1 点A，BおよびPが図のような配置にあり，線分ABと線分APの長さはそれぞれ $2r$, r である。点Aと点Bにはそれぞれ電気量 $4Q$ と $9Q$ の点電荷がある。ただし，APとBPのなす角は直角であり，$Q > 0$ である。クーロンの法則の比例定数を k，無限遠方における電位を 0 V として以下の問いに答えよ。

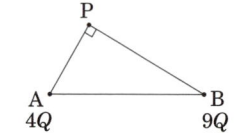

(1) 点Aと点Bにある点電荷が互いに及ぼす力の大きさを求めよ。また，それは引力か斥力か答えよ。

(2) 点Pの電位を求めよ。

(3) 点Pの電場の強さを求めよ。

(4) 点Pの電場の $\overrightarrow{AB}$ 方向の成分を求めよ。

線分AB上にあり，電場の強さが 0 になる点をSとする。

(5) 点Aと点Sの距離を求めよ。

(6) 電気量が $-Q$ の電荷を無限遠方から点Sまでゆっくりと運ぶ場合に外力がする仕事を求めよ。

(弘前大)

2 電気容量がそれぞれ $6.0\,\mu\mathrm{F}$, $2.0\,\mu\mathrm{F}$, $4.0\,\mu\mathrm{F}$ のコンデンサー C_1, C_2, C_3，起電力 120 V の電池E，ある抵抗値をもつ抵抗R，およびスイッチ S_1, S_2 を図のように接続した。最初 S_1, S_2 は開いており，C_1, C_2, C_3 には電荷はたくわえられていなかったとする。以下の問いに答えよ。

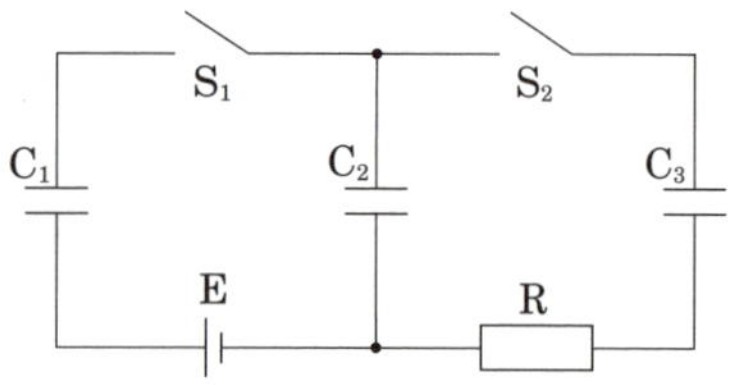

(1) まずスイッチ S_1 を閉じる。じゅうぶん時間がたったときの，次の値を求めよ。
 ① C_1 にたくわえられている電荷 Q_1 [C]
 ② C_2 の極板間の電位差 V_2 [V]
 ③ C_2 にたくわえられている静電エネルギー U_2 [J]

(2) 次にスイッチ S_1 を開いてからスイッチ S_2 を閉じる。じゅうぶん時間がたったときの，次の値を求めよ。
 ① C_2 の極板間の電位差 V_2' [V]
 ② C_2 にたくわえられている電荷 Q_2' [C]
 ③ C_2 にたくわえられている静電エネルギー U_2' [J]
 ④ C_3 にたくわえられている電荷 Q_3' [C]
 ⑤ C_3 にたくわえられている静電エネルギー U_3' [J]

(3) (1)の状態の静電エネルギーの総和と(2)の状態の静電エネルギーの総和には差がある。
 ① このエネルギー差 ΔU [J] の絶対値を求めよ。
 ② ΔU [J] はどうなったと考えられるかを説明せよ。

(高知大)

3 図1に示すように，面積 S〔m²〕の極板 A，B で極板間の距離 d〔m〕の平行板コンデンサーが真空中におかれている。極板 B から $d/4$〔m〕の距離にある極板間の点を P とする。真空の誘電率を ε_0〔F/m〕とし，以下の問いに答えよ。ただし，極板の面積はじゅうぶん広く，極板間の距離はじゅうぶん小さいものとする。

(1) スイッチ K を閉じて電圧 V〔V〕の電池で充電した。以下の値をそれぞれ求めよ。
  ① コンデンサーにたくわえられる電荷
  ② P における電場の強さ
  ③ 極板 B の電位を基準とした P の電位
  ④ コンデンサーにたくわえられた静電エネルギー

(2) (1)の状態でスイッチ K を開き，図2に示すように，外力を加えて厚さ $d/2$〔m〕で比誘電率 ε_r の誘電体をゆっくり挿入した。以下の値をそれぞれ求めよ。
  ① コンデンサーの静電容量
  ② P における電場の強さ
  ③ 極板 B の電位を基準とした P の電位
  ④ コンデンサーの極板間の電位差
  ⑤ コンデンサーにたくわえられた静電エネルギー
  ⑥ 誘電体を挿入するために外力がした仕事

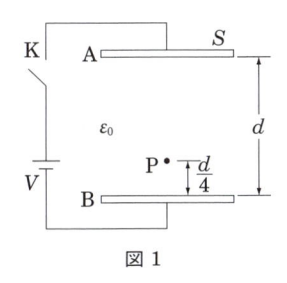

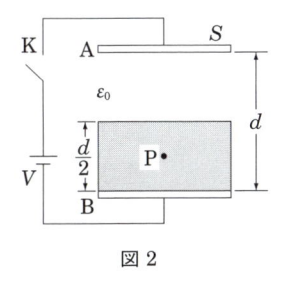

(福島大)

4 図1のような電流-電圧特性をもった電球 A と電球 B がある。このうち電球 A を，図2のように 12Ω の抵抗と並列に接続して，起電力 6.0V の電池に接続した。このとき，以下の問いに答えよ。ただし，電池の内部抵抗は無視できるものとする。

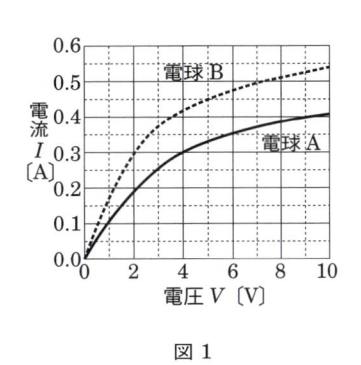

(1) 12Ω の抵抗と電球 A に流れる電流を求めよ。
(2) 抵抗と電球 A を図3のように直列に接続しなおした。このとき，電球 A に流れる電流を求めよ。
(3) 次に，図4のように抵抗を電球 B に取り替えた。電球 B に流れる電流を求めよ。

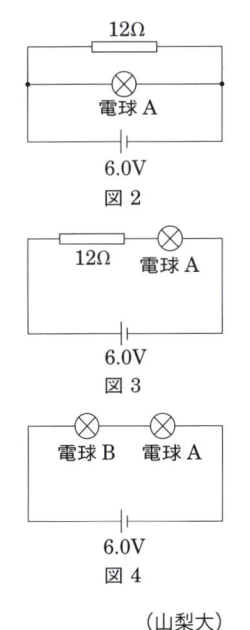

(山梨大)

5 図に示すように，断面積 S [m²]，長さ l [m] の導体が，電圧 V [V] の電源に導線でつながっている。導体中には，電荷 $-e$ [C] の自由電子が 1m^3 あたり n 個あるとする。なお，電源の内部抵抗および導線の抵抗は無視できるものとする。

(1) 導体の両端に電圧 V をかけたとき，導体内部に生じる一様な電場の強さを求めよ。

(2) 導体中で自由電子は，電場による力と，熱振動する陽イオンとの衝突などによる抵抗力を受けながら運動する。

　① 1個の自由電子が電場により受ける力の大きさを求めよ。

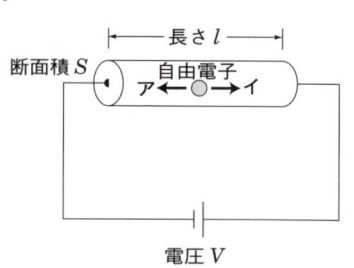

　② 自由電子が電場により受ける力の向きを，図のアかイのいずれかで答えよ。

　③ 自由電子が受ける抵抗力は，その速さ v [m/s] に比例すると仮定すると，kv [N] と考えることができる。ここで k [N·s/m] は比例定数である。自由電子が電場から受ける力と抵抗力がつり合うとき，自由電子は一定の速さで移動する。そのときの速さを求めよ。

(3) S, e, n, v を用いて，導体を流れる電流の大きさを表せ。

(4) S, l, V, e, n, k を用いて，導体を流れる電流の大きさを表せ。

(5) S, l, e, n, k から必要なものを用いて，導体の電気抵抗および導体の抵抗率を表せ。また，抵抗率の単位を答えよ。

(宮崎大)

6 起電力 E [V] の電池，抵抗値 R_1, R_2, R_3, R_4 [Ω] の4つの抵抗，電気容量 C_1, C_2 [F] の2つのコンデンサーおよび2つのスイッチ S_1, S_2 を図のように接続する。2つのコンデンサーに電荷はたくわえられていない。導線の抵抗と電池の内部抵抗を無視できるとして，各問いに答えよ。

(1) 図の状態から S_1 を閉じた。閉じた直後に，抵抗値 R_1 および R_3 [Ω] の抵抗を流れる電流 [A] を求めよ。

(2) S_1 を閉じてからじゅうぶんに時間がたったとき，抵抗値 R_1 [Ω] の抵抗を流れる電流 [A] および電気容量 C_1 [F] のコンデンサーにたくわえられている電気量 [C] を求めよ。

(3) S_1 を閉じたまま S_2 を閉じた。じゅうぶんに時間がたったときの，電気容量 C_1 [F]，C_2 [F] のコンデンサーそれぞれの極板間の電位差 [V] とそれぞれにたくわえられている電気量 [C] を求めよ。

(4) (3)のあと，S_1 を閉じたまま S_2 を開いた。じゅうぶんに時間がたったとき，電気容量 C_1 [F] のコンデンサーにたくわえられている電気量 [C] を求めよ。

(5) (4)のあと，S_2 を開いたまま S_1 を開いた。じゅうぶんに時間がたったとき，図の点 b を基準とした点 a の電位 [V] を求めよ。

(京都府大改)

7 真空中に一様な磁束密度 B [T] の磁場がある。図に示すように座標軸をとり，磁場の向きを z 軸とする。その磁場の中に速さ v [m/s] の電子 (質量 m [kg]，電荷 $-e$ [C]) を，zx 平面上で，z 軸の正の向きに対して θ (< 90°) の角度で入射させる。このとき，入射した点を原点 O とする。ただし，電子は原点 O を通過後から磁場の影響を受けた運動をするものとする。

(1) 電子が原点 O に入射したとき，電子の速度の y 成分は 0 である。このときの速度の x 成分と z 成分を求めよ。

(2) 電子が磁場から受ける力の大きさ F [N] を求めよ。

(3) 電子が磁場から受ける力は，大きさが一定で電子の運動方向とつねに垂直にはたらく。電子は磁場に垂直な平面内で等速円運動を行うので，z 軸方向から見たとき，電子は図の破線のような半径 R [m] の等速円運動を行う。円運動の半径 R を求めよ。

(4) R を用いずに円運動の周期 T [s] を表せ。

(5) 電子の運動は，磁場の向きを軸としたらせん運動となる。図に示したらせん運動のピッチ l [m] を，R ならびに T を用いずに表せ。

(宮崎大)

8 図のように，長さ l，断面積 S，巻き数が N のソレノイドコイル (コイル A とよぶ) と抵抗と直流電源 E を含む回路が真空中に置かれている。コイル A の長さ l はその半径に比べてじゅうぶん長いものとする。このコイル A に電流 I を流すと，コイルの内部では，コイルに沿ってほぼ一様な磁場ができるが，コイルの外部の磁場は，コイルから離れると急速に 0 になる。そこで，コイル A の内部の磁場を一定，コイル A の外部の磁場を 0 と仮定し，真空の透磁率を μ_0 として以下の問いに答えよ。

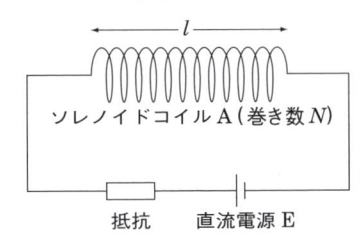

(1) コイル A 内の磁場 H，およびコイル A を貫く磁束 Φ を求めよ。

(2) 流れている電流が，時間 Δt 後に I から $I + \Delta I$ になったとする。磁束の時間変化が電流の時間変化に比例することより，コイル A の誘導起電力 V を求めよ。

(3) コイル A の自己インダクタンス L_A を求めよ。

(奈良女子大)

9 図1に示すように，長さ L [m] の金属棒 OP が，紙面に垂直で表から裏に向かう一様な磁場（磁束密度の大きさ B [T]）の中に，紙面に平行に置かれている。この金属棒 OP を磁場と金属棒の両方に垂直な方向に一定の速さ v [m/s] で動かす。電子の電荷を $-e$ [C] として，以下の問いに答えよ。

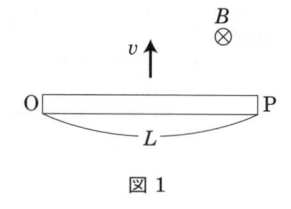

(1) 金属棒中の自由電子が磁場から受ける力の大きさを求めよ。

(2) 金属棒中の自由電子を磁場から受ける力に逆らって，一端から他端に移動させるときに必要なエネルギーを求めよ。

(3) 金属棒の両端 O と P の間に生じる起電力の大きさを求めよ。

次に，図2に示すように，この金属棒の一端 O を中心として磁場に垂直な紙面上を一定の角速度 ω [rad/s] で反時計回りに回転させる。この場合について各問いに答えよ。

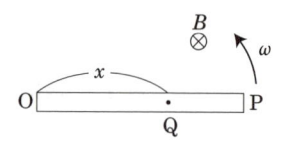

(4) 回転の中心 O から距離 x [m] 離れた点 Q にある自由電子が磁場から受ける力の大きさ F [N] を求めよ。また，距離 x と力の大きさ F の関係をグラフに描け。

(5) 金属棒中の自由電子を，磁場から受ける力に逆らって一端から他端に移動させるときに必要なエネルギーを求めよ。

(6) 金属棒の両端 O と P の間に生じる起電力の大きさを求めよ。

（愛知教育大）

10 図のように，鉛直上向きの磁束密度 B [T] の一様磁場において，導体でできた2本の平行なレールが間隔 L [m] で水平に設置されている。この2本のレールは抵抗 R [Ω] が接続された導線 ab で結ばれており，レールの上にはレールと直交して導体棒 cd が置かれている。導体棒 cd は，滑車を介して質量 m [kg] のおもりと伸び縮みしないひもでつながれている。このおもりを初速度0で落下させたところ，導体棒 cd はレール上を滑りだし，やがて一定の速さとなった。この場合において，以下の問いに答えよ。

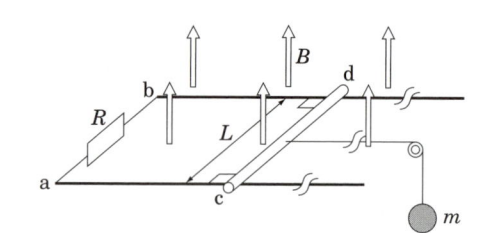

ただし，導体棒 cd は一定の方向を保ったまま，レールからはずれることなく運動するものとする。また，重力加速度は g [m/s²] とし，摩擦，導体棒 cd の質量，および抵抗 R 以外の電気抵抗は無視できるものとする。

(1) 導体棒 cd に流れる電流の向きを，c→d か d→c かで答え，その大きさを求めよ。

(2) 導体棒 cd の速さを求めよ。

(3) 抵抗 R で単位時間あたりに発生する熱エネルギー，おもりの力学的エネルギーの単位時間あたりの変化分をそれぞれ求め，これらの関係を説明せよ。

（東京海洋大）

⑪ 図のような磁束密度 B〔Wb/m²〕の一様な磁場中をコイル ABCD が磁場に垂直な中心軸 OO′ を中心として一定の角速度 ω〔rad/s〕で回転している装置がある。

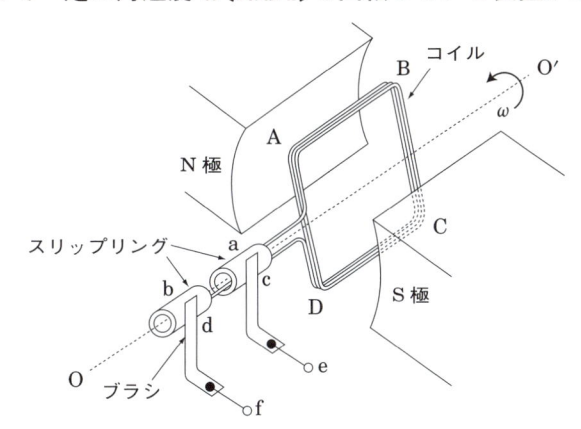

このコイルは n 回巻きで各辺の長さは AB = CD = l_1〔m〕, BC = DA = l_2〔m〕である。コイルが矢印の向きに回転し，その両端はそれぞれスリップリング a, b につながり，これとブラシ c, d で接触した端子 e, f 間に電圧が得られるようになっている。コイルの面 ABCD が磁場に直交し，辺 AB が OO′ の真上にあるときの時刻を $t = 0$ とし，そのときコイルを貫いている磁束を正として，以下の問いに答えよ。

(1) 次の ☐ に適当な語句を入れよ。
　　これは ① の原理を示す装置であり，端子 e, f 間の電圧は ② 電圧である。
(2) コイルの辺 AB が OO′ の真上を過ぎて図に示す位置にきている瞬間に，コイル内に生じている誘導起電力の電位は A と B ではどちらが高いか。
(3) 時刻 t における面 ABCD を貫く磁束 Φ〔Wb〕を B, l_1, l_2, t, ω を用いて表せ。
(4) 端子 e, f 間の誘導起電力 V〔V〕を B, l_1, l_2, n, t, ω を用いて表せ。 (長崎大)

⑫ 図のように，抵抗値 R〔Ω〕の抵抗，自己インダクタンス L〔H〕のコイル，電気容量 C〔F〕のコンデンサーの直列回路に，実効値 100 V の交流電圧を加えた。この回路を流れる電流が最大になる電源周波数を f_0〔Hz〕とする。

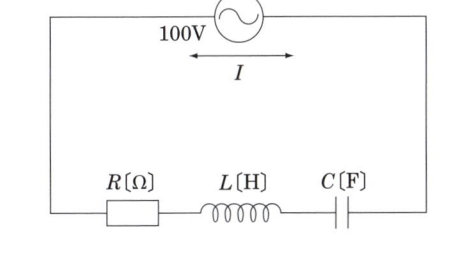

(1) f_0 を，R, L, C の中の必要なものを用いて表せ。
(2) 電源周波数が f_0 のとき，コイルおよびコンデンサーのリアクタンスを L と C で表せ。
(3) 電源周波数が f_0 のときに回路を流れる電流は，コイルとコンデンサーがない場合と同じである。電源周波数が f_0 で，抵抗値 R が 10 Ω のとき，この回路を流れる電流の実効値 I を求めよ。

(県立広島大)

5編 原子と原子核

1章 電子と光子

1 □ 陰極線の性質
①ガラスに当たると**蛍光**を発する。
②物体によってさえぎられると影ができる。
③衝突すると熱が発生することから，**運動エネルギー**をもっている。
④電場や磁場によって進路が曲げられる向きから，**負の電荷の流れ**である。

2 □ トムソンの実験
トムソンは，陰極線の粒子の電荷を $-e$ [C]，質量を m [kg] として，**比電荷** $\dfrac{e}{m}$ を測定した。今日では，この粒子は**電子**とよばれている。

> トムソンの実験，ミリカンの実験は有名だよ。

3 □ ミリカンの実験
ミリカンは，電荷には最小単位（**電気素量**）が存在すると考え，その値 e を測定した。

$$e = 1.6 \times 10^{-19} \text{ C}$$

電気素量 e とトムソンの求めた比電荷 $\dfrac{e}{m}$ から，電子の質量 m が求められた。

$$m = 9.1 \times 10^{-31} \text{ kg}$$

4 □ 光電効果
金属に紫外線のような波長の短い光を当てると，電子が飛び出す。この現象を**光電効果**といい，このとき飛び出してきた電子を**光電子**という。

金属に当てる光の振動数がある値 ν_0 [Hz] より小さいと，光を強くしても光電子は飛び出さない。この振動数 ν_0 を**限界振動数**という。この現象は光が波だと考えると説明がつかず，光が粒子（**光子**または**光量子**）としての性質をもっていると考えることによって説明することができる。

5 □ 光子のエネルギー
振動数 ν [Hz] の光子 1 個のもっているエネルギー E [J] は，

$$E = h\nu \quad (h = 6.63 \times 10^{-34} \text{ J·s})$$

である。h は**プランク定数**とよばれる。

> プランク定数はミクロの世界で重要な定数です。

6 □ 光電効果の解釈

金属に振動数 ν〔Hz〕の光を当てたとき，金属から飛び出す光電子の最大の運動エネルギー $\dfrac{1}{2}mv_{\max}^2$ は，

$$\frac{1}{2}mv_{\max}^2 = h\nu - W$$

である。W〔J〕は**仕事関数**とよばれ，光電子が金属イオンの引力にさからって飛び出すために必要なエネルギーである。

7 □ X線の発生

真空管内で陰極で発生した熱電子を強い電場で加速し，陽極の金属に衝突させるとX線が発生する。発生するX線の波長を測定すると，**ある波長 $\lambda_{\min}$〔m〕よりも短い波長のX線は観測されない**。このときの $\lambda_{\min}$ を**最短波長**という。

$$\lambda_{\min} = \frac{hc}{eV}$$

最短波長よりも波長の短いX線が発生しないのは，X線が**光量子**だとして説明できる。

8 □ コンプトン効果

X線を結晶に当てて散乱された散乱X線のなかには入射X線よりわずかに長い波長のX線が観測される。この現象を**コンプトン効果**という。コンプトン効果はX線が運動量をもつ**光量子**だとして説明できる。

9 □ 物質波

すべての粒子は運動しているとき波の性質を示す。これを**物質波**または**ド・ブロイ波**という。粒子が運動量 p〔kg・m/s〕で運動しているとき，物質波の波長（ド・ブロイ波長）λ〔m〕は，

$$\lambda = \frac{h}{p}$$

10 □ 電子線回折

電子線を薄い金属はくに当てると，回折・干渉を起こす。このことから，電子も**粒子性**と**波動性**を合わせもつことが示された。

11 □ ブラッグ反射

結晶面の間隔 d の結晶にX線や電子線を照射すると，反射されたX線や電子線は干渉を起こす。これを**ブラッグ反射**という。

結晶面と θ の角度で照射したとき，X線や電子線が強め合うのは，

$$2d\sin\theta = m\lambda \quad (m = 1, 2, 3, \cdots)$$

という関係が成り立つときである。これを**ブラッグの条件**という。

基礎の基礎を固める！

( )に適語を入れよ。　答⇒別冊 p.83

1 陰極線

陰極線に電場や(①　　　)を加えると進路が曲げられ，その曲がる向きから陰極線の粒子が(②　　　)をもっていることがわかる。また，陰極線が衝突すると熱を発生することから(③　　　)をもっていることがわかる。

2 トムソンの実験

トムソンは，電子線が電場や磁場によって曲げられることから，電子の(④　　　)を測定した。

3 ミリカンの実験

油滴に(⑤　　　)を照射して帯電させ，電場の中を運動させて油滴の電荷を測定し，その最小単位 e を求めた実験が，ミリカンの実験である。e を(⑥　　　)といい，その値は(⑦　　　)Cである。1電子ボルトは，1Vの電位差で加速された電子のもつ運動エネルギーであるから，$1\,\mathrm{eV} = $(⑧　　　)Jである。

4 光電効果

金属に波長の短い光を当てると金属から電子が飛び出す。飛び出してきた電子を(⑨　　　)という。光電効果では，どんなに強い光を当てても，ある振動数以下の光では電子は飛び出してこない。この振動数を(⑩　　　)という。波のエネルギーは振動数と振幅によって決まる。振幅を大きくし強い光にしてエネルギーを大きくしても電子が飛び出さないことは，光が(⑪　　　)としての性質しかもたないなら，光電効果を説明できないことを示している。

5 X線の発生①

X線管でX線を発生させるとき，ある波長より短い波長のX線は観測されない。この波長を(⑫　　　)という。この波長より長い側は連続的にX線が観測される。これを(⑬　　　)X線とよぶ。このような性質は，X線が(⑭　　　)だけの性質をもつと考えると説明ができない。また，発生したX線の中で，強いエネルギーをもつ特定の波長のX線が観測される。これを(⑮　　　)X線という。

6 X線の発生② ⌬7

X線管の電極間に高電圧 V [V] を加え,陰極から速さ 0 で出た電子を加速させ陽極に衝突させる。電子の電荷を $-e$ [C] とすれば,陽極に衝突する直前の電子のもつ運動エネルギーは (⑯　　　　) である。電子が陽極に衝突するとX線が発生する。電子が1個陽極に衝突すると,光子が (⑰　　　　) 個飛び出すと考える。発生したX線の波長を λ とすれば,光子のもつエネルギー E は,プランク定数 h [J・s],光速 c [m/s] を用いて,$E =$ (⑱　　　　) と表すことができる。

電子のもっているエネルギーがすべて光子に与えられたとき,発生するX線の波長は最も短くなり,その波長 λ_m は,$\lambda_m =$ (⑲　　　　) と表される。

7 コンプトン効果 ⌬8

X線を結晶に当てて散乱されたX線を測定すると,散乱X線の中に入射X線より波長の (⑳　　　　) いX線が観測された。これをコンプトン効果という。この現象もX線が (㉑　　　　) であると考えると説明することができないので,コンプトンはこの現象を,X線が運動量をもった (㉒　　　　) としての性質をもっていると考えて説明した。

8 物質波 ⌬9

質量 m [kg],速さ v [m/s] で運動する粒子は,波長 $\lambda =$ (㉓　　　　) の波としての性質をもつ。この波長を (㉔　　　　) といい,粒子が波動としてふるまう波を (㉕　　　　) とよぶ。

9 電子線回折 ⌬10

電子線を薄い結晶に照射すると,X線を結晶に照射したときと同様に干渉を起こすことが確認された。このことから,電子は (㉖　　　　) としての性質をもっていることがわかった。

10 ブラッグ反射 ⌬11

電子の質量を m [kg],プランク定数を h [J・s] とすると,速さ v [m/s] の電子波の波長は (㉗　　　　) [m] である。結晶に入射させる電子波の結晶面との角度を 0 から大きくしていくと,角度 θ で反射した電子波がはじめて強くなった。このことから,結晶面の間隔 d [m] は,$d =$ (㉘　　　　) であることが求められる。

テストによく出る問題を解こう！

答➡別冊 p.84

1 [トムソンの実験] 必修

図1のように，陰極から出た電子（電荷$-e$〔C〕，質量m〔kg〕）が陽極の小孔を通ったあとに，平行板電極（偏向板）に入る。このときの電子の速さをv_0〔m/s〕とする。偏向板に電圧がかけられていないときには，電子は偏向板を通過後，蛍光面のOの位置に当たった。偏向板に電圧V〔V〕がかけられているときには，電子は蛍光面のAの位置に当たった。

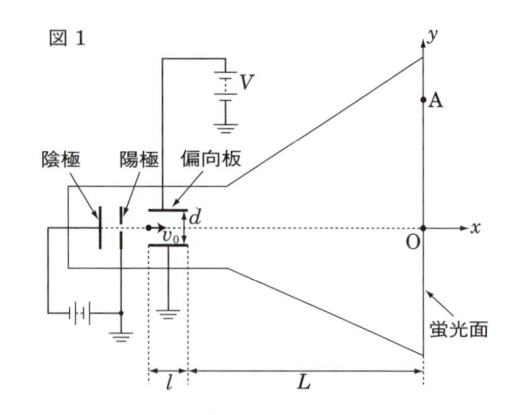

(1) 図1のようにx軸，y軸をとり，偏向板の長さをl〔m〕，偏向板間隔をd〔m〕とする。

① 偏向板に電圧がかけられているときに，偏向板間を通過する間に電子がy軸方向に偏向した距離y_1〔m〕を求めよ。

② 偏向板の端から蛍光面までの距離をL〔m〕とし，偏向板通過後に電子がy軸方向に移動した距離y_2〔m〕を求めよ。

③ 蛍光面の位置OからAまでの距離Y〔m〕を求めよ。

(2) 図2のように，図1の装置に加えて，電磁石を偏向板の両側に置く。偏向板に電圧Vをかけたまま電磁石に電流を流し，一様な磁場を紙面に垂直に表から裏向きにかける。流れる電流を調節して，磁場が磁束密度B〔T〕になったとき，蛍光面のA点に当たっていた電子が蛍光面のO点に当たるようになった。電子の速さv_0〔m/s〕を求めよ。

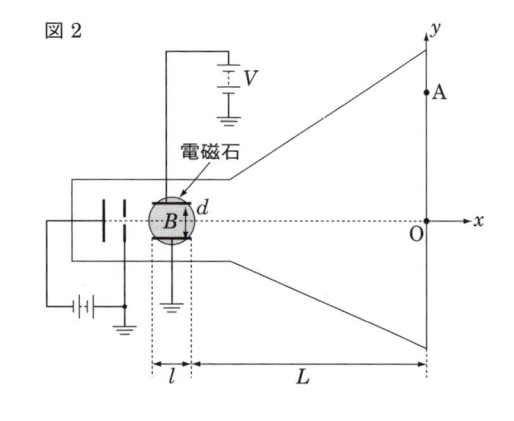

(3) この実験で直接測ることのできる量は，電圧 V，磁束密度 B，装置に関する量 d, l, L とスクリーン上での電子の位置 Y である。(1)と(2)の結果から，電子の比電荷 $\dfrac{e}{m}$ 〔C/kg〕をこの実験によって決定する式を求めよ。

2 [ミリカンの実験] 難

図1は，電気素量を決定するための実験装置を簡略化して表している。平行な電極板 A と B の距離を d とし，その間に質量 m の小さな油滴が存在する。この油滴が空気から受ける浮力は無視でき，また電極板間の電圧も自由に変えることができるものとする。

　電極板 A，B の間に電圧がかかっていないとき，この油滴は，重力と，落下速度の大きさに比例する空気抵抗を受けながら落下する。やがてこれらの力がつり合って，油滴は等速度 v_0（終端速度）で落下するようになる。このとき油滴にはたらく力は図2のように表せる。この図では，重力加速度の大きさを g，この油滴に作用する空気抵抗の比例定数を k としている。以下の問いに答えよ。

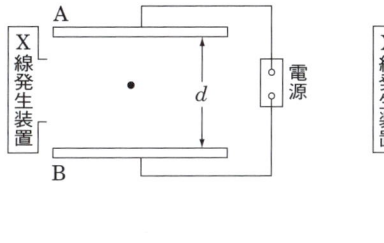

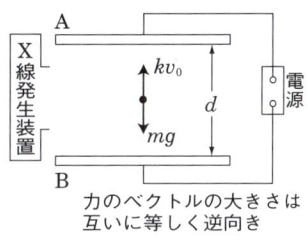

図1　　　図2

(1) 図2のように油滴が等速度で落下中に，X線を照射して生じた空気中のイオンをこの油滴に付着させ，電極板間の電圧を V にしたらこの油滴は急に上昇しはじめ，やがてその上昇速度は等速度 v となった。この油滴に作用する力について成立する式を求めよ。ただし，油滴の電荷 q は正とする。

(2) この油滴を長時間観察し，新たなイオンの付着によって変化する油滴の電荷を数回測定し，右に示す値を得た。これらの値から電気素量の値を推定せよ。

回数	1	2	3	4	5
$q\,(\times 10^{-19}\text{C})$	6.41	4.80	8.01	9.61	3.21

ヒント (2) まず各回の q の値の差を求めてみる。

3 [光電効果] 必修

光電管で図1に示す回路を作り、実験を行った。これについて問いに答えよ。ただし、真空中の光速 3.00×10^8 m/s, 電気素量 1.60×10^{-19} C, $1\mathrm{eV} = 1.60 \times 10^{-19}$ J とする。

振動数 ν [Hz] の単色光を陰極Kに当てたとき、その表面から飛び出して陽極Pに達する光電子による電流(光電流)をPK間の電圧を変えて測定したところ図2の結果を得た。

Kに照射する光の振動数 ν を変えて、光電流が流れなくなるときの電位を測定すると図3の関係が得られた。

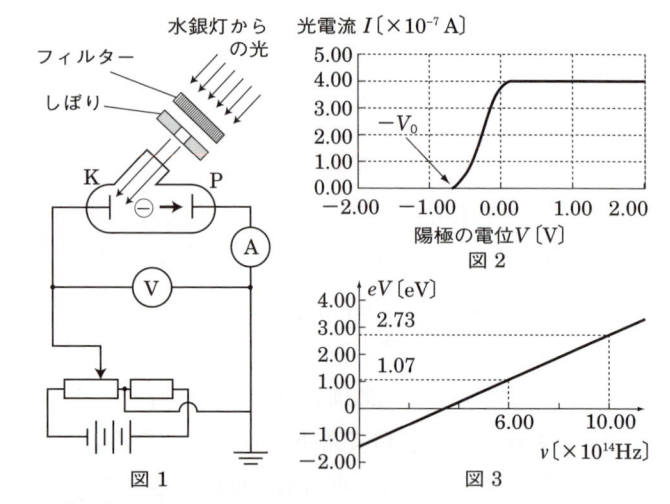

(1) 照射した単色光 ($\lambda = 6.00 \times 10^{-7}$ m) の振動数 ν [Hz] を求めよ。

(2) 図3の結果から、プランク定数 h [J·s] の値を算出せよ。

(3) 光電管の陰極Kの仕事関数 W [eV] と光電限界振動数 ν_m [Hz] を求めよ。

(4) この単色光 ($\lambda = 6.00 \times 10^{-7}$ m) の強さをもとの強さの $\dfrac{1}{4}$ 倍に変えて照射した場合、図2で示す I と V の関係はどのようになるか。グラフの概略を図に示せ。

ヒント (2) 図3の直線の傾きがプランク定数を表す。

4 [コンプトン効果]

図のように xy 平面の原点に静止している質量 m の電子に波長 λ のX線が当たった。これについて、各問いに答えよ。

入射X線の方向を x 軸、これに垂直な方向を y 軸とすると、入射X線は x 軸方向に対して θ の角度で散乱された。

このとき，散乱X線の波長はλ'であった。同時に，電子は一定の速さvで，x軸に対して角度ϕの方向にはね飛ばされた。波長λのX線のエネルギーは$\frac{hc}{\lambda}$，運動量は$\frac{h}{\lambda}$で与えられる。プランク定数をh，光速をcとする。

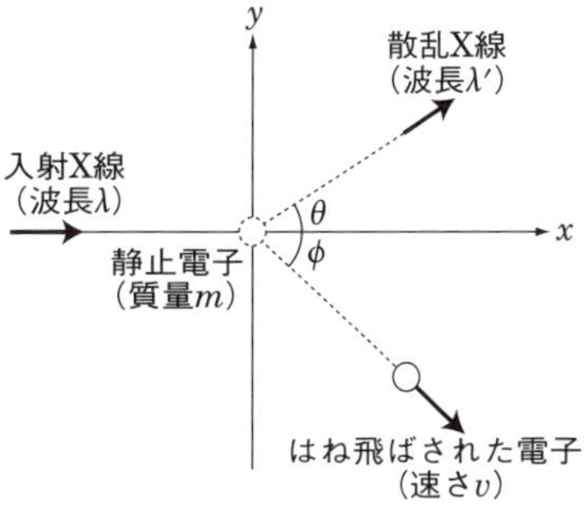

(1) 散乱の前後におけるエネルギー保存の式を記せ。

(2) x軸およびy軸方向の運動量保存の式を記せ。

(3) (1), (2)の式から，散乱による波長のずれ$\Delta\lambda = \lambda' - \lambda$を，$m$, λ, λ'によらない式で表せ。ただし，$\Delta\lambda \ll \lambda$であり，$\frac{\Delta\lambda^2}{\lambda^2} \fallingdotseq 0$と近似してよい。

5 [X線の発生] テスト

図1のようにX線管では，真空中でフィラメント（陰極）を加熱して得られる熱電子を高い電圧Vで加速して金属のターゲット（陽極）に衝突させることにより，X線を発生させている。図2は，X線管の電圧Vを一定とした場合に発生したX線の強度と波長の関係を表したものである。以下の文章は，図2に示すAの部分のX線のうち，最短波長λ_0のX線の発生について述べたものである。文中の□に適当な答えを記入せよ。

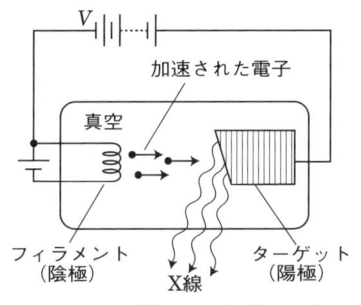

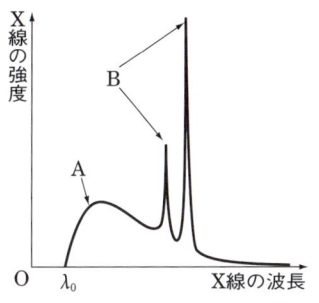

図1で，フィラメントで発生した初速度0の熱電子は，フィラメントとターゲットの間に加わる電圧Vにより加速され，ターゲットに衝突する。衝突する直前の電子1個の運動エネルギーK_0は，電子の電荷の大きさをeとすると，$K_0 = $ ① となる。この衝突のとき，運動エネルギーK_0のすべてが1個のX線光子のエネルギーE_0になる。このX線の波長がλ_0である。

振動数がν_0の光子のエネルギーE_0はプランク定数をhとすると，$E_0 = $ ② で与えられることが知られている。また，X線は光の仲間（電磁波）でもあるから，波としての性質をもっている。振動数ν_0と波長λ_0の間には，光速をcとすると，$\nu_0 = $ ③ の関係が成り立つ。したがって，これらの3式より，最短波長λ_0は，c, e, h, Vを用いて$\lambda_0 = $ ④ のように表される。

2章 原子と原子核

12 水素原子のスペクトル

水素原子の線スペクトルの波長 λ は，次式で与えられる。

$$\frac{1}{\lambda} = R\left(\frac{1}{n'^2} - \frac{1}{n^2}\right) \quad (n' < n, \ n' と n は正の整数)$$

水素原子のスペクトルの可視光領域をバルマー系列（$n' = 2$），紫外領域をライマン系列（$n' = 1$），赤外領域をパッシェン系列（$n' = 3$）という。

13 ボーア模型

●**ボーアの量子条件** 電子の質量を m〔kg〕，速さを v〔m/s〕，軌道半径を r〔m〕とすれば，

$$2\pi r = n \cdot \frac{h}{mv} \quad (n を \textbf{量子数} という。n = 1, 2, 3, \cdots)$$

●**ボーアの振動数条件** 原子はエネルギー状態 E_n の定常状態から，それよりエネルギーの低い $E_{n'}$ の定常状態に移るとき，放出する電磁波の振動数を ν とすれば，次の式が成り立つ。

$$E_n - E_{n'} = h\nu$$

14 放射線

放射線を出す元素を**放射性元素**という。原子が放射線を出す性質を**放射能**という。原子核の出す放射線には，**α線**，**β線**，**γ線**などがある。

●**α線** 高速のヘリウム原子核の流れ。電離作用が最も強い。
●**β線** 高速の電子の流れ。
●**γ線** X線より波長の短い電磁波。透過力が最も強い。

15 原子核の崩壊

放射性原子核は，放射線を出して別の原子核に変化する。これを**崩壊**という。

●**α崩壊** 原子核からα粒子（ヘリウム原子核）が飛び出す。原子番号が 2 減少し，質量数が 4 減少する。
●**β崩壊** 原子核から電子が飛び出す。原子番号は 1 増加するが，質量数は変わらない。

16 半減期

放射性原子核の量が半分になるまでの時間を**半減期**という。半減期 T〔s〕の放射性元素が N_0 あるとき，t〔s〕経過後に残っている元素の量 N は，

$$N = N_0 \left(\frac{1}{2}\right)^{\frac{t}{T}}$$

17 □ 核反応式

原子核の変化を核反応といい，核反応を示す式を**核反応式**という。

左辺の原子番号の和＝右辺の原子番号の和
左辺の質量数の和＝右辺の質量数の和

18 □ 質量とエネルギーの等価性

質量 Δm〔kg〕が失われるときに発生するエネルギー ΔE〔J〕は，光速を c〔m/s〕とすると，$\Delta E = \Delta m c^2$

●**質量欠損と結合エネルギー** 原子核の質量は原子核を構成する陽子と中性子の質量の和より小さい。この質量差 Δm〔kg〕を**質量欠損**といい，Δmc^2〔J〕を**結合エネルギー**という。

19 □ 核エネルギーの利用

●**核融合** 質量数の小さい原子核が合体して，より質量数の大きい原子核をつくる。これを**核融合**反応という。

●**核分裂** 質量数の大きい原子核が分裂して，より質量数の小さい原子核をつくる。これを**核分裂**反応という。

20 □ 素粒子

物質を構成する究極の構成要素としての粒子のことを**素粒子**という。

現在，6種類の**クォーク**と6種類の**レプトン**，力を媒介する**ゲージ粒子**，およびそれらの**反粒子**が素粒子であると考えられている。

●**クォーク** u(アップ)，d(ダウン)，c(チャーム)，s(ストレンジ)，t(トップ)，b(ボトム)の6種類。

●**レプトン** 電子，ミュー粒子，タウ粒子，電子ニュートリノ，ミュー・ニュートリノ，タウ・ニュートリノの6種類。

●**ハドロン** バリオンとメソンを総称して**ハドロン**という。

　　バリオン…3つのクォークから構成される粒子。陽子や中性子など。
　　メソン(中間子)…クォークと反クォーク1つずつから構成される粒子。

●**反粒子** ある粒子と質量などの性質が同じで，電荷の符号が逆の粒子。電子の電荷は $-e$ なので，その反粒子である**陽電子**の電荷は $+e$ である。

21 □ 4つの基本的な力

●**強い力** 原子核をつくる力。α 崩壊をもたらす力。
●**弱い力** 原子核の β 崩壊を引き起こす力。
●**電磁気力** 電荷をもった粒子間にはたらく力。
●**重力** 質量をもった粒子間にはたらく力。

基礎の基礎を固める！

( )に適語を入れよ。　答⇒別冊 p.87

11 ボーア模型　○━13

電子の質量を m [kg]，プランク定数を h [J·s] として，水素原子を構成する電子は原子核を中心とする半径 r [m]，速さ v [m/s] の等速円運動をしていると考える。このとき，n ($n = 1, 2, 3, \cdots$) を用いて，ボーアの量子条件は $2\pi r = n \cdot ($ ❶　　　) で表される。n のことを (❷　　　) という。

水素原子はエネルギー E_n [J] の定常状態から，それより低いエネルギー E_m [J] の定常状態に移るとき，振動数 ν [Hz] の電磁波を出す。このとき，

$$E_n - E_m = (\text{❸}\qquad)$$

の関係式が成り立ち，これをボーアの (❹　　　) 条件という。

12 放射線　○━14

α 線，β 線，γ 線の 3 種類の放射線のうち，α 線は高速の (❺　　　) の流れである。この粒子を α 粒子ともいい，α 線の電離作用はこの 3 種類の放射線のうちで最も (❻　　　) が，透過力は最も (❼　　　)。β 線は高速の (❽　　　) の流れである。γ 線は波長の非常に (❾　　　) 電磁波で，電離作用は 3 つの放射線のうちで最も (❿　　　) が，透過力は最も (⓫　　　)。

13 放射性崩壊　○━15

放射性崩壊には α 崩壊と β 崩壊がある。α 崩壊は原子核の中から α 粒子が飛び出すので，原子番号は (⓬　　　) し，質量数は (⓭　　　)。β 崩壊は原子核の中から β 粒子が飛び出し中性子が陽子に変わるので，原子番号は (⓮　　　) し，質量数は (⓯　　　)。

14 結合エネルギー　○━18

重水素の原子核は，陽子 1 個と中性子 1 個からできており，その質量は 3.3435×10^{-27} kg である。陽子の質量は 1.6725×10^{-27} kg，中性子の質量は 1.6748×10^{-27} kg であるから，重水素の原子核の質量は陽子と中性子の質量の和より (⓰　　　) kg だけ小さい。これを (⓱　　　) といい，真空中の光速は 3.00×10^8 m/s なので，重水素の結合エネルギーは (⓲　　　) J であるとわかる。

核子 1 個あたりの結合エネルギーが (⓳　　　) 原子核ほど安定な原子核であることを意味している。

15 半減期 🔑 16

半減期 3.64 日の $^{224}_{88}\text{Ra}$ の量が 4 分の 1 になるまでの時間は (⑳　　　) 日である。

16 核融合と核分裂 🔑 19

質量数の小さい原子核どうしが合体して，より質量数の大きい原子核に変わることを (㉑　　　) という。反対に，質量数の大きい原子核が分裂して，より質量数の小さい原子核に変わることを (㉒　　　) という。

17 素粒子 🔑 20

物質を構成する究極の構成要素としての粒子のことを素粒子という。現在では6種類のクォークと6種類のレプトン，力を媒介する (㉓　　　)，およびそれらの (㉔　　　) が素粒子であると考えられている。クォークには，(㉕　　　)，(㉖　　　)，(㉗　　　)，(㉘　　　)，(㉙　　　)，(㉚　　　) があり，電荷は $\frac{2}{3}e$ または $-\frac{1}{3}e$ である。レプトンには，電気量 $-e$ をもっている (㉛　　　)，(㉜　　　)，(㉝　　　)，および弱い相互作用においてこれらの粒子と対をなして現れる，電荷をもたない (㉞　　　)，(㉟　　　)，(㊱　　　) がある。

18 ハドロンの電荷 🔑 20

陽子と中性子はバリオンであり，陽子は uud，中性子は udd からなる。u の電荷は $\frac{2}{3}e$，d の電荷は $-\frac{1}{3}e$ であるから，陽子の電荷は (㊲　　　)，中性子の電荷は (㊳　　　) であることがわかる。

$\bar{\text{u}}$d からなる，π^- 粒子というメソンを考える。ただし，$\bar{\text{u}}$ は u の反粒子である。ある粒子 X が1個崩壊したときに，中性子(udd)と π^- 粒子が1個ずつ生じるなら，電気量保存の法則より，粒子 X の電荷は (㊴　　　) であると推定できる。

19 4つの基本的な力 🔑 21

力のことを (㊵　　　) ともいい，基本的な力は4種類ある。クォークを結びつけてハドロンを構成する力を (㊶　　　) 力，力の及ぶ距離が 10^{-18} m と非常に短く，たとえば β 崩壊を引き起こす力を (㊷　　　) 力，電荷をもった粒子間にはたらく力を (㊸　　　) 力という。また質量をもった粒子間にはたらく力を (㊹　　　) 力といい，この力は4つの基本的な力の中で最も (㊺　　　)。

テストによく出る問題を解こう！

答⇒別冊 p.89

6 ［放射性崩壊①］

天然放射性核種には $^{238}_{92}$U を出発点とするウラン系列，$^{235}_{92}$U を出発点とするアクチニウム系列，$^{232}_{90}$Th を出発点とするトリウム系列といわれるものが存在している。これらの崩壊系列では α 崩壊と β 崩壊をくり返して，それぞれ最終的には鉛の安定核種 $^{206}_{82}$Pb，$^{207}_{82}$Pb，$^{208}_{82}$Pb となる。それぞれの系列において起こる α 崩壊と β 崩壊の回数を示せ。

ヒント 質量数の変化は 4 の倍数になることに着目する。

7 ［放射性崩壊②］ テスト

放射性崩壊について，次の文中の①〜⑧に適した語句または数字を入れよ。

　放射性物質の崩壊過程には大きく分けて 2 種類ある。1 つは α 崩壊である。この崩壊によって ① の原子核が放出され，崩壊した原子核は ② が 4 減少し，原子番号（陽子の数）が ③ 減少する。また，β 崩壊においては原子核中の ④ が陽子に変わり ⑤ とニュートリノが放出される。この崩壊によって陽子の数は 1 増加する。

　α 崩壊や β 崩壊後の原子核の多くはエネルギーの高い不安定な励起状態にあるため，より低いエネルギー状態の安定な原子核になる。このときに ⑥ 線が放出される。⑥ 線は電磁波の一種であり，一般に X 線より波長が ⑦ 。また，α 線や β 線よりも物質を透過する能力が ⑧ といった特徴がある。

8 ［半減期］ 必修

半減期 T の放射性原子がはじめ（$t = 0$）に N_0 個あったとする。半減期 T たつごとにその数は $\frac{1}{2}$ になるので，時間 t の間には $\frac{1}{2}$ になることが $\frac{t}{T}$ 回くり返される。時刻 t におけるその放射性原子の存在量 N を t で表せ。

9 [核エネルギー]

以下の反応式は $^{235}_{92}\text{U}$ の核分裂の一例である。

$$^{235}_{92}\text{U} + ^{1}_{0}\text{n} \longrightarrow ^{141}_{56}\text{Ba} + ^{92}_{36}\text{Kr} + 3^{1}_{0}\text{n}$$

この核分裂では核分裂前の質量の和と核分裂後の質量の和との差に等しいエネルギー ΔE [J] が放出される。この反応で $^{235}_{92}\text{U}$ 原子核1個あたり 3.2×10^{-28} kg の質量が欠損する。放出されるエネルギーを求めよ。ここで，真空中の光の速さを 3.0×10^{8} m/s とする。

10 [核反応] 必修

以下の問いに答えよ。必要であれば次の定数を使い，有効数字3桁で答えよ。

アボガドロ定数：6.02×10^{23} mol^{-1}

電子の電荷：1.60×10^{-19} C

真空中の光の速さ：3.00×10^{8} m/s

(1) $^{12}_{6}\text{C}$ 原子の原子核の中に陽子と中性子はそれぞれいくつあるか。

(2) 1u の質量すべてが消滅したとき，放出されるエネルギーは何 eV となるか。

(3) 核融合反応の1つである次の反応で得られるエネルギーは何 eV か。

$$^{2}_{1}\text{H} + ^{3}_{1}\text{H} \longrightarrow ^{4}_{2}\text{He} + ^{1}_{0}\text{n}$$

ただし，質量を $^{2}_{1}\text{H}$：2.01410 u，$^{3}_{1}\text{H}$：3.01603 u，$^{4}_{2}\text{He}$：4.00260 u，$^{1}_{0}\text{n}$：1.00867 u とする。

(4) (3)の反応前の運動量は0であったとする。反応の前後で運動量が保存されるとすると，反応後に得られるヘリウム原子と中性子の運動量は，大きさが同じで反対の符号をもつと考えられる。反応後の各粒子の速度は光速に比べてじゅうぶん小さいとする。

① 核融合反応により中性子が得る運動エネルギーは何 eV か。

② 中性子が得る運動エネルギーはヘリウム原子の得る運動エネルギーの何倍か。

入試問題にチャレンジ！

答⇒別冊 p.91

1 次の文章を読み，文中の ① ～ ⑧ 内にあてはまる適切な数式を， ⑨ 内にあてはまる適切な数値を有効数字 2 桁で記入せよ。必要があれば，次の記号または数値を用いること。

電子の質量：$m = 9.1 \times 10^{-31}$ kg
真空中の光の速さ：$c = 3.0 \times 10^{8}$ m/s
プランク定数：$h = 6.6 \times 10^{-34}$ J·s

　X 線は非常に振動数の大きい電磁波である。その振動数を ν [Hz] とすると，X 線はエネルギー $E = h\nu$ [J]，運動量 $p = \dfrac{h\nu}{c}$ [kg·m/s] をもった粒子，すなわち光子として取り扱うことができる。X 線を物質に当てたとき，散乱された X 線の中に入射した X 線よりも波長が長い X 線が観測される現象がある。これはコンプトン効果とよばれ，X 線が粒子性をもつことを示すひとつの例である。散乱の前後における波長の変化を，運動量保存則とエネルギー保存則を用いて求めてみよう。

　図のように，波長 λ [m] をもった X 線光子が x 軸上を進み原点に静止している質量 m [kg] の電子によって散乱される。波長 λ を用いると，散乱前の X 線光子がもっているエネルギーは ① [J]，その運動量は ② [kg·m/s] と表される。散乱後，X 線光子は x 軸から ϕ の角度をなす方向に波長 λ' [m] となって進み，電子は x 軸から θ の角度をなす方向に速さ v [m/s] で進んだ。散乱の前後で運動量とエネルギーが保存されることから，x 軸方向についての運動量保存の式は ③ ，y 軸方向についての運動量保存の式は ④ と表され，エネルギー保存の式は， ⑤ と表される。

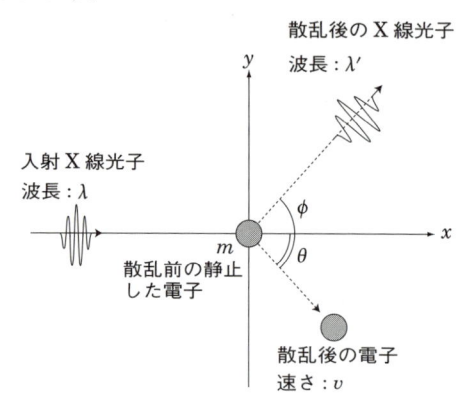

　 ③ 式と ④ 式から角度 θ を消去すると，散乱後の電子の運動エネルギーは m，h，λ，λ'，ϕ を用いて ⑥ と表される。これを ⑤ 式に代入した結果は，$\dfrac{1}{\lambda} - \dfrac{1}{\lambda'} =$ ⑦ の形に表される。散乱の前後における波長変化 $\Delta\lambda$ [m] $= \lambda' - \lambda$ が λ や λ' に比べじゅうぶんに小さいとして，$\dfrac{\lambda}{\lambda'} + \dfrac{\lambda'}{\lambda} \fallingdotseq 2$ という近似式を用いると，$\Delta\lambda$ は m，c，h，ϕ で表せて，$\Delta\lambda =$ ⑧ [m] となる。たとえば，散乱後の X 線光子が後方（$\phi = 180°$）に進むとき，$\Delta\lambda =$ ⑨ m となる。

(兵庫県大)

2 光と電子に関する以下の各問いに答えよ。

(1) X線のような波長 λ [m] が極めて短い光を用いて物質の構造を調べることができる。図1のようにX線を結晶に当てると入射角度 θ がある条件を満たすときに強く反射する。この性質を利用して結晶の原子面間隔 d [m] を求めることができる。

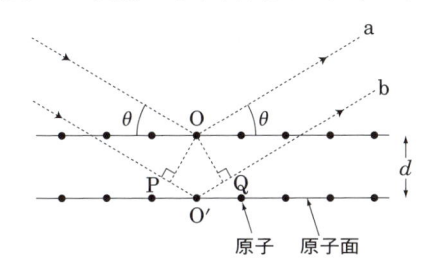

図1

① 結晶の原子面間隔が d のとき，図1のX線aとbの経路差 $\Delta x = \mathrm{PO'} + \mathrm{O'Q}$ を λ, d, θ の中で必要なものを用いて表せ。ただし，点Oからbの経路におろした垂線とbの経路との交点をP, Qとする。

② n を任意の自然数として，反射したX線が強め合う条件式を Δx, λ, n を用いて表せ。

③ 波長 7.1×10^{-11} m のX線を入射させると $n = 2$, $\theta = 30°$ のときに強く反射した。原子面間隔 d [m] を求めよ。

(2) 図2のように真空中の金属にいろいろな振動数 f [Hz] の光を当てると電子（光電子）が飛び出す。光の振動数 f と電極で集められた光電子の最大運動エネルギー E [J] の関係は表のようになった。

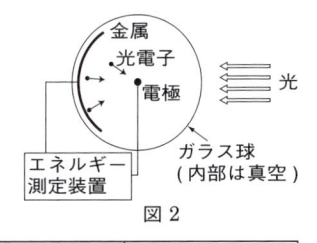

図2

f [Hz]	4.50×10^{14}	5.00×10^{14}	5.50×10^{14}	6.00×10^{14}	6.50×10^{14}
E [J]	1.60×10^{-20}	4.80×10^{-20}	8.00×10^{-20}	11.2×10^{-20}	14.4×10^{-20}

① 表の数値をもとに，f と E の関係を示すグラフを，図3に描きいれよ。

② 光を当てても電子が飛び出さない光の振動数の最大値 f_0 [Hz] を求めよ。

③ f [Hz] と E [J] の関係は h, E_0 を定数として $E = hf + E_0$ で表されることがわかっている。この式の傾きの値 h は光のエネルギーを記述するのに用いられる重要な定数である。この実験から得られる h はいくらか。

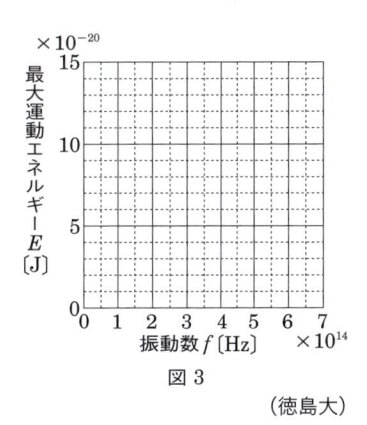

図3

（徳島大）

3 水素原子は，$+e$ の電荷をもった陽子とそのまわりを回る $-e$ の電荷をもった電子からできており，定常状態では電子は等速円運動をする。このとき，電子の質量を m，速さを v，円軌道の半径を r とすると，次の量子条件を満足する。ただし，h はプランク定数である。

$$2\pi r = n\frac{h}{mv} \quad (n=1, 2, 3, \cdots)$$

正の整数 n を量子数，n に対応する状態を量子数 n の状態という。陽子と電子の間には静電気力のみが向心力としてはたらくと仮定し，以下の問いに答えよ。

(1) 電子の等速円運動の向心力を，質量，速さおよび円軌道の半径を含む式で表せ。

(2) クーロンの法則の比例定数を k_0 として，電子の等速円運動の方程式を記せ。

(3) 上記の量子条件と電子の等速円運動の方程式から速さ v を消去して，量子数 n の状態の軌道半径 r_n が n^2 に比例することを示せ。

(4) 半径 r の円軌道にある電子の静電気力による位置エネルギーは，無限遠点を基準として $-k_0\dfrac{e^2}{r}$ で表される。量子数 n の状態のエネルギー準位 (電子の運動エネルギーと電気力による位置エネルギーの和) E_n が $\dfrac{1}{n^2}$ に比例することを示せ。

(5) 水素原子が量子数 n の状態から量子数 n' の状態に移るとき，2 つの状態のエネルギー準位の差 $E_n - E_{n'}$ を光のエネルギーとして放出する。放出される光の波長を λ とするとき，次の式が成り立つことを示せ。ただし，c は真空中の光の速さである。

$$\frac{1}{\lambda} = \frac{2\pi^2 k_0{}^2 e^4 m}{ch^3}\left(\frac{1}{n^2} - \frac{1}{n'^2}\right)$$

(宇都宮大)

4 原子核には，自然に α 崩壊や β 崩壊を起こして他の原子核に変わるものがある。また，人工的に中性子を衝突させて他の原子核に変わる反応を起こさせることもできる。以下の原子核およびその反応に関する問いに答えよ。

(1) 静止している原子核 A (質量 M_A) が α 崩壊して別の原子核 B (質量 M_B) に変わる。崩壊の前後で運動量およびエネルギーが保存するとして，崩壊後の α 粒子 (質量 m) の速さを m, M_A, M_B を用いて表せ。ただし，光速度を c とする。

(2) $^{222}_{86}\mathrm{Rn}$ はウラン U が α 崩壊や β 崩壊をくり返して安定な原子核へ変わっていく過程でつくられるが，その出発点となるのは $^{235}_{92}\mathrm{U}$, $^{238}_{92}\mathrm{U}$ のどちらか。また，その過程で α 崩壊や β 崩壊をそれぞれ何回ずつ行うか。

(3) 天然に存在しているウラン U の大部分は $^{238}_{92}\mathrm{U}$ であり，$^{238}_{92}\mathrm{U}$ に対する $^{235}_{92}\mathrm{U}$ の現在

の存在比は 0.70 % である。$^{235}_{92}$U, $^{238}_{92}$U の半減期をそれぞれ 7.0 億年, 42 億年と仮定すれば, 42 億年前における $^{238}_{92}$U に対する $^{235}_{92}$U の存在比はいくらであったか。有効数字 2 桁で答えよ。

(4) 遅い中性子 $^{1}_{0}$n が静止した $^{235}_{92}$U に衝突した結果, $^{141}_{56}$Ba, $^{92}_{36}$Kr といくつかの中性子が出てきた。以下の核反応式を完成させよ。

$$^{1}_{0}n + {}^{235}_{92}U \longrightarrow$$

(5) (4)で遅い中性子の運動エネルギーを無視するとしたとき, 反応によって生じるエネルギーをジュール(J)で表せ。ただし, $^{235}_{92}$U, $^{141}_{56}$Ba, $^{92}_{36}$Kr, $^{1}_{0}$n の質量をそれぞれ, 235.0439 u, 140.9139 u, 91.8973 u, 1.0087 u とする。また, 光速度を $c = 3.0 \times 10^8$ m/s, $1 u = 1.7 \times 10^{-27}$ kg として, 有効数字 2 桁で答えよ。

(埼玉大)

5 以下の文中の空欄にあてはまる語句を記し, その後の問いに答えよ。

原子番号は同じだが質量数が異なる原子を ① という。陽子と中性子の質量差やそれらの結合エネルギーは無視できるので, 自然界に安定に存在する炭素の ① は ^{12}C と ^{13}C であり, その平均原子量が 12.01 であることから ^{13}C の存在比は ② % であることがわかる。地球の大気圏には宇宙から宇宙線とよばれる粒子が降りそそいでいて, 大気中の ^{14}N と反応して常に微量の ^{14}C がつくられている。^{14}C は半減期 5730 年で ③ 崩壊して ^{14}N に戻る。① の関係にある原子の化学的性質はほとんど同じであるので, 生物の体内には大気中とほぼ同じ比率で取りこまれる。その生物が死ぬと代謝が停止し, 体内の放射性の ① 存在比が減少していくことを利用すると, 考古学的な年代測定(その生物が死んだのはどれくらい昔のことかを知ること)が可能になる。

③ 崩壊では原子核内の ④ が ⑤ と電子(電荷が $-e$, ここで e は電気素量)と反電子ニュートリノ(電荷 ⑥ $\times e$)に崩壊する。④ や ⑤ は電荷が $+\frac{2}{3}e$ のアップ・⑦ と $-\frac{1}{3}e$ のダウン・⑦ が合わせて 3 個集まってできている, くわしくは ④ は ⑧ 個のアップ・⑦ と ⑨ 個のダウン・⑦ から, ⑤ は ⑨ 個のアップ・⑦ と ⑧ 個のダウン・⑦ からできていると考えられている。電子や反電子ニュートリノは ⑩ とよばれる種類の素粒子である。

(問) アインシュタインは静止している物体のエネルギーは質量に比例していると考えた。この考えと, 孤立している ④ も原子核内と同じく上述の ③ 崩壊を起こし, できた粒子は運動エネルギーをもって飛び出すことを組み合わせると, ④ と ⑤ はどちらが重いと考えられるか, 理由を付して答えよ。

(福岡教育大改)

執筆協力；土屋 博資

図版協力；小倉デザイン事務所

シグマベスト	編 者	文英堂編集部
これでわかる基礎反復問題集 物 理	発行者	益井英郎
	印刷所	株式会社 天理時報社
	発行所	株式会社 文英堂

本書の内容を無断で複写(コピー)・複製・転載することは，著作者および出版社の権利の侵害となり，著作権法違反となりますので，転載等を希望される場合は前もって小社あて許諾を求めてください。

〒601-8121　京都市南区上鳥羽大物町28
〒162-0832　東京都新宿区岩戸町17
(代表)03-3269-4231

© BUN-EIDO 2013　　Printed in Japan　　●落丁・乱丁はおとりかえします。

Σ BEST
シグマベスト

高校 これでわかる
基礎反復問題集
物 理

正解答集

文英堂

1編 物体の運動

1章 さまざまな運動

基礎の基礎を固める！の答　→本冊 p.5

1 ❶ 等速直線（等速度）
　　❷ 等加速度直線

[解き方] 物体の速度は力の方向のみが変化し，力と垂直な方向は変化しない。水平に投げ出された物体にはたらく力は重力のみなので，重力方向（鉛直方向）には重力による**等加速度直線運動**を行い，重力に垂直な方向（水平方向）には**等速直線運動（等速度運動）**を行う。

2 ❸ 9.8　❹ 20　❺ 22
　　❻ 20　❼ 20

[解き方] **水平方向は等速直線運動**なので，2.0 s 後も水平方向の速さは変わらない。よって，9.8 m/s である。
鉛直方向は重力により，加速度 9.8 m/s² の等加速度直線運動を行う。鉛直方向の初速度は 0 なので，2.0 s 後の速さは，
$$9.8 \times 2.0 = 19.6 \text{[m/s]}$$
水平方向と鉛直方向の 2.0 s 後の速さから，このときの小球の速さは，
$$\sqrt{9.8^2 + 19.6^2} = 9.8\sqrt{5} \fallingdotseq 22 \text{[m/s]}$$
水平移動距離は，
$$9.8 \times 2.0 = 19.6 \text{[m]}$$
落下距離は，
$$\frac{1}{2} \times 9.8 \times 2.0^2 = 19.6 \text{[m]}$$

3 ❽ 等速直線（等速度）
　　❾ 等加速度直線

[解き方] 物体の速度は，力のはたらく方向の成分のみが変化し，力と垂直な方向の成分は変化しない。斜め上の方向に投げ出された物体にはたらく力は，重力のみなので，重力のはたらく方向（鉛直方向）には重力による**等加速度直線運動**を行い，重力に垂直な方向（水平方向）には**等速直線運動（等速度運動）**を行う。

4 ❿ 10　⓫ 17

[解き方] 初速度の水平成分の大きさは，
$$20 \times \cos 60° = 20 \times \frac{1}{2} = 10 \text{[m/s]}$$
初速度の鉛直成分の大きさは，
$$20 \times \sin 60° = 20 \times \frac{\sqrt{3}}{2} = 17.3 \text{[m/s]}$$

5 ⓬ 8.7　⓭ 15　⓮ 17
　　⓯ 17　⓰ −9.6

[解き方] 初速度の水平成分は，
$$10 \times \cos 30° = 10 \times \frac{\sqrt{3}}{2} = 8.66 \text{[m/s]}$$
であり，水平方向の速度は変わらないので，2.0 s 後の速さも 8.66 m/s である。
初速度の鉛直成分は，
$$10 \times \sin 30° = 10 \times \frac{1}{2} = 5.0 \text{[m/s]}$$
であるから，投げ出されてから 2.0 s 後の鉛直方向の速度は，
$$5.0 - 9.8 \times 2.0 = -14.6 \text{[m/s]}$$
なので，このときの速さは 14.6 m/s である。
水平方向の速さと鉛直方向の速さから，2.0 s 後の小球の速さは，
$$\sqrt{8.66^2 + 14.6^2} = \sqrt{288.16} \fallingdotseq 17 \text{[m/s]}$$
と求められる。
水平方向は等速直線運動を行うことから，2.0 s 間で水平方向に移動した距離は，
$$8.66 \times 2.0 = 17.32 \text{[m]}$$
である。投げ出された場所からの高さは，鉛直方向は等加速度直線運動を行うことから，
$$5.0 \times 2.0 - \frac{1}{2} \times 9.8 \times 2.0^2 = -9.6 \text{[m]}$$

6 ⓱ 力　⓲ うでの長さ　⓳ 負（−）

[解き方] 力のモーメントは，**力 × うでの長さ（力の作用線までの距離）**で定義されている。力のモーメントは，反時計回りに回転させようとする力を正（＋），時計回りに回転させようとする力を負（−）とすることが多い。

7 ⓴ 1.0

[解き方] A のまわりの力のモーメントの大きさは，
$$2.0 \times 0.50 = 1.0 \text{[N·m]}$$

8 ㉑ 0.90

解き方 点Aから力の作用線までの距離は，
$$0.60 \times \sin 30° = 0.60 \times \frac{1}{2} = 0.30 \text{[m]}$$
である。

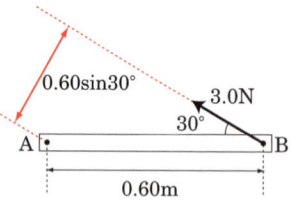

よって，点Aのまわりの力のモーメントの大きさは，
$3.0 \times 0.30 = 0.90 \text{[N·m]}$。

9 ㉒ 0.60

解き方 偶力のモーメントは，**力の大きさ F × 作用線間の距離 l** だけから求めることができる。

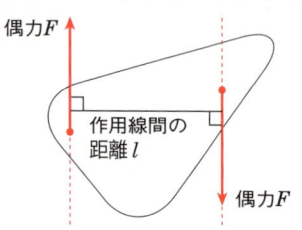

よって，
$$2.0 \times 0.30 = 0.60 \text{[N·m]}$$

テスト対策　偶力のモーメント

向きが反対で大きさが等しい2力を**偶力**という。剛体に偶力だけがはたらくとき，力のモーメントは剛体内のどの点のまわりで考えても等しい。

そこで，片方の作用線上の点を基準にして考えると，力のモーメントの大きさ M は，**力の大きさ F と作用線間の距離 l** を使って，
$$M = Fl$$
と表せる。

10 ㉓ $\vec{0}$　㉔ 0

解き方 剛体にはたらく力がつり合うための条件は，**剛体にはたらく力の和(合力)が $\vec{0}$ で**，さらに**力のモーメントの和が 0** であることである。

11 ㉕ 4.0　㉖ 6.0

解き方 棒の長さが 0.90 m，AO の長さが 0.30 m であるから，BO の長さは，
$$0.90 - 0.30 = 0.60 \text{[m]}$$
である。A端にはたらく力の大きさを F [N] として，点Oのまわりの力のモーメントを考えると，
$$F \times 0.30 = 2.0 \times 0.60$$
となるので，
$$F = \frac{2.0 \times 0.60}{0.30} = 4.0 \text{[N]}$$

また，糸の張力の大きさを T [N] として鉛直方向の力のつり合いを考えると，
$$T = 2.0 + 4.0 = 6.0 \text{[N]}$$

12 ㉗ 重力　㉘ 0

解き方 重心とは，重力の合力の作用点である。そのため，重心のまわりの重力のモーメントの和は 0 になる。

13 ㉙ 0.60

解き方 小球Aと重心との距離を x [m] とする。

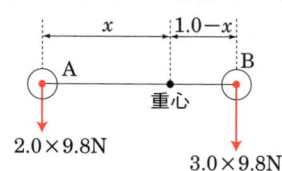

重心のまわりのモーメントがつり合うことから，
$$2.0 \times 9.8 \times x = 3.0 \times 9.8 \times (1.0 - x)$$
となるので，これを解いて，
$$x = \frac{3.0}{5.0} = 0.60 \text{[m]}$$

テストによく出る問題を解こう！の答　➡本冊 p.7

1 (1) $\sqrt{\dfrac{2h}{g}}$　(2) $v_0\sqrt{\dfrac{2h}{g}}$　(3) $\sqrt{v_0{}^2 + 2gh}$

解き方 (1) 鉛直方向には自由落下運動を行うので，初速度を v_{0y} として等加速度直線運動の式 $y = v_{0y}t + \dfrac{1}{2}at^2$ にしたがう。これに $v_{0y} = 0$，$a = g$，$y = h$ を代入すると，$h = \dfrac{1}{2}gt^2$ となるので，
$$t = \sqrt{\dfrac{2h}{g}}$$

(2) 水平方向には**等速直線運動**を行うので，(1)の結果を用いて，
$$x = v_0 \times t = v_0\sqrt{\frac{2h}{g}}$$

(3) 地面に衝突する直前の水平方向の速さ v_x は，
$$v_x = v_0$$
鉛直方向の速さ v_y は，
$$v_y = gt = g\sqrt{\frac{2h}{g}} = \sqrt{2gh}$$
となるので，
$$v = \sqrt{v_x{}^2 + v_y{}^2} = \sqrt{v_0{}^2 + 2gh}$$

2 (1) $\dfrac{v_0 \sin\theta}{g}$

(2) $\dfrac{v_0{}^2 \sin^2\theta}{2g}$

(3) $\dfrac{2v_0 \sin\theta}{g}$

(4) $\dfrac{v_0{}^2 \sin 2\theta}{g}$

(5) $45°$

解き方 (1) 鉛直方向には投げ上げの運動を行うので，初速度の鉛直成分 v_{0y} は，
$$v_{0y} = v_0 \sin\theta$$
である。
等加速度直線運動の式より $v = v_{0y} + at$ が成り立ち，最高点では，鉛直方向の速さが0となるので，
$$0 = v_0 \sin\theta - gt_1$$
となり，
$$t_1 = \frac{v_0 \sin\theta}{g}$$

(2) 等加速度直線運動の式より $v^2 - v_0{}^2 = 2ax$ が成り立ち，
$$0^2 - (v_0 \sin\theta)^2 = 2 \times (-g) \times h$$
となり，
$$h = \frac{v_0{}^2 \sin^2\theta}{2g}$$

（別解） 等加速度直線運動の式 $x = v_{0y}t + \dfrac{1}{2}at^2$ が成り立つので，(1)の結果を用いて，
$$h = v_0 \sin\theta \times \frac{v_0 \sin\theta}{g}$$
$$+ \frac{1}{2} \times (-g) \times \left(\frac{v_0 \sin\theta}{g}\right)^2$$

これを整理して，
$$h = \frac{v_0{}^2 \sin^2\theta}{2g}$$
と求めることもできる。

(3) 地面の高さを0と考えると，等加速度直線運動の式より $x = v_{0y}t_2 + \dfrac{1}{2}at_2{}^2$ なので，
$$0 = (v_0 \sin\theta) \times t_2 - \frac{1}{2}gt_2{}^2$$
となり，$t_2 > 0$ となる解は，
$$t_2 = \frac{2v_0 \sin\theta}{g}$$

(4) 水平方向には等速直線運動を行う。初速度の水平成分 v_{0x} は，
$$v_{0x} = v_0 \cos\theta$$
であるから，
$$x = v_{0x}t_2$$
$$= v_0 \cos\theta \times \frac{2v_0 \sin\theta}{g}$$
$$= \frac{2v_0{}^2 \sin\theta \cos\theta}{g}$$
$$= \frac{v_0{}^2 \sin 2\theta}{g}$$

(5) (4)より，$\sin 2\theta$ が最大となる θ を求めればよい。仰角 θ は $0° \leqq \theta \leqq 90°$ なので，$0° \leqq 2\theta \leqq 180°$ となる。よって，
$$2\theta = 90°$$
のときに $\sin 2\theta$ は最大値1をとるので，
$$\theta = 45°$$

テスト対策 放物運動

　放物運動で，物体にはたらく力は重力のみである。重力の方向には一定の力がはたらくので等加速度直線運動，重力に垂直な方向には等速直線運動をする。

{ 水平方向　→　等速直線運動
{ 鉛直方向　→　等加速度直線運動

3 (1) $\dfrac{L}{v_0}$

(2) $h - \dfrac{gL^2}{2v_0{}^2}$

(3) $v_0 > L\sqrt{\dfrac{g}{2h}}$

解き方 (1) 小球Aが小球Bに衝突するまでに，小球Aは水平方向にLだけ移動する。
よって小球Aが発射されてから小球Bに衝突するまでの時間をtとすれば，水平方向が等速直線運動であることを用いて，
$$t = \frac{L}{v_0}$$

(2) 衝突するまでに，小球Bは，
$$\frac{1}{2}gt^2 = \frac{1}{2}g\left(\frac{L}{v_0}\right)^2 = \frac{gL^2}{2v_0^2}$$

落下するので，小球Aと小球Bが衝突したときの高さyは，
$$y = h - \frac{gL^2}{2v_0^2}$$

(3) 小球Aと小球Bが地面に達する前に衝突するためには，(2)で求めたyが正であればよい。よって，
$$h - \frac{gL^2}{2v_0^2} > 0$$

よって，$L > 0$，$v_0 > 0$なので，小球Aと小球Bが地面に達する前に衝突するための条件は，
$$v_0 > L\sqrt{\frac{g}{2h}}$$

4 (1) 水平方向：$\dfrac{v_0 L}{\sqrt{L^2+h^2}}$

鉛直方向：$\dfrac{v_0 h}{\sqrt{L^2+h^2}}$

(2) $\dfrac{\sqrt{L^2+h^2}}{v_0}$

(3) $h - \dfrac{g(L^2+h^2)}{2v_0^2}$

解き方 (1) 小球の初速度の向きと水平面とのなす角度をθとすれば，△PQRの辺の長さを考えて，
$$\sin\theta = \frac{h}{\sqrt{L^2+h^2}}$$
$$\cos\theta = \frac{L}{\sqrt{L^2+h^2}}$$
である。よって初速度の水平方向の速さv_{0x}は，
$$v_{0x} = v_0\cos\theta = \frac{v_0 L}{\sqrt{L^2+h^2}}$$

また，鉛直方向の速さv_{0y}は，
$$v_{0y} = v_0\sin\theta = \frac{v_0 h}{\sqrt{L^2+h^2}}$$

(2) 小球Aが小球Bに衝突するまでに，水平方向にLだけ移動する。水平方向は等速直線運動を行うことから，小球Aが小球Bに衝突するまでの時間tは，
$$t = \frac{L}{v_{0x}} = \frac{\sqrt{L^2+h^2}}{v_0}$$

(3) 衝突するまでに，小球Bは，
$$\frac{1}{2}gt^2 = \frac{1}{2}g\left(\frac{\sqrt{L^2+h^2}}{v_0}\right)^2 = \frac{g(L^2+h^2)}{2v_0^2}$$

落下するので，小球Aと小球Bが衝突したときの高さyは，
$$y = h - \frac{g(L^2+h^2)}{2v_0^2}$$

5 (1) $g - \dfrac{kv}{m}$

(2) $\dfrac{mg}{k}$

解き方 (1) 雨滴にはたらく力は重力と空気抵抗力である。重力は下向き，抵抗力は上向きなので，下向きを正とすると雨滴の運動方程式は，
$$ma = mg - kv$$
となり，整理すると，
$$a = g - \frac{kv}{m}$$

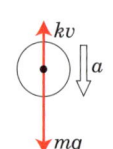

(2) 加速度が0になったとき，一定の速さv_Eで運動する。よって，(1)の結果より，
$$0 = g - \frac{kv_E}{m}$$
となり，
$$v_E = \frac{mg}{k}$$

6 $\dfrac{m_A x_A + m_B x_B + m_C x_C}{m_A + m_B + m_C}$

解き方 すべての小物体が一直線上にあるので，これらの重心も同じ直線上にある。ここで，物体系の重心の座標を x_G とし，図のように直線に垂直な重力がはたらいていると考える。

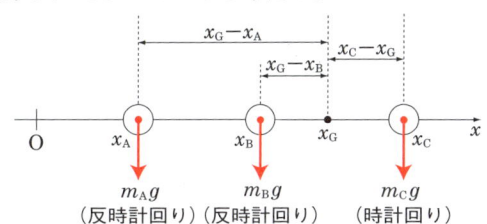

図の反時計回りを正として，重心のまわりの力のモーメントを考える。重心よりも左の位置 x にある質量 m の小物体の力のモーメントは，
$$mg \times (x_G - x) = mg(x_G - x)$$
である。また，重心よりも右の位置 x にある質量 m の小物体の力のモーメントは
$$-mg \times (x - x_G) = mg(x_G - x)$$
となるので，重心よりも左にある小物体と同じ式で表すことができる。

よって，重心のまわりの力のモーメントの和が 0 であればよいので，
$$m_A g(x_G - x_A) + m_B g(x_G - x_B) + m_C g(x_G - x_C) = 0$$
となり，これを整理すると，
$$x_G = \dfrac{m_A x_A + m_B x_B + m_C x_C}{m_A + m_B + m_C}$$

7 (1) A : $(0, 2)$
  B : $(-2, 0)$
  C : $(0, -2)$
(2) $(0, 0)$
(3) $\left(-\dfrac{2}{3}, 0\right)$

解き方 (1) 部分 A, B, C は正方形なので，その重心は正方形の中心にある。よって，部分 A, B, C の重心の座標はそれぞれ $(0, 2)$, $(-2, 0)$, $(0, -2)$ である。
(2) 部分 A, C の質量を m とおけば，部分 A と C を合わせた重心の座標を (x, y) とすると，
$$x = \dfrac{m \times 0 + m \times 0}{m + m} = 0$$
$$y = \dfrac{m \times 2 + m \times (-2)}{m + m} = 0$$

(3) 部分 A, C 全体の質量は $2m$，部分 B の質量は m であるから，板の重心の座標 (x_G, y_G) は，
$$x_G = \dfrac{m \times (-2) + 2m \times 0}{m + 2m} = -\dfrac{2}{3}$$
$$y_G = \dfrac{m \times 0 + 2m \times 0}{m + 2m} = 0$$

> **テスト対策　重心の座標**
>
> 重心を求めるときは，「重心のまわりの**重力のモーメント**がつり合う」ことから求められる。とくに各部分の質量と重心の座標が与えられているとき，全体の重心の座標は，
> $$x_G = \dfrac{m_1 x_1 + m_2 x_2 + \cdots + m_n x_n}{m_1 + m_2 + \cdots + m_n}$$
> の式を用いて解くこともできる。

8 (1) $(0, 2)$　(2) $\left(\dfrac{3}{2}, 0\right)$　(3) $\left(\dfrac{9}{14}, \dfrac{8}{7}\right)$

解き方 (1)(2) 棒の中心が重心になるので，y 軸上にある棒の重心の座標は $(0, 2)$，x 軸上にある棒の重心の座標は，$\left(\dfrac{3}{2}, 0\right)$ である。

(3) 棒の単位長さあたりの質量を m とおけば，L 字型の棒の重心の座標 (x_G, y_G) は，
$$x_G = \dfrac{4m \times 0 + 3m \times \dfrac{3}{2}}{4m + 3m} = \dfrac{9}{14}$$
$$y_G = \dfrac{4m \times 2 + 3m \times 0}{4m + 3m} = \dfrac{8}{7}$$

9 (1) $N_x = T\cos 30°$
(2) $N_y + T\sin 30° = 2.0 \times 9.8$
(3) $2.0 \times 9.8 \times 0.15$
　　　$= T \times 0.30 \times \sin 30°$
(4) T : 20 N　N : 20 N

解き方 (1)(2) 図より，水平方向のつり合いの式は，
$N_x = T\cos 30°$　……①
鉛直方向のつり合いの式は，
$N_y + T\sin 30° = 2.0 \times 9.8$　……②

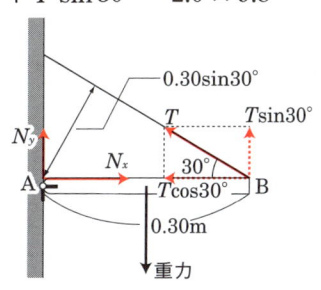

(3) 張力の作用線までの距離は $0.30\sin 30°$ であるから，点 A のまわりの力のモーメントのつり合いの式は，
$$2.0 \times 9.8 \times 0.15 = T \times 0.30 \times \sin 30°$$
$$\cdots\cdots \boxed{3}$$

(4) $\boxed{3}$ 式より，
$$T = \frac{2.0 \times 9.8 \times 0.15}{0.30 \times \sin 30°} = 19.6 \text{[N]}$$
この値を，$\boxed{1}$ 式に代入して，
$$N_x = 19.6 \times \frac{\sqrt{3}}{2} = 9.8\sqrt{3}$$
$\boxed{2}$ 式より，
$$N_y = 2.0 \times 9.8 - 19.6 \times \frac{1}{2} = 9.8$$
よって，抗力の大きさ N は，
$$N = \sqrt{N_x^2 + N_y^2}$$
$$= \sqrt{(9.8\sqrt{3})^2 + 9.8^2}$$
$$= 2 \times 9.8 = 19.6 \text{[N]}$$

10 (1) $N_A = F$
(2) $N_B = Mg$
(3) $N_B L\cos\theta = \frac{1}{2}MgL\cos\theta + FL\sin\theta$
(4) $F : \dfrac{Mg}{2\tan\theta}$　$N_A : \dfrac{Mg}{2\tan\theta}$　$N_B : Mg$

解き方 (1) 水平方向の力のつり合いの式は，
$$N_A = F$$
(2) 鉛直方向の力のつり合いの式は，
$$N_B = Mg$$

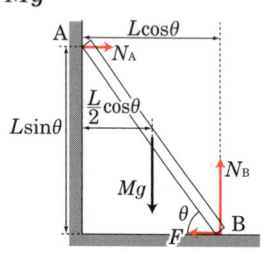

(3) 点 A から，重力 Mg の作用線までの距離は $\dfrac{L}{2}\cos\theta$，垂直抗力 N_B の作用線までの距離は $L\cos\theta$，摩擦力 F の作用線までの距離は $L\sin\theta$ であるから，点 A のまわりの力のモーメントのつり合いの式は，
$$N_B L\cos\theta = MgL \times \frac{1}{2}\cos\theta + FL\sin\theta$$

(4) 鉛直方向の力のつり合いの式から $N_B = Mg$ であることを用いると，点 A のまわりの力のモーメントのつり合いの式は，
$$MgL\cos\theta = \frac{1}{2}MgL\cos\theta + FL\sin\theta$$
となるので，
$$F = \frac{Mg\cos\theta}{2\sin\theta} = \frac{Mg}{2\tan\theta}$$
水平方向の力のつり合いの式から，
$$N_A = F = \frac{Mg}{2\tan\theta}$$

11 (1) $x \leq \dfrac{ML}{2(M+m)}$
(2) $\dfrac{M(L-2x)}{2x}$

解き方 (1) 台の端を点 C として，このまわりのモーメントを考えると，
$$Mg\left(\frac{L}{2} - x\right) \geq mgx$$
のとき，板は傾くことなく静止する。よって，このときの x の条件は，
$$x \leq \frac{ML}{2(M+m)}$$

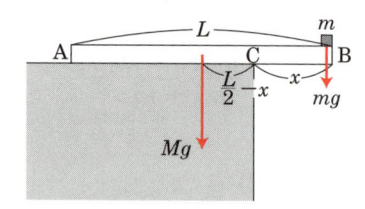

(2) 質量が m_1 になったときまで板は静止していたので，点 C のまわりのモーメントのつり合いを考えると，板が静止するような質量 m の条件
$$Mg\left(\frac{L}{2} - x\right) \geq mgx$$
より，m_1 はこの条件をみたす最大の m なので，
$$m_1 = \frac{M(L-2x)}{2x}$$

テスト対策 力のモーメントのつり合い

力のモーメントがつり合って，**物体が回転しないときは，物体にはたらく力のモーメントの和は，どの点のまわりでも，必ず 0** になる。

2章 運動量と力積

基礎の基礎を固める！ の答　　→本冊 *p.13*

14 ❶ **60**

[解き方] 運動量は**質量 × 速度**であるから，
$$4.0 \times 15 = 60 \,[\text{kg} \cdot \text{m/s}]$$

15 ❷ **30**

[解き方] 力積は**力 × 時間**なので，
$$10 \times 3.0 = 30 \,[\text{N} \cdot \text{s}]$$

16 ❸ **x 軸の負**　❹ **7.0**

[解き方] この物体の運動量変化は，
$$1.0 \times (-5.0) - 1.0 \times 2.0 = -7.0 \,[\text{N} \cdot \text{s}]$$
と求められる。物体の運動量は，物体に加えられた力積だけ増加するので，運動量変化が負になることから，力積の向きは x 軸の負の向き，大きさは $7.0 \,\text{N} \cdot \text{s}$ である。

17 ❺ **2.0**

[解き方] 衝突後の速さを $v\,[\text{m/s}]$ とすれば，**運動量保存の法則**より，
$$2.0 \times 5.0 = (2.0 + 3.0) \times v$$
となるので，
$$v = \frac{2.0 \times 5.0}{2.0 + 3.0} = 2.0 \,[\text{m/s}]$$

18 ❻ **0.25**

[解き方] 分裂後の $4.00\,\text{kg}$ の物体の速さを $v\,[\text{m/s}]$ とすれば，**運動量保存の法則**より，
$$10.0 \times 2.50 = 6.00 \times 4.00 + 4.00 \times v$$
となるので，
$$v = \frac{10.0 \times 2.50 - 6.00 \times 4.00}{4.00} = 0.25 \,[\text{m/s}]$$

19 ❼ **0.5**

[解き方] 衝突後の小球 B の速さを $v\,[\text{m/s}]$ とすれば，**運動量保存の法則**より，
$$5.0 \times 2.0 = 5.0 \times v + 3.0 \times 2.5$$
となるので，
$$v = \frac{5.0 \times 2.0 - 3.0 \times 2.5}{5.0} = 0.5 \,[\text{m/s}]$$

20 ❽ **0.67**

[解き方] 物体が**壁に垂直に衝突**したときの反発係数 e は，**衝突後の速さ ÷ 衝突前の速さ**なので
$$e = \frac{8.0}{12} = 0.667$$

21 ❾ **0.50**

[解き方] 同じ方向で速度 v_A, v_B の 2 物体が衝突し，それぞれ速度 v_A', v_B' ではじめと同じ方向に運動をはじめたときの反発係数 e は $e = -\dfrac{v_A' - v_B'}{v_A - v_B}$ なので，
$$e = -\frac{3.0 - 1.0}{0 - 4.0} = 0.50$$

テストによく出る問題を解こう！ の答　　→本冊 *p.14*

12　**A：2.2 m/s　B：3.7 m/s**

[解き方] はじめの進行方向を正にとり，衝突後の小球 A の速度を $v_A\,[\text{m/s}]$，小球 B の速度を $v_B\,[\text{m/s}]$ とすれば，**運動量保存の法則**より，
$$3.0 \times 4.0 + 2.0 \times 1.0 = 3.0 \times v_A + 2.0 \times v_B$$
反発係数の式より，
$$0.50 = -\frac{v_A - v_B}{4.0 - 1.0}$$
となる。以上の 2 式より，
$$\begin{cases} v_A = 2.2\,[\text{m/s}] \\ v_B = 3.7\,[\text{m/s}] \end{cases}$$

13　(1) $\dfrac{m_B v - m_A v_A}{m_B}$

(2) $\dfrac{(m_A + m_B)v_A - m_B v}{m_B v}$

[解き方] (1) 衝突の前後で**運動量が保存**するので，
$$m_B v = m_A v_A + m_B v_B$$
となり，
$$v_B = \frac{m_B v - m_A v_A}{m_B}$$

(2) 反発係数の式より，

$$e = -\frac{v_B - v_A}{v - 0}$$
$$= -\frac{\frac{m_B v - m_A v_A}{m_B} - v_A}{v}$$
$$= \frac{(m_A + m_B)v_A - m_B v}{m_B v}$$

テスト対策　一直線上の衝突

2物体が一直線上で衝突し，衝突前後で運動方向が変わらない問題では，**運動量保存の法則**と**反発係数**（はね返り係数）の式を用いる。

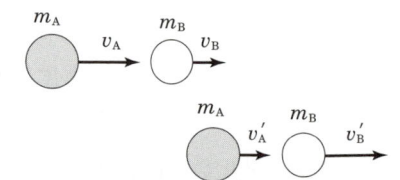

図のように，質量 m_A [kg] の物体 A が速度 v_A [m/s] で，質量 m_B [kg] で速度が v_B [m/s] の物体 B に衝突して，それぞれの速度が v_A' [m/s]，v_B' [m/s] になったとする。衝突前後で運動の方向が変わらないとすれば，運動量保存の法則より，

$$m_A v_A + m_B v_B = m_A v_A' + m_B v_B'$$

となる。
また，このときの反発係数を e とすれば，

$$e = -\frac{v_A' - v_B'}{v_A - v_B}$$

の関係式が成り立つ。
これらの式を連立させて，問題となっている値を求めることができる。

14 (1) $ev\sin\theta$
(2) $e\tan\theta$
(3) $v\sqrt{e^2\sin^2\theta + \cos^2\theta}$
(4) $(1+e)mv\sin\theta$

解き方 (1) 小球の速度の，衝突する直前の壁に垂直な成分を v_y，衝突した直後の壁に垂直な成分を v_y' とすれば，反発係数の式より，

$$e = -\frac{v_y'}{v_y} = \frac{v_y'}{v\sin\theta}$$

となるので，
$$|v_y'| = ev\sin\theta$$

(2) 壁との衝突において，壁に平行な方向の速さは $v\cos\theta$ から変わらないので，

$$\tan\phi = \frac{ev\sin\theta}{v\cos\theta} = e\tan\theta$$

(3) 衝突後の小球の速さ v' は，
$$v' = \sqrt{(v\cos\theta)^2 + (ev\sin\theta)^2}$$
$$= v\sqrt{e^2\sin^2\theta + \cos^2\theta}$$

(4) 小球は壁から加えられた力積だけ運動量が変化するので，小球に壁から加えられた力積は，

$$mv_y' - mv_y = m(ev\sin\theta) - (-mv\sin\theta)$$
$$= (1+e)mv\sin\theta$$

テスト対策　運動量の原理

物体は，加えられた力積だけ運動量が増加する。これを**運動量の原理**とよぶ。
速度 $\vec{v_0}$ [m/s] で運動していた質量 m [kg] の物体に，$\vec{F}t$ [N·s] の力積を加えたところ，物体の速度が $\vec{v}$ [m/s] になったとすれば，

$$m\vec{v} - m\vec{v_0} = \vec{F}t$$

の関係式が成り立つ。この式が運動量の原理を表す。

15 (1) $\frac{1}{2}F_1 t_2$ (2) $\frac{1}{2}F_1$ (3) $\frac{F_1 t_2}{2m}$

解き方 (1) 力積は F-t 図のグラフと t 軸に囲まれた面積によって求められるので，求める力積は，

$$\frac{1}{2} \times F_1 \times t_2 = \frac{1}{2}F_1 t_2$$

(2) 物体に加えられた平均の力を $\overline{F}$ とすれば，物体に加えられた力積の大きさは $\overline{F}t_2$ で与えられるので，(1)の結果から，

$$\overline{F}t_2 = \frac{1}{2}F_1 t_2$$
$$\overline{F} = \frac{1}{2}F_1$$

(3) 物体は加えられた力積だけ運動量が変化するので，力積を加えられたあとの速さを v とすれば，

$$mv - 0 = \frac{1}{2}F_1 t_2$$
$$v = \frac{F_1 t_2}{2m}$$

16 (1) $mv = \dfrac{1}{2}mv_A + \dfrac{\sqrt{3}}{2}Mv_B$

(2) $0 = \dfrac{\sqrt{3}}{2}mv_A - \dfrac{1}{2}Mv_B$

(3) $v_A : \dfrac{1}{2}v \quad v_B : \dfrac{\sqrt{3}m}{2M}v$

解き方 (1) 衝突前の小球 A の運動方向の運動量保存の式は，
$$mv = mv_A \cos 60° + Mv_B \cos 30°$$
$$mv = \dfrac{1}{2}mv_A + \dfrac{\sqrt{3}}{2}Mv_B$$

(2) 衝突前の小球 A の運動方向に垂直な方向の運動量保存の式は，
$$0 = mv_A \sin 60° - Mv_B \sin 30°$$
$$0 = \dfrac{\sqrt{3}}{2}mv_A - \dfrac{1}{2}Mv_B$$

(3) (1)と(2)の運動量保存の式より，v_A, v_B を求めると，
$$v_A = \dfrac{1}{2}v, \quad v_B = \dfrac{\sqrt{3}m}{2M}v$$

17 (1) $m_1 v_1 \cos\theta_1 + m_2 v_2 \cos\theta_2$
$\qquad = m_1 v_1' \cos\phi_1 + m_2 v_2' \cos\phi_2$

(2) $-m_1 v_1 \sin\theta_1 + m_2 v_2 \sin\theta_2$
$\qquad = m_1 v_1' \sin\phi_1 - m_2 v_2' \sin\phi_2$

(3) $\phi_1 + \phi_2 = 90°$

解き方 (1) 物体 A の衝突前の速度の x 軸方向成分は $v_1 \cos\theta_1$，衝突後は $v_1' \cos\phi_1$ である。また，物体 B の衝突前の速度の x 軸方向成分は $v_2 \cos\theta_2$，衝突後は $v_2' \cos\phi_2$ である。

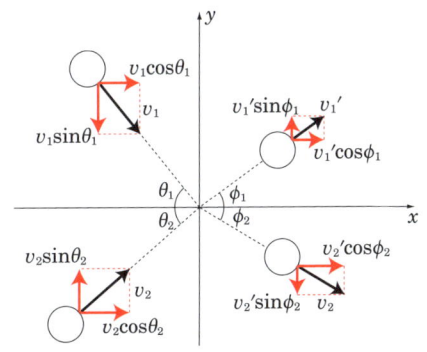

よって，x 軸方向の運動量保存の法則の式は，
$$m_1 v_1 \cos\theta_1 + m_2 v_2 \cos\theta_2$$
$$= m_1 v_1' \cos\phi_1 + m_2 v_2' \cos\phi_2$$

(2) 物体 A の衝突前の速度の y 軸方向成分は $-v_1 \sin\theta_1$，衝突後は $v_1' \sin\phi_1$ である。物体 B の衝突前の速度の y 軸方向成分は $v_2 \sin\theta_2$，衝突後は $-v_2' \sin\phi_2$ である。よって，y 軸方向の運動量保存の法則の式は，
$$-m_1 v_1 \sin\theta_1 + m_2 v_2 \sin\theta_2$$
$$= m_1 v_1' \sin\phi_1 - m_2 v_2' \sin\phi_2$$

(3) (1), (2)で求めた式それぞれに値を代入して整理すると，
$$\begin{cases} v_1 \cos\theta = v_1' \cos\phi_1 + v_2' \cos\phi_2 \\ -v_1 \sin\theta = v_1' \sin\phi_1 - v_2' \sin\phi_2 \end{cases}$$
となる。両辺を 2 乗して足し合わせると，
左辺 $= v_1^2 (\cos^2\theta + \sin^2\theta) = v_1^2$
右辺 $= v_1'^2 (\cos^2\phi_1 + \sin^2\phi_1)$
$\qquad + v_2'^2 (\cos^2\phi_1 + \sin^2\phi_2)$
$\qquad + 2 v_1' v_2' (\cos\phi_1 \cos\phi_2 - \sin\phi_1 \sin\phi_2)$
$= v_1'^2 + v_2'^2 + 2 v_1' v_2' \cos(\phi_1 + \phi_2)$

いっぽう，運動エネルギーが保存されるので，
$$\dfrac{1}{2}mv_1^2 = \dfrac{1}{2}mv_1'^2 + \dfrac{1}{2}mv_2'^2$$
$$v_1^2 = v_1'^2 + v_2'^2$$
よって，両辺を比較して，
$$2 v_1' v_2' \cos(\phi_1 + \phi_2) = 0$$
$$\cos(\phi_1 + \phi_2) = 0$$
$0° < \phi_1 + \phi_2 < 180°$ より，
$$\phi_1 + \phi_2 = 90°$$

テスト対策 | 平面上での衝突

小球 A，B が平面上で衝突するとき，**衝突前後で，各座標軸方向の運動量が保存する。**

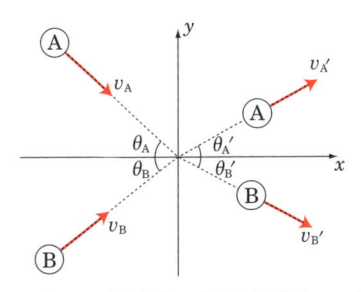

上図の場合，x 軸方向の運動量保存の式は，
$m_A v_A \cos\theta_A + m_B v_B \cos\theta_B$
$\quad = m_A v_A' \cos\theta_A' + m_B v_B' \cos\theta_B'$
y 軸方向の運動量保存の式は，
$-m_A v_A \sin\theta_A + m_B v_B \sin\theta_B$
$\quad = m_A v_A' \sin\theta_A' - m_B v_B' \sin\theta_B'$

18 (1) ① $0 = mv + MV$

② $mga = \frac{1}{2}mv^2 + \frac{1}{2}MV^2$

(2) $v = \sqrt{\frac{2Mga}{M+m}}$

$V = -m\sqrt{\frac{2ga}{M(M+m)}}$

解き方 (1)① 右向きの運動量を正として運動量保存の法則の式を記せば，

$0 = mv + MV$ ……①

② 力学的エネルギーが保存するとき，位置エネルギーが減少した量だけ運動エネルギーが増加する。この考えで力学的エネルギー保存の式をつくれば，

$mga = \frac{1}{2}mv^2 + \frac{1}{2}MV^2$ ……②

(2) ①，②式から v および V を求める。①式より，

$V = -\frac{m}{M}v$ ……③

となるので，②式に代入すると，

$mga = \frac{1}{2}mv^2 + \frac{1}{2}M\left(\frac{m}{M}v\right)^2$

となる。よって，

$v^2 = \frac{2Mga}{M+m}$

となり，$v > 0$ なので，

$v = \sqrt{\frac{2Mga}{M+m}}$

また，これを③式に代入して，

$V = -\frac{m}{M}\sqrt{\frac{2Mga}{M+m}}$

$= -m\sqrt{\frac{2ga}{M(M+m)}}$

19 (1) $\sqrt{e^2v^2 + \frac{g^2L^2}{v^2}}$ (2) $\frac{ev^2}{gL}$

(3) $\frac{1}{2}(1-e^2)mv^2$ (4) $\sqrt{e^2v^2 + 2gh}$

解き方 (1) 小球が壁に衝突するまでの時間は $\frac{L}{v}$ であるから，壁に衝突する直前の鉛直方向の速度 v_y は，等加速度直線運動の式より，

$v_y = g \times \frac{L}{v} = \frac{gL}{v}$

である。

壁に平行な方向の速度は衝突では変わらないので，衝突の直後も $\frac{gL}{v}$ である。

放物運動では速度の水平方向成分は変化しないので，壁に衝突する直前の水平方向の速さは v である。壁に衝突した直後の水平方向の速さを v_x とすれば，反発係数の式より，

$e = \frac{v_x}{v}$

となるので，

$v_x = ev$

となる。よって，壁に衝突した直後の速さを v' とすると，

$v' = \sqrt{v_x^2 + v_y^2} = \sqrt{(ev)^2 + \left(\frac{gL}{v}\right)^2}$

$= \sqrt{e^2v^2 + \frac{g^2L^2}{v^2}}$

(2) 壁に衝突した直後の $\tan\theta$ の値は，

$\tan\theta = \frac{v_x}{v_y} = \frac{ev}{\left(\frac{gL}{v}\right)} = \frac{ev^2}{gL}$

(3) 衝突によって変化するのは運動エネルギーのみなので，運動エネルギーの減少量が力学的エネルギーの減少量 ΔE となる。よって，衝突直前の速さを V とおくと，

$\Delta E = \frac{1}{2}mV^2 - \frac{1}{2}mv'^2$

$= \frac{1}{2}m(v^2 + v_y^2) - \frac{1}{2}m(v_x^2 + v_y^2)$

$= \frac{1}{2}m\{v^2 - (ev)^2\}$

$= \frac{1}{2}(1-e^2)mv^2$

(4) 壁に衝突するとき，鉛直方向の速さは変わらない。よって，床に衝突する直前の鉛直方向の速さ v_y' は，等加速度直線運動の式

$v^2 - v_0^2 = 2ax$

より，

$v_y'^2 = 2gh$

となり，

$v_y' = \sqrt{2gh}$

と求められる。壁に衝突後の水平方向の速さは衝突前の ev のまま変わらないので，床に衝突する直前の小球の速さは，

$\sqrt{(ev)^2 + (\sqrt{2gh})^2} = \sqrt{e^2v^2 + 2gh}$

テスト対策　なめらかな平面への斜め衝突

衝突のとき，物体にはたらくのは面からの垂直抗力のみである。面に垂直な方向の運動は変化するが，面に平行な方向の運動は変化しない。面に垂直な方向の速さは，**物体と壁との反発係数の式にしたがう**。

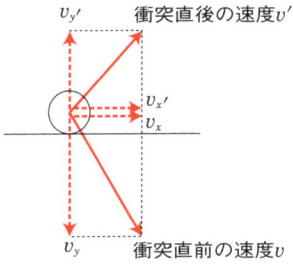

物体の反発係数を e とすれば，衝突直前の速度の壁に垂直な方向の成分 v_y [m/s] と，衝突直後の速度の壁に垂直な方向の成分 v_y' [m/s] との間には，

$$e = -\frac{v_y'}{v_y}$$

の関係式が成り立つ。

3章 円運動と万有引力

基礎の基礎を固める！の答　　→本冊 p.20

22 ❶ 向心　❷ 円の中心向き

[解き方] 等速円運動を行っている物体には円の中心に向かう力がはたらいている。この力のことを**向心力**という。
円運動している物体でも運動方程式は成り立ち，運動方程式から物体に生じる加速度の向きは物体にはたらく力の向きと等しいので，加速度の向きも**円の中心向き**である。

23 ❸ 9.0

[解き方] 半径 0.50 m，速さ 1.5 m/s の等速円運動をしている物体に生じる**加速度の大きさは速さ × 角速度**なので，

$$v\omega = \frac{v^2}{r} = \frac{1.5^2}{0.50}$$

であるから，物体にはたらく力を F として運動方程式をつくると，

$$2.0 \times \frac{1.5^2}{0.50} = F$$

となり，

$$F = \frac{2.0 \times 2.25}{0.50} = 9.0 \text{ [N]}$$

（別解）　向心力の大きさは $\dfrac{mv^2}{r}$ であるから，

$$\frac{2.0 \times 1.5^2}{0.50} = 9.0 \text{ [N]}$$

24 ❹ 3.0

[解き方] 円運動の速さは**半径 × 角速度**なので，

$$\omega = \frac{v}{r} = \frac{1.5}{0.50} = 3.0 \text{ [rad/s]}$$

25 ❺ 4.5

[解き方] 等速円運動の加速度 a と速さ v，半径 r の関係式 $a = \dfrac{v^2}{r}$ より，

$$a = \frac{1.5^2}{0.50} = 4.5 \text{ [m/s}^2\text{]}$$

26 ❻ 0.60

[解き方] 円運動の速さは**半径 × 角速度**なので，
$v = 0.20 \times 3.0 = 0.60$ [m/s]

27 ❼ 1.8

[解き方] 等速円運動の加速度 a と角速度 ω，半径 r の関係式 $a = r\omega^2$ より，
$a = 0.20 \times 3.0^2 = 1.8$ [m/s²]

28 ❽ 3.6

[解き方] 等速円運動加速度 a の式 $a = r\omega^2$ より，半径 0.20 m，角速度 3.0 rad/s で等速円運動している物体に生じる加速度の大きさは，

$$a = r\omega^2 = 0.20 \times 3.0^2$$

であるから，物体にはたらく力を F として運動方程式をつくると，

$$ma = F$$

となり，

$$F = 2.0 \times 0.20 \times 3.0^2 = 3.6 \text{ [N]}$$

（別解）　向心力の大きさは $F = mr\omega^2$ であるから，
$F = 2.0 \times 0.20 \times 3.0^2 = 3.6$ [N]

29 ⑨ 5.0

[解き方] 慣性力の大きさは，物体の質量×観測者の加速度の大きさなので，
$$10 \times 0.50 = 5.0 \text{[N]}$$

30 ⑩ 1.7×10^3

[解き方] 遠心力の大きさ F と質量 m，半径 r，角速度 ω の関係式 $F = mr\omega^2$ より，
$$F = 60 \times 3.0 \times 3.1^2 = 1729.8 \text{[N]}$$

31 ⑪ 0.90

[解き方] 単振り子の周期 T とふりこの長さ l，重力加速度 g の関係式 $T = 2\pi\sqrt{\dfrac{l}{g}}$ より，
$$T = 2\pi\sqrt{\dfrac{0.20}{9.8}}$$
$$= 2\pi\sqrt{\dfrac{1}{49}}$$
$$= \dfrac{2\pi}{7}$$
$$= 0.90 \text{[s]}$$

32 ⑫ 1.0

[解き方] ばね振り子の周期 T とおもりの質量 m，ばね定数 k の関係式 $T = 2\pi\sqrt{\dfrac{m}{k}}$ より，
$$T = 2\pi\sqrt{\dfrac{0.10}{3.6}}$$
$$= 2\pi\sqrt{\dfrac{1}{36}}$$
$$= \dfrac{2\pi}{6}$$
$$= 1.047 \text{[s]}$$

33 ⑬ 楕円 ⑭ 第1 ⑮ 面積
⑯ 第2 ⑰ 面積速度 ⑱ 2
⑲ 3   ⑳ 第3

[解き方] ケプラーの法則
第1法則：惑星は，太陽を焦点とする楕円軌道を描いて運動している。
第2法則：太陽と惑星を結ぶ動径が単位時間に横切る面積は，それぞれの惑星について一定である(面積速度一定の法則)。
第3法則：惑星の楕円軌道の長半径 a の3乗と，公転周期 T の2乗との比は一定である。

34 ㉑ 2.1×10^{20}

[解き方] 万有引力の大きさ F は，万有引力定数 G と2物体の質量 M と m，2物体間の距離 r を使って $F = G\dfrac{Mm}{r^2}$ と表せる。

単位に注意して代入すると，地球と月との間にはたらく万有引力の大きさは，
$$F = 6.7 \times 10^{-11} \times \dfrac{6.0 \times 10^{24} \times 7.4 \times 10^{22}}{(3.8 \times 10^8)^2}$$
$$= 2.06 \times 10^{20} \text{[N]}$$

35 ㉒ -2.8×10^{12}

[解き方] 万有引力による位置エネルギーは，
$$U = -G\dfrac{Mm}{r}$$
と表せる。単位に注意して代入すると，
$$U = -6.7 \times 10^{-11} \times \dfrac{6.0 \times 10^{24} \times 7.0 \times 10^4}{1.0 \times 10^7}$$
$$= -2.81 \times 10^{12} \text{[J]}$$

テストによく出る問題を解こう！ の答 →本冊 p.22

20 (1) $\dfrac{2\pi r}{v}$ (2) $\dfrac{mv^2}{r}$

[解き方] (1) 小球が1回転するときに移動する距離は円周の長さ $2\pi r$ である。小球は速さ v で運動しているので，1周する時間(周期) T は，
$$T = \dfrac{2\pi r}{v}$$

(2) 半径 r，速さ v の等速円運動を行っている小球に生じる加速度(向心加速度)の大きさは $\dfrac{v^2}{r}$ であるから，糸の張力の大きさを S[N]とすれば，運動方程式は，
$$m\dfrac{v^2}{r} = S$$
となり，
$$S = \dfrac{mv^2}{r}$$

21 (1) $\dfrac{mg}{\cos\theta}$

(2) $ml\omega^2 \sin\theta = mg\tan\theta$

(3) $2\pi\sqrt{\dfrac{l\cos\theta}{g}}$

解き方 (1) 水平面内で等速円運動を行っているので，鉛直方向の力はつり合っている。糸の張力の大きさをS〔N〕として，鉛直方向の力のつり合いの式をつくれば，
$$S\cos\theta = mg$$
となる。よって，
$$S = \frac{mg}{\cos\theta}$$

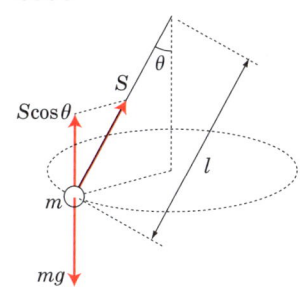

(2) 円の半径は$l\sin\theta$であるから，円運動の角速度がωのとき，小球の加速度の大きさaは，
$$(l\sin\theta)\omega^2 = l\omega^2\sin\theta$$
である。
小球にはたらく重力と張力の合力Fは，$mg\tan\theta$であるから，小球の運動方程式は，
$$ma = F$$
$$ml\omega^2\sin\theta = mg\tan\theta$$

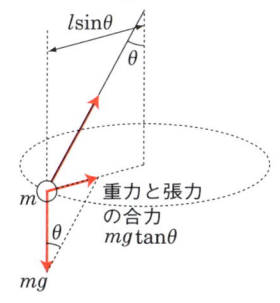

(3) (2)の運動方程式より，
$$\omega = \sqrt{\frac{g}{l\cos\theta}}$$
であるから，円すい振り子の周期Tは，
$$T = \frac{2\pi}{\omega} = 2\pi\sqrt{\frac{l\cos\theta}{g}}$$

22 (1) $\dfrac{mv_0^2}{r} + mg$

(2) $\dfrac{mv^2}{r} - mg$

(3) $\sqrt{v_0^2 - 4gr}$

(4) $v_0 \geqq \sqrt{5gr}$

解き方 (1) **小球の加速度の大きさが$\dfrac{v_0^2}{r}$である**ことから，円運動を始めた直後の糸の張力の大きさをT_0〔N〕とすれば，小球の運動方程式は，
$$m\frac{v_0^2}{r} = T_0 - mg$$
となるので，
$$T_0 = \frac{mv_0^2}{r} + mg$$

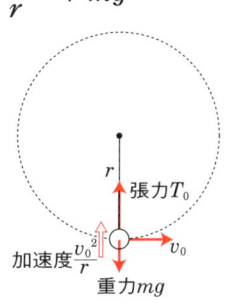

(2) 最高点に達したときの糸の張力の大きさをTとすれば，小球の運動方程式は，
$$m\frac{v^2}{r} = T + mg$$
となるので，
$$T = \frac{mv^2}{r} - mg$$

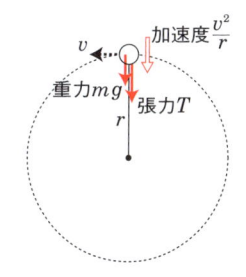

(3) この円運動では，**糸の張力は運動方向に垂直にはたらくので仕事をしない**。仕事をしているのは重力のみである。重力は保存力なので，力学的エネルギーは保存する。
力学的エネルギー保存の法則より，運動エネルギーの減少量は重力による位置エネルギーの増加量に等しいので，
$$\frac{1}{2}mv_0^2 - \frac{1}{2}mv^2 = mg \times 2r$$
となる。よって，
$$v^2 = v_0^2 - 4gr$$
となり，$v > 0$なので
$$v = \sqrt{v_0^2 - 4gr}$$

(4) 小球が円運動を続けるためには，糸がピンと張った状態，すなわち張力がはたらいていればよい。よって，小球が円運動を続けるための条件は $T \geqq 0$ である。
この円運動で張力が最も小さくなるのは最高点なので，(2)より，
$$\frac{mv^2}{r} - mg \geqq 0$$
となり，
$$v^2 \geqq gr$$
となる。(3)の結果を用いると，
$$v_0{}^2 - 4gr \geqq gr$$
となるので，
$$v_0 \geqq \sqrt{5gr}$$

テスト対策　円運動の運動方程式

半径 r〔m〕，速さ v〔m/s〕（角速度 ω〔rad/s〕）の等速円運動している質量 m〔kg〕の物体にはたらく力の合力が F〔N〕のとき，
$$m\frac{v^2}{r} = F \qquad (mr\omega^2 = F)$$
の運動方程式が成り立つ。

---

23 (1) $\dfrac{a}{g}$

(2) $v_x : at \quad x : \dfrac{1}{2}at^2$

(3) $v_y : gt \quad y : \dfrac{1}{2}gt^2$

(4) $\sqrt{a^2 + g^2}\, t$

解き方　(1) 電車内にいる観測者から物体を見ると，物体は静止している。**物体にはたらく力は，重力，張力，慣性力の3力であり，この3力はつり合っている。** 重力と慣性力の合力は，張力と向きが反対で大きさが等しいことから，
$$\tan\theta = \frac{a}{g}$$

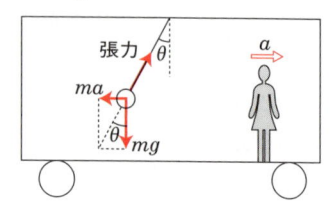

(2) 糸が切れたあと，物体には慣性力と重力がはたらく。物体に生じる水平方向の加速度を a_x とすれば，運動方程式は，
$$ma_x = ma$$
となるので，
$$a_x = a$$
と求められる。このことから，物体の水平方向の運動は，加速度 a の等加速度直線運動を行うことがわかる。
よって，糸が切れてから時間 t 後，観測者から見た水平方向の速さ v_x は，
$$v_x = at$$
水平方向の移動距離 x は，
$$x = \frac{1}{2}at^2$$

(3) 物体に生じる鉛直方向の加速度を a_y とすれば，運動方程式は，
$$ma_y = mg$$
となるので，
$$a_y = g$$
と求められる。このことから，物体の鉛直方向の運動は，加速度 g の等加速度直線運動を行うことがわかる。よって，糸が切れてから時間 t 後，観測者から見た鉛直方向の速さ v_y は，
$$v_y = gt$$
鉛直方向の移動距離 y は，
$$y = \frac{1}{2}gt^2$$

(4) 糸が切れてから時間 t 後，観測者から見た速さ v は，(2)，(3)の結果と三平方の定理より，
$$v = \sqrt{v_x + v_y} = \sqrt{(at)^2 + (gt)^2} = \sqrt{a^2 + g^2}\, t$$

---

24 (1) $\dfrac{\mu' mg}{M}$

(2) $mb = -\mu' mg - m\dfrac{\mu' mg}{M}$

(3) $\dfrac{Mv_0}{\mu' g(M+m)}$

(4) $\dfrac{Mv_0{}^2}{2\mu' g(M+m)}$

解き方　(1) 小物体が台車の上をすべっているとき，台車にはたらく水平方向の力は動摩擦力である。

台車にはたらく動摩擦力は，右向きに大きさ $\mu'mg$ なので，台車の運動方程式をつくれば，
$$Ma = \mu'mg$$
となり，
$$a = \frac{\mu'mg}{M}$$

(2) 台車の上にいる観測者が小物体を観測すると，小物体には動摩擦力のほかに慣性力がはたらく。慣性力は左向きなので，台車上から見た小物体の運動方程式は，
$$mb = -\mu'mg - m\frac{\mu'mg}{M}$$

(3) (2)の運動方程式から，
$$b = -\mu'g\left(1 + \frac{m}{M}\right)$$
と求められるので，小物体は台車上の観測者から見ると，初速度 v_0，加速度 $-\mu'g\left(1 + \frac{m}{M}\right)$ の等加速度直線運動を行う。
等加速度直線運動における速度の式より，
$$0 = v_0 - \mu'g\left(1 + \frac{m}{M}\right)t$$
となるので，
$$t = \frac{v_0}{\mu'g\left(1 + \frac{m}{M}\right)}$$
$$= \frac{Mv_0}{\mu'g(M+m)}$$

(4) 小物体が台車に対して静止するまでに，台車上をすべった距離を x [m] とすれば，等加速度直線運動の式から，

$$0^2 - v_0^2 = 2 \times \left\{-\mu'g\left(1 + \frac{m}{M}\right)\right\} \times x$$
となるので，
$$x = \frac{Mv_0^2}{2\mu'g(M+m)}$$

25 (1) $mr\omega^2$

(2) $\sqrt{\dfrac{\mu g}{r}}$

解き方 (1) 等速円運動する物体の加速度は $r\omega^2$ で表せる。小物体には摩擦力しかはたらいていないので，その大きさを f [N] として運動方程式をつくると，
$$m \times r\omega^2 = f$$
となるので，
$$f = mr\omega^2$$

(2) 小物体がすべり始める直前に，小物体にはたらく摩擦力の大きさが最大になるので，
$$mr\omega_0^2 = \mu mg$$
となる。よって，
$$\omega_0 = \sqrt{\frac{\mu g}{r}}$$

26 (1) $2\pi\dfrac{A}{T}$

(2) $\dfrac{4\pi^2 A}{T^2}$

(3) $\dfrac{4\pi^2 m}{T^2}$

解き方 (1) 単振動を行っている物体の角振動数を ω [rad/s] とすれば，単振動している物体の速さの最大値 v_{max} [m/s] は，
$$v_{max} = A\omega$$
である。
$$\omega = \frac{2\pi}{T}$$
であるから，
$$v_{max} = A \times \frac{2\pi}{T}$$
$$= 2\pi\frac{A}{T}$$

(2) 単振動している物体に生じる加速度の最大値 a_max〔m/s²〕は，
$$a_\text{max} = A\omega^2$$
であるから，
$$\omega = \frac{2\pi}{T}$$
を用いて，
$$a_\text{max} = A \times \left(\frac{2\pi}{T}\right)^2 = \frac{4\pi^2 A}{T^2}$$

(3) 物体が最大に変位したとき，物体にはたらく力の大きさを F_max〔N〕とすれば，運動方程式は，
$$m \times \frac{4\pi^2 A}{T^2} = F_\text{max}$$
となる。フックの法則より $F_\text{max} = KA$ とも書けるので，
$$K = \frac{4\pi^2 m}{T^2}$$

27 (1) $\dfrac{mg}{k}$ (2) $A\sqrt{\dfrac{k}{m}}$

(3) $m \times (-\omega^2 x) = -kx$

(4) $2\pi\sqrt{\dfrac{m}{k}}$

解き方 (1) 物体にはたらく力がつり合っているときのばねの伸びを x_0〔m〕とすれば，力のつり合いの式は，
$$kx_0 = mg$$
となるので，
$$x_0 = \frac{mg}{k}$$

(2) つり合いの位置を通過するときの速さを v〔m/s〕とすれば，力学的エネルギーの保存の法則より，
$$\frac{1}{2}kA^2 = \frac{1}{2}mv^2$$
となるので，
$$v = A\sqrt{\frac{k}{m}}$$

(3) ばねがつり合いの位置から上に x 変位しているとき，物体の加速度は $-\omega^2 x$ であるから，運動方程式は，
$$m \times (-\omega^2 x) = k(x_0 - x) - mg$$
ここで，(1)の結果を用いると，

$$m \times (-\omega^2 x) = -kx$$
と書くことができる。

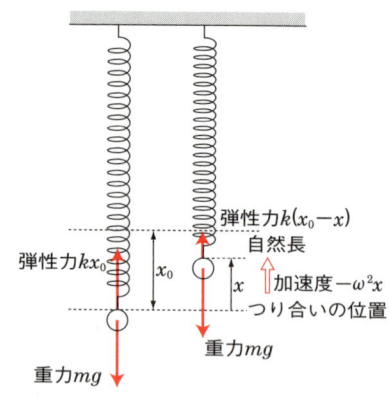

(4) (3)の運動方程式から，
$$\omega = \sqrt{\frac{k}{m}}$$
と求められる。よって $T = \dfrac{2\pi}{\omega}$ より，ばね振り子の周期 T〔s〕は，
$$T = 2\pi\sqrt{\frac{m}{k}}$$

28 (1) $A\sqrt{\dfrac{k}{m}}$

(2) $2\pi\sqrt{\dfrac{m}{k}}$

解き方 (1) 弾性力のみが仕事をしているので，力学的エネルギーが保存する。物体が振動の中心を通過するときの速さを v〔m/s〕とすれば，力学的エネルギー保存の法則より，
$$\frac{1}{2}kA^2 = \frac{1}{2}mv^2$$
となるので，
$$v = A\sqrt{\frac{k}{m}}$$

(2) ばね振り子の角振動数を ω〔rad/s〕とすれば，ばねが x〔m〕伸びたときの加速度は $-\omega^2 x$ となるので，運動方程式は，
$$m \times (-\omega^2 x) = -kx$$
となる。この式から，
$$\omega = \sqrt{\frac{k}{m}}$$
と求められるので，ばね振り子の周期 T〔s〕は，$T = \dfrac{2\pi}{\omega}$ より，
$$T = 2\pi\sqrt{\frac{m}{k}}$$

テスト対策 | 単振動の周期

単振動の周期では2つの求め方が考えられる。

① $T = \dfrac{2\pi}{\omega}$ から求める。

単振動の角振動数を ω〔rad/s〕とすれば，単振動している質量 m〔kg〕の物体が，変位 x〔m〕の位置にあるとき，**物体に生じる加速度は $-\omega^2 x$ である**。このとき物体にはたらく力の合力が F〔N〕であるとすれば，運動方程式は，
$$m \times (-\omega^2 x) = F$$
となる。この運動方程式から ω を求め，
$$T = \dfrac{2\pi}{\omega}$$
の式に代入して周期を求める。

このとき，合力は変位 x と同じ向きの力を $+$，反対の向きの力を $-$ として合成する。

② $T = 2\pi\sqrt{\dfrac{m}{K}}$ から求める。

単振動する物体にはたらく力の合力 F は，物体の変位 x に比例している。ここで，
$$F = -Kx$$
としたときの比例定数 K を求め，
$$T = 2\pi\sqrt{\dfrac{m}{K}}$$
の式に代入して周期を求める。

---

29 (1) ① $mg\theta$

② $l\theta$

③ $\dfrac{mgx}{l}$

(2) $2\pi\sqrt{\dfrac{l}{g}}$

解き方 (1)① **小物体にはたらく力は重力と張力である**。張力の接線方向の分力は0なので，重力のみを考えればよい。
$\sin\theta \fallingdotseq \theta$ と近似できるので，小物体にはたらく，接線方向の力の大きさ F は，
$$F = mg\sin\theta \fallingdotseq mg\theta$$
② $\sin\theta \fallingdotseq \theta$ と近似できるので，小物体の振動の中心からの変位は，
$$x = 2l\sin\dfrac{\theta}{2} \fallingdotseq l\theta$$

③ ①，②の結果を用いて，
$$F \fallingdotseq mg\theta = \dfrac{mgx}{l}$$

(2) 単振り子の角振動数を ω〔rad/s〕とすれば，傾き θ のときの加速度は，
$$-\omega^2 x \fallingdotseq -\omega^2 l\theta$$
であるから，運動方程式をつくれば，
$$m \cdot (-\omega^2 l\theta) = -mg\theta$$
となり，
$$\omega = \sqrt{\dfrac{g}{l}}$$
となる。
$$T = \dfrac{2\pi}{\omega}$$
より，単振り子の周期 T〔s〕は，
$$T = 2\pi\sqrt{\dfrac{l}{g}}$$

---

30 (1) $\sqrt{\dfrac{GM}{R}}$

(2) $\sqrt{gR}$

(3) $\sqrt[3]{\dfrac{GMT^2}{4\pi^2}}$

(4) $\sqrt{\dfrac{2GM}{r}}$

解き方 (1) 惑星の表面すれすれを等速円運動する人工衛星の速さを v_1〔m/s〕とすれば，人工衛星の運動方程式は，
$$m\dfrac{v_1{}^2}{R} = G\dfrac{Mm}{R^2}$$
となるので，
$$v_1 = \sqrt{\dfrac{GM}{R}}$$

(2) 地表における重力の大きさは万有引力の大きさに等しいと考えてよいので，
$$mg = G\dfrac{Mm}{R^2}$$
となる。よって，
$$GM = gR^2$$
であるから，(1)の結果を用いて，
$$v_1 = \sqrt{\dfrac{gR^2}{R}} = \sqrt{gR}$$

(3) 静止衛星は赤道上空を惑星の自転周期で等速円運動する衛星なので，静止衛星の角速度は $\dfrac{2\pi}{T}$ である。

惑星の中心からの静止衛星までの距離を x〔m〕とすれば，運動方程式は，

$$mx\left(\dfrac{2\pi}{T}\right)^2 = G\dfrac{Mm}{x^2}$$

となるので，

$$x^3 = \dfrac{GMT^2}{4\pi^2}$$

となる。よって，

$$x = \sqrt[3]{\dfrac{GMT^2}{4\pi^2}}$$

(4) 人工衛星を惑星の重力圏から脱出させるための最小の速さは，惑星から無限遠方に達したときの速さが 0 となる場合である。このとき，無限遠点での力学的エネルギーは 0 となる。
万有引力は保存力であり，万有引力のみが仕事をする運動では，力学的エネルギーは保存する。よって，人工衛星を惑星の重力圏から脱出させるための最小の速さを v_2〔m/s〕とすれば，

$$\dfrac{1}{2}mv_2^2 - G\dfrac{Mm}{r} = 0$$

である。よって，

$$v_2^2 = \dfrac{2GM}{r}$$

となり，

$$v_2 = \sqrt{\dfrac{2GM}{r}}$$

31 (1) $v = 4V$

(2) $v : \sqrt{\dfrac{8GM}{5r}}$

$V : \sqrt{\dfrac{GM}{10r}}$

解き方 (1) ケプラーの第 2 法則より，面積速度が一定なので，

$$\dfrac{1}{2} \times r \times v = \dfrac{1}{2} \times 4r \times V$$

となるので，

$$v = 4V$$

(2) 力学的エネルギー保存の法則より，

$$\dfrac{1}{2}mv^2 - G\dfrac{Mm}{r} = \dfrac{1}{2}mV^2 - G\dfrac{Mm}{4r}$$

となるので，(1)の結果を用いて，

$$\dfrac{1}{2}m(4V)^2 - G\dfrac{Mm}{r} = \dfrac{1}{2}mV^2 - G\dfrac{Mm}{4r}$$

となり，

$$V = \sqrt{\dfrac{GM}{10r}}$$

また，この値を(1)の結果に代入して，

$$v = \sqrt{\dfrac{8GM}{5r}}$$

入試問題にチャレンジ！の答　　➡本冊 p.28

1 (1) $v_0\sqrt{\dfrac{2h}{g}}$

(2) $T : \dfrac{h}{v_0 \tan\theta}$

$H : h - \dfrac{gh^2}{2v_0^2 \tan^2\theta}$

$L : \dfrac{h}{\tan\theta}$

(3) 大きさ：$v_0 \tan\theta$
　　向き：鉛直下向き

(4) $T_1 : \dfrac{-2v_0\tan\theta + \sqrt{4v_0^2\tan^2\theta + 6gh}}{3g}$

$T_2 : \dfrac{-4v_0\tan\theta + 2\sqrt{4v_0^2\tan^2\theta + 6gh}}{3g}$

解き方 (1) 小物体 A は鉛直方向には自由落下運動するので，床に達するまでの時間 t〔s〕は，

$$h = \dfrac{1}{2}gt^2$$

となることから，

$$t = \sqrt{\dfrac{2h}{g}}$$

である。小物体 A は水平方向には等速直線運動するので，

$$L_0 = v_0\sqrt{\dfrac{2h}{g}}$$

(2) 小物体 A と B が衝突するためには，A と B の水平方向の速さが等しくなければならない。よって，小物体 B の初速度の水平成分は v_0 であり，鉛直成分は $v_0 \tan\theta$ であることがわかる。

時間 T が経過したとき，小物体 A と B の高さが等しくなるので，
$$h - \frac{1}{2}gT^2 = v_0 T \tan\theta - \frac{1}{2}gT^2$$
となり，
$$T = \frac{h}{v_0 \tan\theta}$$
また，衝突するときの高さ H は，
$$H = h - \frac{1}{2}g\left(\frac{h}{v_0 \tan\theta}\right)^2$$
水平距離 L は，
$$L = v_0 \times \frac{h}{v_0 \tan\theta} = \frac{h}{\tan\theta}$$

(3) 水平方向の速さは等しいので，鉛直方向の速さだけで相対速度を考えればよい。運動をはじめてから時間 t〔s〕後の，小物体 A の鉛直方向の速度 v_A〔m/s〕は，鉛直上向きを正として，
$$v_A = -gt$$
となり，小物体 B の鉛直方向の速度 v_B〔m/s〕は，
$$v_B = v_0 \tan\theta - gt$$
である。
よって，B から見た A の相対速度の大きさ V は，
$$V = -gt - (v_0 \tan\theta - gt)$$
$$= -v_0 \tan\theta$$
なので，下向きに $v_0 \tan\theta$ の速さで運動する。

(4) 衝突するのは，A が発射されてから T_2，B が発射されてから $T_2 - T_1$ 経過した時刻である。このとき，2 つの小物体の位置は等しくなる。水平方向の位置の比較より，
$$v_0 T_2 = 2v_0(T_2 - T_1)$$
$$T_2 = 2T_1$$
この結果と鉛直方向の位置の比較より，(2)と同様に考えて，
$$h - \frac{1}{2}gT_2^2$$
$$= 2v_0\left(\frac{1}{2}T_2\right)\tan\theta - \frac{1}{2}g\left(\frac{1}{2}T_2\right)^2$$
となる。これを T_2 について解くと，
$$T_2 = \frac{-4v_0 \tan\theta \pm 2\sqrt{4v_0^2 \tan^2\theta + 6gh}}{3g}$$
となるので，$T_2 > 0$ より，
$$\begin{cases} T_1 = \dfrac{-2v_0 \tan\theta + \sqrt{4v_0^2 \tan^2\theta + 6gh}}{3g} \\ T_2 = \dfrac{-4v_0 \tan\theta + 2\sqrt{4v_0^2 \tan^2\theta + 6gh}}{3g} \end{cases}$$

2 (1) $\dfrac{m_1 + m_3 x}{k}g$

(2) $\dfrac{m_2 + m_3(1-x)}{k}g$

(3) $\dfrac{m_1 + m_2 + m_3}{k}g$

(4) $\dfrac{m_1 + m_3 x}{m_1 + m_2 + m_3}$ (5) $\dfrac{m_1}{m_1 + m_2}$

解き方 (1) 点 B のまわりの力のモーメントのつり合いの式をつくれば，
$$ku_1 l = m_1 gl + m_3 gxl$$
となるので，
$$u_1 = \frac{m_1 + m_3 x}{k}g$$

(2) 点 A のまわりの力のモーメントのつり合いの式をつくれば，
$$ku_2 l = m_2 gl + m_3 g(l - xl)$$
となるので，
$$u_2 = \frac{m_2 + m_3(1-x)}{k}g$$

(3) 鉛直方向の力のつり合いの式をつくれば，
$$ku_3 = m_1 g + m_2 g + m_3 g$$
となるので，
$$u_3 = \frac{m_1 + m_2 + m_3}{k}g$$

(4) 点 P のまわりの力のモーメントのつり合いの式をつくれば，
$$m_1 g(l - yl) = m_2 gyl + m_3 g(yl - xl)$$
となるので，
$$y = \frac{m_1 + m_3 x}{m_1 + m_2 + m_3}$$

(5) 点 P が点 C に一致するから，$x = y$ となる。
よって，
$$x = \frac{m_1 + m_3 x}{m_1 + m_2 + m_3}$$
となるので，
$$x = \frac{m_1}{m_1 + m_2}$$

3 (1) $\dfrac{m\{v^2 + (R-h)g\}}{R}$

(2) $\sqrt{5gR}$ (3) $\sqrt{2gR}$ (4) $\sqrt{g(H-R)}$

(5) $\dfrac{1}{R}\sqrt{\dfrac{H(H-R)(2R-H)}{g}}$

解き方 (1) OA からの回転角を θ とする。

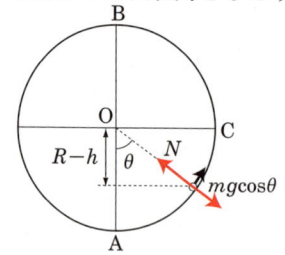

円運動の運動方程式は，
$$m\frac{v^2}{R} = N - mg\cos\theta$$
である。このとき，
$$\cos\theta = \frac{R-h}{R}$$
なので，
$$N = m\frac{v^2}{R} + mg\frac{R-h}{R}$$
$$= \frac{m\{v^2 + (R-h)g\}}{R}$$

(2) 最高点での速さを v_B とすれば，力学的エネルギー保存の法則より，
$$\frac{1}{2}mv_0^2 = \frac{1}{2}mv_B^2 + mg \times 2R$$
$$mv_0^2 = mv_B^2 + 4mgR \quad \cdots\cdots \boxed{1}$$
である。
また，点 A で最小の速さ v_0 のとき，最高点で垂直抗力がはじめて 0 になればよいので，最高点での円運動の運動方程式は，次のようになる。
$$m\frac{v_B^2}{R} = mg$$
$$mv_B^2 = mgR$$
よって，これを $\boxed{1}$ 式に代入して，
$$mv_0^2 = mgR + 4mgR$$
となる。これを解くと，
$$v_0 = \sqrt{5gR}$$

(3) 点 C に達するときの速さを v_C とすれば，C 点に小球が到達するためには，点 A での速さを v_A としたときに，力学的エネルギー保存の法則より，
$$\frac{1}{2}mv_A^2 = \frac{1}{2}mv_C^2 + mgR$$
となる v_C が存在すればよいので，
$$\frac{1}{2}mv_C^2 = \frac{1}{2}mv_A^2 - mgR \geq 0$$

となり，
$$v_A \geq \sqrt{2gR}$$
となる。よって，u_0 は v_A の最小値なので，
$$u_0 = \sqrt{2gR}$$

(4) 面から離れる瞬間に垂直抗力が 0 になるので，
$$\angle DOC = \phi$$
とすれば，円運動の運動方程式は，
$$m\frac{u^2}{R} = mg\sin\phi$$
となり，
$$\sin\phi = \frac{H-R}{R} \quad \cdots\cdots \boxed{2}$$
であることを用いて，
$$m\frac{u^2}{R} = mg\frac{H-R}{R}$$
となる。よって，
$$u = \sqrt{g(H-R)}$$

(5) 小球は面を離れたあと，初速度 u，仰角 ϕ で斜方投射されたときと同じ運動を行う。
そのため，点 D での小球の速度の鉛直成分は，上向きを正として $u\cos\phi$ と表せる。最高点では速度の鉛直成分が 0 になるので，
$$0 = u\cos\phi - gT$$
となり，これを整理すると，
$$T = \frac{u\cos\phi}{g}$$
となる。ここで，$\boxed{2}$ 式より，
$$\cos\phi = \frac{\sqrt{R^2 - (H-R)^2}}{R}$$
であるから，
$$T = \frac{\sqrt{g(H-R)}}{g} \times \frac{\sqrt{R^2-(H-R)^2}}{R}$$
$$= \frac{1}{R}\sqrt{\frac{H(H-R)(2R-H)}{g}}$$

4 (1) 左側のばねの弾性力，k_1L_0
　　右側のばねの弾性力，k_2L_0
　　手でおさえる力，$(k_1+k_2)L_0$

(2) $\dfrac{1}{2}(k_1+k_2)L_0^2$　(3) $L_0\sqrt{\dfrac{k_1+k_2}{m}}$

(4) $-L_0$　(5) $2\pi\sqrt{\dfrac{m}{k_1+k_2}}$

(6) 単振動の振動の周期を測定し，ばね定数と周期を(5)で求めた式に代入する。

解き方 (1) 手を離す直前,小物体にはたらく力はつり合っている。

鉛直方向の力は,下向きの重力と,同じ大きさで上向きの垂直抗力だけである。問題文より,小物体にはたらく重力は無視するので,このいずれも考えない。

水平方向の力は,ばねの弾性力と,小物体を手でおさえる力である。左側のばねは,ばね定数 k_1,伸び L_0 なので,弾性力は左向きに k_1L_0 である。

右側のばねは,ばね定数 k_2,伸び $-L_0$ なので,弾性力は右向きに $-k_2L_0$ である。

$L_0 > 0$ より,2つのばねの弾性力はどちらも左向きで,大きさは k_1L_0,k_2L_0 となり,水平方向のつり合いを考えると,小物体を手でおさえる力の大きさは $(k_1+k_2)L_0$ とわかる。

(2) 手を離す直前にばねにたくわえられたエネルギー U は,
$$U = \frac{1}{2}k_1L_0^2 + \frac{1}{2}k_2L_0^2$$
$$= \frac{1}{2}(k_1+k_2)L_0^2$$

(3) 小物体が最初に原点を通過するときの速さを v とすれば,力学的エネルギー保存の法則より,
$$\frac{1}{2}mv^2 = \frac{1}{2}(k_1+k_2)L_0^2$$
となるので,
$$v = L_0\sqrt{\frac{k_1+k_2}{m}}$$

(4) 速さが 0 となるときの小物体の座標を x_0 とすれば,力学的エネルギー保存の法則より,
$$\frac{1}{2}(k_1+k_2)x_0^2 = \frac{1}{2}(k_1+k_2)L_0^2$$
となるので,
$$x_0 = \pm L_0$$
と求められる。

$+L_0$ で手を離したのであるから,手を離してから最初に速さが 0 となるときの小物体の座標は $-L_0$ である。

(5) 変位 x_1 における単振動の加速度は,角振動数を ω とすれば,$-\omega^2 x_1$ となる。

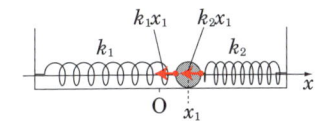

よって,変位 x_1 における運動方程式は,
$$m \times (-\omega^2 x_1) = -k_1 x_1 - k_2 x_1$$
となり,
$$\omega = \sqrt{\frac{k_1+k_2}{m}}$$
となる。$T = \dfrac{2\pi}{\omega}$ より,単振動の周期 T は,
$$T = 2\pi\sqrt{\frac{m}{k_1+k_2}}$$

(6) (5)より,
$$m = \frac{k_1+k_2}{4\pi^2}T^2$$
となるので,ばねのばね定数がわかれば,単振動の周期を測定することによって振動している物体の質量を求めることができる。

5 (1) $l\sin\theta$

(2) $l(1-\cos\theta)$

(3) $l\omega\sin\theta$

(4) 水平方向:遠心力,$ml\omega^2\sin\theta$
   鉛直方向:重力,mg

(5) 水平方向:$ml\omega^2\sin\theta = T\sin\theta$
   鉛直方向:$mg = T\cos\theta$

(6) $\sqrt{\dfrac{g}{l\cos\theta}}$

(7) 時間:$\sqrt{\dfrac{2l(1-\cos\theta)}{g}}$

   距離:$l\sin\theta\sqrt{\dfrac{2(1-\cos\theta)}{\cos\theta}}$

解き方 (1) ひもの長さが l なので,おもりと支柱の水平距離は $l\sin\theta$ である。

(2) 支柱の上端からおもりまでの高さは $l\cos\theta$ であるから,おもりの床からの高さは,
$$l - l\cos\theta = l(1-\cos\theta)$$

(3) 円運動の半径は $l\sin\theta$ であり,おもりは角速度 ω で運動しているので,おもりの速さは
$$(l\sin\theta)\omega = l\omega\sin\theta$$

(4) おもりには鉛直下向きの重力 mg がはたらいている。また,おもりとともに回転する立場では,遠心力(向心力の慣性力)がはたらいているように見える。遠心力は水平方向で回転の中心と逆向きにはたらき,その大きさは
$$mv\omega = ml\omega^2\sin\theta$$

(5) 水平方向には遠心力と，張力の水平成分がはたらくので，水平方向の力のつり合いの式は，
$$m(l\sin\theta)\omega^2 = T\sin\theta$$
$$ml\omega^2\sin\theta = T\sin\theta$$
また，鉛直方向には重力と，張力の鉛直成分がはたらくので，鉛直方向の力のつり合いの式は，
$$mg = T\cos\theta$$

(6) (5)で求めた2つのつり合いの式から，
$$mg = ml\omega^2\cos\theta$$
となるので，
$$\omega = \sqrt{\frac{g}{l\cos\theta}}$$

(7) 糸をはずすとおもりは水平投射の運動になるので，床に衝突するまでの時間を t とすれば，
$$l(1-\cos\theta) = \frac{1}{2}gt^2$$
となり，
$$t = \sqrt{\frac{2l(1-\cos\theta)}{g}}$$
また，このことから，水平到達距離 x は，
$$x = l\sin\theta\sqrt{\frac{2(1-\cos\theta)}{\cos\theta}}$$

6 (1) $\dfrac{a\rho}{H}$

(2) $2\pi\sqrt{\dfrac{a}{g}}$

(3) ① $2\pi\sqrt{\dfrac{m+\rho Sa}{\rho Sg}}$ ② $\dfrac{\rho Samgh}{\rho Sa+m}$

解き方 (1) 物体の質量は $\rho_1 SH$ なので，物体にはたらく力のつり合いを考えると，
$$\rho_1 SHg = \rho Sag$$
$$\rho_1 = \frac{a\rho}{H}$$

(2) つり合いの位置から下に x 変位している場合を考える。このとき，物体の受ける合力は，
$$\rho Sag - \rho S(a+x)g = -\rho Sxg$$

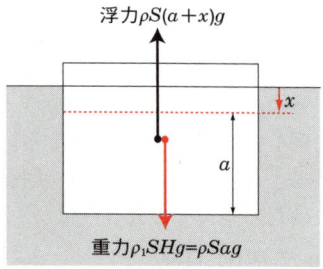

よってこの物体は単振動する。単振動の角振動数を ω とおくと，変位 x の位置での物体の加速度は，$-\omega^2 x$ となる。このことから運動方程式は，
$$\rho Sa \times (-\omega^2 x) = -\rho Sxg$$
となるので，これを解くと，
$$\omega = \sqrt{\frac{g}{a}}$$
となる。よって，単振動の周期 T_1 は，
$$T_1 = \frac{2\pi}{\omega} = 2\pi\sqrt{\frac{a}{g}}$$

(3)① 直方体の物体と粘土が一体となったときのつり合いの位置を，物体の下面が深さ a' の位置であるとすれば，
$$\rho Sag + mg = \rho Sa'g$$
となる。単振動の角振動数を ω' として，つり合いの位置から下に x 変位した位置での運動方程式をつくれば，
$$(\rho Sa + m) \times (-\omega'^2 x)$$
$$= \rho Sag + mg - \rho S(a'+x)g$$
となるので，
$$-(\rho Sa + m)\omega'^2 x = -\rho Sxg$$
となり，これを解くと
$$\omega' = \sqrt{\frac{\rho Sg}{m+\rho Sa}}$$
と求められる。よって，単振動の周期 T_2 は，
$$T_2 = \frac{2\pi}{\omega} = 2\pi\sqrt{\frac{m+\rho Sa}{\rho Sg}}$$

② 衝突直前の粘土の速さを v とすれば，力学的エネルギー保存の法則より，
$$\frac{1}{2}mv^2 = mgh$$
となり，
$$v = \sqrt{2gh}$$
と求められる。
衝突直後の物体と粘土の速さを V とすれば，運動量保存の法則より，
$$mv = (\rho Sa + m)V$$
となり，
$$V = \frac{mv}{\rho Sa + m}$$
と求められる。
衝突の直前直後では運動エネルギーのみが変化するので，失われた力学的エネルギー ΔE は，

$$\Delta E = \frac{1}{2}mv^2 - \frac{1}{2}(\rho Sa + m)V^2$$
$$= \frac{1}{2}mv^2 - \frac{1}{2}(\rho Sa + m)\left(\frac{mv}{\rho Sa + m}\right)^2$$
$$= \frac{1}{2}mv^2\left(1 - \frac{m}{\rho Sa + m}\right)$$
$$= \frac{\rho Samgh}{\rho Sa + m}$$

7 (1) $kl = mg$

(2) $3l$

(3) BC : $\frac{2}{3}l$ CD : $\frac{4}{3}l$

(4) $\sqrt{\frac{2l}{g}}$

(5) $\frac{\pi}{2}\sqrt{\frac{2l}{3g}}$

(6) $\frac{\pi}{6}\sqrt{\frac{2l}{3g}}$

(7) $2\sqrt{\frac{2l}{g}} + \frac{4\pi}{3}\sqrt{\frac{2l}{3g}}$

解き方 (1) 小球にはたらく力は，ゴムの弾性力 kl と重力 mg であるから，力のつり合いの式は，
$$kl = mg$$

(2) ADの長さをLとおけば，力学的エネルギー保存の法則より，点Bを基準として
$$\frac{1}{2}k(L-l)^2 - \frac{2}{3}mgL = 0$$
となるので，この式を変形すると，
$$3L^2 - 10lL + 3l^2 = 0$$
となり，因数分解して，
$$(3L - l)(L - 3l) = 0$$
よって，$L > l$ であることは自明なので，
$$L = 3l$$

(3) BCの長さをx_1とすれば，小球にはたらく力のつり合いの式は，
$$\frac{2}{3}mg = kx_1 \qquad \cdots\cdots\boxed{1}$$
となるので，
$$x_1 = \frac{2mg}{3k} = \frac{2}{3}l$$

また，CDの長さをx_2とすれば，
$$3l = l + x_1 + x_2$$
であるから，
$$x_2 = 3l - l - \frac{2}{3}l = \frac{4}{3}l$$

(4) 点Aから点Bまでは自由落下運動であるから，
$$l = \frac{1}{2}g t_{AB}^2$$
となり，
$$t_{AB} = \sqrt{\frac{2l}{g}}$$

(5) ゴムがたるまないとしたときの単振動の角振動数をωとして，点Cの位置から下にx変位した位置における運動方程式をつくれば，
$$\frac{2}{3}m \times (-\omega^2 x) = \frac{2}{3}mg - k(x_1 + x)$$
となり，$\boxed{1}$式を用いると，
$$\frac{2}{3}m \times (-\omega^2 x) = -kx$$
となる。
よって，
$$\omega = \sqrt{\frac{3k}{2m}}$$
となるので，ゴムがたるまないとしたときの単振動の周期Tは，
$$T = \frac{2\pi}{\omega}$$
$$= 2\pi\sqrt{\frac{2m}{3k}}$$
と求められる。$t_{CD} = \frac{T}{4}$ であるから，
$$t_{CD} = \frac{\pi}{2}\sqrt{\frac{2m}{3k}}$$
$$= \frac{\pi}{2}\sqrt{\frac{2l}{3g}}$$

(6) BD間で単振動を行っているときの変位yを，振動の中心である点Cを原点とし，点Cを通過する時刻を$t=0$として式に表すと，
$$y = \frac{4}{3}l \sin\left(\sqrt{\frac{3k}{2m}}t\right)$$
となり，点Bの変位が$\frac{2}{3}l$であることから，
$$\frac{2}{3}l = \frac{4}{3}l \sin\left(\sqrt{\frac{3k}{2m}}t_{BC}\right)$$

よって，
$$\sin\left(\sqrt{\frac{3k}{2m}}t_{BC}\right) = \frac{1}{2}$$
から，$t_{BC} > 0$ を満たす最小の値は
$$\sqrt{\frac{3k}{2m}}t_{BC} = \frac{\pi}{6}$$
となる。よって，
$$t_{BC} = \frac{\pi}{6}\sqrt{\frac{2m}{3k}} = \frac{\pi}{6}\sqrt{\frac{2l}{3g}}$$

(7) 小球が AD の間で行う往復運動の周期 T は，
$$T = 2(t_{AB} + t_{BC} + t_{CD})$$
$$= 2\left(\sqrt{\frac{2l}{g}} + \frac{\pi}{2}\sqrt{\frac{2l}{3g}} + \frac{\pi}{6}\sqrt{\frac{2l}{3g}}\right)$$
$$= 2\sqrt{\frac{2l}{g}} + \frac{4\pi}{3}\sqrt{\frac{2l}{3g}}$$

❽ (1) $mg\cos\theta_0$ (2) $mg\cos\theta_1$

(3) $\dfrac{l - r(1 - \cos\theta_0)}{l}$

(4) T_B

(5) $\pi\left(\sqrt{\dfrac{r}{g}} + \sqrt{\dfrac{l}{g}}\right)$

(6) $\sqrt{2gl(1 - \cos\alpha)}$

(7) $\sqrt{v_P{}^2 - 2gr(1 - \cos\beta)}$

(8) $\dfrac{mv_P{}^2}{r} - mg(2 - 3\cos\beta)$

(9) $\dfrac{v_P{}^2}{5g}$

解き方 (1) A 点において小球の速さは 0 なので，半径方向の力のつり合いの式をつくれば，
$$T_A = mg\cos\theta_0$$

(2) B 点において小球の速さは 0 なので，半径方向の力のつり合いの式をつくれば，
$$T_B = mg\cos\theta_1$$

(3) 力学的エネルギー保存の法則より，
$$mgl(1 - \cos\theta_1) = mgr(1 - \cos\theta_0)$$
となるので，
$$\cos\theta_1 = \frac{l - r(1 - \cos\theta_0)}{l}$$

(4) $T_B - T_A = mg\cos\theta_1 - mg\cos\theta_0$
$$= mg\left\{\frac{l - r(1 - \cos\theta_0)}{l} - \cos\theta_0\right\}$$
$$= \frac{mg}{l}(l - r)(1 - \cos\theta_0) > 0$$
となるので，$T_A < T_B$ であることがわかる。

(5) P 点に対して A 側の単振動の周期 t_A は
$$t_A = 2\pi\sqrt{\frac{r}{g}}$$
P 点に対して B 側の単振動の周期 t_B は
$$t_B = 2\pi\sqrt{\frac{l}{g}}$$
である。
よって，小球が A 点から動き始めて A 点に戻るまでの時間 t は，
$$t = t_A + t_B = \frac{1}{2} \times 2\pi\sqrt{\frac{r}{g}} + \frac{1}{2} \times 2\pi\sqrt{\frac{l}{g}}$$
$$= \pi\left(\sqrt{\frac{r}{g}} + \sqrt{\frac{l}{g}}\right)$$

(6) 力学的エネルギー保存の法則より，
$$\frac{1}{2}mv_P{}^2 = mgl(1 - \cos\alpha)$$
となるので，
$$v_P = \sqrt{2gl(1 - \cos\alpha)}$$

(7) 力学的エネルギー保存の法則より，
$$\frac{1}{2}mv_P{}^2 = \frac{1}{2}mv_C{}^2 + mgr(1 - \cos\beta)$$
となるので，
$$v_C = \sqrt{v_P{}^2 - 2gr(1 - \cos\beta)}$$

(8) 点 C における円運動の運動方程式をつくれば，
$$m\frac{v_C{}^2}{r} = T_C - mg\cos\beta$$
となるので，
$$T_C = m\frac{v_C{}^2}{r} + mg\cos\beta$$
$$= \frac{mv_P{}^2}{r} - mg(2 - 3\cos\beta)$$

(9) 円軌道に沿って 1 回転するためには，$\beta = 180°$ で $T_C \geqq 0$ であればよいので，
$$\frac{mv_P{}^2}{r} - mg(2 - 3\cos 180°) \geqq 0$$
となり，
$$r \leqq \frac{v_P{}^2}{5g}$$
となる。
よって，r_1 は r の最大値なので，$\dfrac{v_P{}^2}{5g}$ であることがわかる。

9 (1) $\dfrac{gR^2}{M}$

(2) $V_A : \sqrt{\dfrac{2ygR}{x(x+y)}}$

$V_B : \sqrt{\dfrac{2xgR}{y(x+y)}}$

(3) $V_C : \sqrt{\dfrac{gR}{y}}$

$T_{BC} : 2\pi y\sqrt{\dfrac{yR}{g}}$

(4) $\sqrt{\left(\dfrac{2y}{x+y}\right)^3}$

(5) 速度：$\sqrt{\dfrac{2gR}{y}}$

V_C に対する比：$\sqrt{2}$ 倍

解き方 (1) 地表では，物体にはたらく重力は万有引力に等しいと考えてよいので，

$$mg = G\dfrac{Mm}{R^2}$$

となる。よって，

$$G = \dfrac{gR^2}{M}$$

(2) ケプラーの第2法則より，探査機の面積速度が一定なので，

$$\dfrac{1}{2}xRV_A = \dfrac{1}{2}yRV_B$$

が成り立つ。これを整理すると，

$$V_B = \dfrac{x}{y}V_A \qquad \cdots\cdots\boxed{1}$$

となる。
また，力学的エネルギー保存の法則より，

$$\dfrac{1}{2}mV_A{}^2 - G\dfrac{Mm}{xR}$$
$$= \dfrac{1}{2}mV_B{}^2 - G\dfrac{Mm}{yR} \qquad \cdots\cdots\boxed{2}$$

となる。
$\boxed{1}$，$\boxed{2}$式より，

$$\dfrac{1}{2}mV_A{}^2 - G\dfrac{Mm}{xR}$$
$$= \dfrac{1}{2}m\left(\dfrac{x}{y}V_A\right)^2 - G\dfrac{Mm}{yR}$$

となる。
式を整理すると，

$$\left(1 - \dfrac{x^2}{y^2}\right)V_A{}^2 = \dfrac{2GM}{R}\left(\dfrac{1}{x} - \dfrac{1}{y}\right)$$

となり，

$$V_A = \sqrt{\dfrac{2yGM}{x(x+y)R}}$$
$$= \sqrt{\dfrac{2ygR}{x(x+y)}}$$

また，$\boxed{1}$式より

$$V_B = \dfrac{x}{y} \times \sqrt{\dfrac{2ygR}{x(x+y)}}$$
$$= \sqrt{\dfrac{2xgR}{y(x+y)}}$$

(3) 探査機の運動方程式は

$$m\dfrac{V_C{}^2}{yR} = G\dfrac{Mm}{(yR)^2}$$

となるので，

$$V_C = \sqrt{\dfrac{GM}{yR}}$$
$$= \sqrt{\dfrac{gR}{y}}$$

また，公転運動の周期 T_{BC} は，

$$T_{BC} = \dfrac{2\pi yR}{V_C}$$
$$= 2\pi y\sqrt{\dfrac{yR}{g}}$$

(4) 楕円軌道の半長軸 a は

$$a = \dfrac{1}{2}(x+y)R$$

であるから，楕円軌道の周期を T_{AB} とすれば，ケプラーの第3法則より，

$$\dfrac{\left\{\dfrac{1}{2}(x+y)R\right\}^3}{T_{AB}{}^2} = \dfrac{(yR)^3}{T_{BC}{}^2}$$

となり，

$$\dfrac{T_{BC}}{T_{AB}} = \sqrt{\left(\dfrac{2y}{x+y}\right)^3}$$

(5) 探査機が地球の重力圏から脱出するためには，無限遠方まで運動エネルギーが0にならなければよい。

重力圏から脱出するための最小の速さが V_D であるから，力学的エネルギー保存の法則より，

$$\dfrac{1}{2}mV_D{}^2 - G\dfrac{Mm}{yR} = 0$$

となり，

$$V_D = \sqrt{\dfrac{2GM}{yR}}$$
$$= \sqrt{\dfrac{2gR}{y}}$$

また，(3)で求めた V_C の値より，

$$\frac{v_D}{v_C} = \frac{\sqrt{\frac{2gR}{y}}}{\sqrt{\frac{gR}{y}}} = \sqrt{2}$$

よって，V_D は V_C の $\sqrt{2}$ 倍である。

2編 熱とエネルギー

1章 気体の状態方程式

基礎の基礎を固める！の答 ➡本冊 p.35

1 ❶ 2.0×10^{-3}

解き方 変化後の体積を V [m³] とすれば，ボイルの法則より **圧力 × 体積は一定** なので，

$$1.0 \times 10^5 \times 3.0 \times 10^{-3} = 1.5 \times 10^5 \times V$$

となり，

$$V = \frac{1.0 \times 10^5 \times 3.0 \times 10^{-3}}{1.5 \times 10^5}$$
$$= 2.0 \times 10^{-3} \text{[m}^3\text{]}$$

2 ❷ 2.4×10^{-3}

解き方 変化後の体積を V [m³] とすれば，シャルルの法則より **体積 ÷ 絶対温度は一定** なので，

$$\frac{2.0 \times 10^{-3}}{273 + 27} = \frac{V}{273 + 87}$$

となり，

$$V = \frac{360}{300} \times 2.0 \times 10^{-3} = 2.4 \times 10^{-3} \text{[m}^3\text{]}$$

3 ❸ 1.1×10^5

解き方 気体の圧力を p [Pa] とすれば，ボイル・シャルルの法則より **圧力 × 体積 ÷ 絶対温度は一定** なので，

$$\frac{1.0 \times 10^5 \times 1.1 \times 10^{-2}}{273 + 27} = \frac{p \times 1.2 \times 10^{-2}}{273 + 77}$$

となり，

$$p = \frac{350 \times 1.0 \times 10^5 \times 1.1 \times 10^{-2}}{300 \times 1.2 \times 10^{-2}}$$
$$= 1.07 \times 10^5 \text{[Pa]}$$

4 ❹ 5.0×10^{-2}

解き方 体積を V [m³] とすれば，状態方程式は，

$$1.0 \times 10^5 \times V = 2.0 \times 8.3 \times (273 + 27)$$

となるので，

$$V = \frac{2.0 \times 8.3 \times 300}{1.0 \times 10^5} = 4.98 \times 10^{-2} \text{[m}^3\text{]}$$

5 ❺ 運動エネルギー

解き方 理想気体では分子間力がはたらかないので，位置エネルギーを考える必要がない。よって，<u>熱運動による運動エネルギーの和が，気体のもつ内部エネルギーになる。</u>

6 ❻ 7.2×10^3

解き方 $U = nC_V T$ より，
$2.0 \times 12 \times (273 + 27) = 7.20 \times 10^3 \text{〔J〕}$

7 ❼ 1.1×10^4

解き方 $U = \dfrac{3}{2}nRT$ より，

$\dfrac{3}{2} \times 3.0 \times 8.3 \times (273 + 17)$
$= 1.08 \times 10^4 \text{〔J〕}$

テストによく出る問題を解こう！ の答 　➡本冊 p.36

1 (1) $p_A : p_0 + \dfrac{Mg}{S}$ 　$p_B : p_0 - \dfrac{Mg}{S}$

(2) $\dfrac{Mg(V_A + V_B)}{S(V_B - V_A)}$

(3) $\dfrac{2MgV_AV_B}{SRT(V_B - V_A)}$

(4) 3.5×10^{-2} mol

解き方 (1) ピストンにはたらく力のつり合いの式をつくれば，配置(A)の場合，
$p_A S = p_0 S + Mg$
となるので，
$p_A = p_0 + \dfrac{Mg}{S}$
いっぽう，配置(B)の場合，
$p_B S + Mg = p_0 S$
となるので，
$p_B = p_0 - \dfrac{Mg}{S}$

テスト対策　気体の圧力と力

面積 S〔m^2〕の面を圧力 p〔Pa〕の気体が押す力 F〔N〕は，
$$F = pS$$
で与えられる。ピストンに気体が加える力を考えるとき，この式を利用する。

(2) 気体の物質量を n〔mol〕とすれば，配置(A)のときの状態方程式は，
$p_A V_A = nRT$
配置(B)のときの状態方程式は，
$p_B V_B = nRT$
である。(1)の結果を用いて，
$\left(p_0 + \dfrac{Mg}{S}\right)V_A = \left(p_0 - \dfrac{Mg}{S}\right)V_B$
となるので，
$p_0 = \dfrac{Mg(V_A + V_B)}{S(V_B - V_A)}$

(3) 状態方程式から，
$n = \dfrac{p_A V_A}{RT}$

$= \dfrac{\left(p_0 + \dfrac{Mg}{S}\right)V_A}{RT}$

$= \dfrac{\left\{\dfrac{Mg(V_A + V_B)}{S(V_B - V_A)} + \dfrac{Mg}{S}\right\}V_A}{RT}$

$= \dfrac{2MgV_AV_B}{SRT(V_B - V_A)}$

(4) (3)の結果に数値を代入して，
$n = \dfrac{2 \times 2.5 \times 9.8 \times 1.00 \times 10^{-3} \times 0.90 \times 10^{-3}}{50 \times 10^{-4} \times 8.3 \times 300 \times (1.00 - 0.90) \times 10^{-3}}$
$= 0.0354 \text{〔mol〕}$

2 (1) ① $-v_x$　② $2mv_x$　③ $\dfrac{2L}{v_x}$

④ $\dfrac{v_x t}{2L}$　⑤ $\dfrac{1}{3}$　⑥ $\dfrac{m\overline{v^2}N}{3L^3}$

⑦ $\dfrac{3RT}{2N_A}$　⑧ $\dfrac{3}{2}nRT$

解き方 ① 面 S_x では x 方向の運動のみが逆向きになるので，衝突後の速度は $-v_x$ である。

② 面に加えられる力積は気体分子の受けた力積と向きが反対で大きさが等しい。<u>運動量の原理</u>より分子に加えられた力積は，
$m(-v_x) - mv_x = -2mv_x$
であるから，面に加えられた力積は $2mv_x$ である。

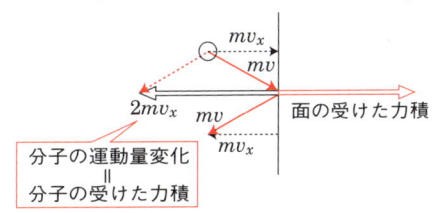

③ x 方向には速さ v_x で等速運動を行うので，$2L$ 移動するのにかかる時間は，$\dfrac{2L}{v_x}$ である。

④ 衝突から次の衝突までの時間が $\dfrac{2L}{v_x}$ であるから，時間 t のあいだに面 S_x に衝突する回数は，
$$\dfrac{t}{\dfrac{2L}{v_x}} = \dfrac{v_x t}{2L}$$

⑤ 三平方の定理より
$$\overline{v_x^2} + \overline{v_y^2} + \overline{v_z^2} = \overline{v^2}$$
であり，運動が均等なことより
$$\overline{v_x^2} = \overline{v_y^2} = \overline{v_z^2}$$
であるから，
$$\overline{v_x^2} = \dfrac{1}{3}\overline{v^2}$$

⑥ 面 S_x の面積が L^2 であるから，面 S_x が受ける圧力 p は，
$$p = \dfrac{F}{L^2} = \dfrac{\dfrac{m\overline{v^2}N}{3L}}{L^2} = \dfrac{m\overline{v^2}N}{3L^3}$$

⑦ 立方体の体積が L^3，容器内の気体の物質量が $\dfrac{N}{N_A}$ であることから，状態方程式は，
$$\dfrac{m\overline{v^2}N}{3L^3} \times L^3 = \dfrac{N}{N_A}RT$$
となるので，
$$m\overline{v^2} = \dfrac{3RT}{N_A}$$
よって，
$$\dfrac{1}{2}m\overline{v^2} = \dfrac{3RT}{2N_A}$$

⑧ 単原子分子の理想気体の内部エネルギーは，**分子の平均運動エネルギーの和**であるから，
$$U = N \times \dfrac{1}{2}m\overline{v^2} = \dfrac{3NRT}{2N_A} = \dfrac{3}{2}nRT$$

2章 気体の変化とエネルギー

基礎の基礎を固める！の答　➡本冊 $p.39$

8 ❶ 20

解き方 等圧変化で気体のする仕事は**圧力×変化した体積**なので，
$$1.0 \times 10^5 \times 2.0 \times 10^{-4} = 20 \text{〔J〕}$$

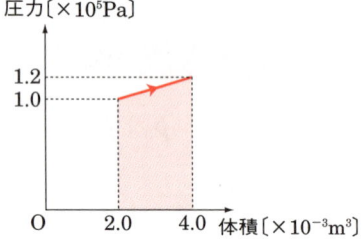

9 ❷ 2.2×10^2

解き方 気体が膨張するとき，p–V 図上でグラフと V 軸が囲む面積が気体のする仕事を表すので，
$$\dfrac{1}{2} \times (1.0 + 1.2) \times 10^5 \times (4.0 - 2.0) \times 10^{-3}$$
$$= 2.2 \times 10^2 \text{〔J〕}$$

10 ❸ 6×10^2

解き方 この間に気体がする仕事 W は，
$$W = -p\Delta V = -1.0 \times 10^5 \times 4.0 \times 10^{-3}$$
$$= -4.0 \times 10^2 \text{〔J〕}$$
となるので，**熱力学の第1法則**より，内部エネルギーの増加量 ΔU は，
$$\Delta U = Q + W = 1.0 \times 10^3 - 4.0 \times 10^2$$
$$= 6 \times 10^2 \text{〔J〕}$$

11 ❹ 定圧　❺ 等温　❻ 断熱　❼ 定積

解き方 p–V 図において，p 軸に垂直な直線①は**定圧**変化，V 軸に垂直な直線④は**定積**変化を表す。②と③の変化は体積が増加しているので，気体は仕事をしている。このとき，等温変化では温度が変わらないが，断熱変化では気体がした仕事だけ内部エネルギーが減少し温度が下がる。②と③では変化後の圧力が③のほうが低いので，温度が低いとわかる。よって，③が**断熱**変化，②が**等温**変化を表している。

12 ❽ 1.7×10^3

[解き方] 気体にあたえた熱量 Q と物質量 n, モル比熱 C, 温度変化 T の関係式 $Q = nC\Delta T$ より,
$4.0 \times 21 \times 20 = 1.68 \times 10^3 [\text{J}]$

テストによく出る問題を解こう！の答 → 本冊 p.40

3 (1) $nC_V(T - T_0)$ (2) $nC_p(T - T_0)$
(3) $nR(T - T_0)$ (4) $C_p - C_V = R$

[解き方] (1) 温度 T_0 での内部エネルギー U_0 は,
$U_0 = nC_V T_0$
であり, 温度 T のときの内部エネルギー U は,
$U = nC_V T$
である。よって内部エネルギーの増加量 ΔU は,
$\Delta U = U - U_0 = nC_V(T - T_0)$

(2) $Q = nC\Delta T$ より,
$Q = nC_p(T - T_0)$

(3) $W = p\Delta V$ より,
$W = P_0 \Delta V = P_0 V - P_0 V_0$
である。最初の状態の状態方程式は,
$P_0 V_0 = nRT_0$
熱を加えたあとの状態方程式は,
$P_0 V = nRT$
であるから,
$W = nRT - nRT_0 = nR(T - T_0)$

(4) 熱力学の第1法則より,
$\Delta U = Q - W$
であるから, (1), (2), (3)の結果を用いて,
$nC_V(T - T_0) = nC_p(T - T_0) - nR(T - T_0)$
となり, 変形して,
$C_p - C_V = R$

テスト対策 定積モル比熱と定圧モル比熱

単原子分子理想気体の定積モル比熱 C_V は, 第1章 **2** (p.29)のように考えて,

$C_V = \dfrac{3}{2}R$ （R は気体定数）

と表せる。
また, **3**(4)の結果から, 定圧モル比熱 C_p と次の関係が成り立つ。

$C_p = C_V + R$

よって, 単原子分子理想気体の定圧モル比熱 C_p は $C_p = \dfrac{5}{2}R$ となる。

4 (1) $P_0 + \dfrac{Mg}{S}$

(2) $\dfrac{(P_0 S + Mg)(l - \Delta l)}{nR}$

(3) $\dfrac{3}{2}\{Mgl - (P_0 S + Mg)\Delta l\}$

(4) $\dfrac{(P_0 S + Mg)l}{nR}$

(5) $\dfrac{3}{2}(P_0 S + Mg)\Delta l$

(6) $\dfrac{5}{2}(P_0 S + Mg)\Delta l$

[解き方] (1) 気体の圧力を $P[\text{Pa}]$ とすれば, ピストンにはたらく力のつり合いの式は,
$PS = P_0 S + Mg$
$P = P_0 + \dfrac{Mg}{S}$

(2) おもりをのせた後の気体の温度を $T[\text{K}]$ とすれば, 状態方程式は,
$PS(l - \Delta l) = nRT$
であるから,
$T = \dfrac{PS(l - \Delta l)}{nR}$
となり, (1)の結果を用いれば,
$T = \dfrac{(P_0 S + Mg)(l - \Delta l)}{nR}$

(3) この気体は単原子分子理想気体なので, 内部エネルギー増加量を $\Delta U[\text{J}]$ とすれば,
$\Delta U = \dfrac{3}{2}nR(T - T_0)$
であるから, 状態方程式
$\begin{cases} P_0 Sl = nRT_0 \\ PS(l - \Delta l) = nRT \end{cases}$
を用いて,
$\Delta U = \dfrac{3}{2}\{PS(l - \Delta l) - P_0 Sl\}$
$= \dfrac{3}{2}\{(P_0 S + Mg)(l - \Delta l) - P_0 Sl\}$
$= \dfrac{3}{2}\{Mgl - (P_0 S + Mg)\Delta l\}$

(4) シリンダー内の気体に熱を加え，ピストンの高さをもとの位置に戻したときの，シリンダー内の気体の温度を T'〔K〕とすれば，状態方程式より，
$$PSl = nRT'$$
となるので，
$$T' = \frac{PSl}{nR}$$
$$= \frac{(P_0 S + Mg)l}{nR}$$

(5) シリンダー内の気体の内部エネルギー増加量を $\Delta U'$〔J〕とすれば，
$$\Delta U' = \frac{3}{2}nR(T' - T)$$
であるから，状態方程式
$$\begin{cases} PSl = nRT' \\ PS(l - \Delta l) = nRT \end{cases}$$
を用いて，
$$\Delta U' = \frac{3}{2}\{PSl - PS(l - \Delta l)\}$$
$$= \frac{3}{2}PS\Delta l$$
$$= \frac{3}{2}(P_0 S + Mg)\Delta l$$

(6) シリンダー内の気体に熱を加え，ピストンの高さをもとの位置に戻したときに，シリンダー内の気体のした仕事を W とすれば，
$$W = PS\Delta l$$
$$= (P_0 S + Mg)\Delta l$$
である。
シリンダー内の気体に加えられた熱量を Q' とすれば，**熱力学の第1法則**より，
$$\Delta U' = Q' - W$$
であるから，
$$\frac{3}{2}(P_0 S + Mg)\Delta l = Q' - (P_0 S + Mg)\Delta l$$
よって，
$$Q' = \frac{3}{2}(P_0 S + Mg)\Delta l + (P_0 S + Mg)\Delta l$$
$$= \frac{5}{2}(P_0 S + Mg)\Delta l$$

テスト対策　熱力学の第1法則

気体の変化を扱う問題では，**熱力学の第1法則**はたいへん重要である。

気体が外部から Q〔J〕の熱量を与えられ，W〔J〕の**仕事を外部からされた**とき，気体の内部エネルギーの増加量 ΔU〔J〕は，
$$\Delta U = Q + W$$
である。

しかし，気体が外部から Q〔J〕の熱量を与えられ，W〔J〕の**仕事を外部にした**とき，気体の内部エネルギーの増加量 ΔU〔J〕は，
$$\Delta U = Q - W$$
である。

問題に与えられた物理量の意味をよく読み取って，熱力学の第1法則を用いなければならない。

---

5 (1) 状態B：$3T_0$　状態C：T_0
　　状態D：$\frac{1}{3}T_0$

(2) $2RT_0$

(3) $3RT_0$

(4) $5RT_0$

(5) **22%**

解き方 (1) 状態B，状態C，状態Dの温度を，それぞれ，T_B，T_C，T_D とすれば，状態方程式は，
$$3p_0 \times 3V_0 = RT_B$$
$$p_0 \times 3V_0 = RT_C$$
$$p_0 V_0 = RT_D$$
となるので，状態Aの状態方程式
$$3p_0 V_0 = RT_0$$
を用いて，
$$\begin{cases} T_B = \dfrac{9p_0 V_0}{R} = 3T_0 \\ T_C = \dfrac{3p_0 V_0}{R} = T_0 \\ T_D = \dfrac{p_0 V_0}{R} = \dfrac{1}{3}T_0 \end{cases}$$

(2) 状態AからBへの変化で気体のした仕事を W_{AB} とすれば，
$$W_{AB} = 3p_0(3V_0 - V_0)$$
$$= 9p_0 V_0 - 3p_0 V_0$$
$$= 3RT_0 - RT_0$$
$$= 2RT_0$$

(3) 状態 A から B への変化で内部エネルギーの増加量を ΔU_{AB} とすれば,
$$\Delta U_{AB} = \frac{3}{2}R(3T_0 - T_0)$$
$$= 3RT_0$$

(4) 状態 A から B への変化で気体に加えられた熱量を Q_{AB} とすれば, **熱力学の第1法則**より,
$$\Delta U_{AB} = Q_{AB} - W_{AB}$$
であるから,
$$3RT_0 = Q_{AB} - 2RT_0$$
となり,
$$Q_{AB} = 3RT_0 + 2RT_0$$
$$= 5RT_0$$

(5) A → B → C → D → A の熱サイクルで気体に熱を加えたのは A → B と D → A の変化である。D → A は**定積変化**($W_{DA} = 0$)で, 気体に加えられた熱量 Q_{DA} は,
$$Q_{DA} = \Delta U_{DA} = \frac{3}{2}R\left(T_0 - \frac{1}{3}T_0\right)$$
$$= RT_0$$
であるから, A → B → C → D → A の熱サイクルで気体に加えられた熱量 Q は,
$$Q = Q_{AB} + Q_{DA} = 5RT_0 + RT_0 = 6RT_0$$
である。
定積変化では仕事をしないので, 気体が仕事をしているのは, A → B と C → D である。
C → D において気体のした仕事 W_{CD} は,
$$W_{CD} = p_0(V_0 - 3V_0)$$
$$= -2p_0V_0$$
$$= -\frac{2}{3}RT_0$$
となる。
よって, A → B → C → D → A の熱サイクルで気体がした仕事 W は,
$$W = W_{AB} + W_{CD}$$
$$= 2RT_0 - \frac{2}{3}RT_0$$
$$= \frac{4}{3}RT_0$$
である。
よって, A → B → C → D → A の熱サイクルでの熱効率は,
$$\frac{\frac{4}{3}RT_0}{6RT_0} \times 100 = 22.2 \, [\%]$$

テスト対策 気体のする仕事と p–V 図

気体が膨張するとき**外部にする仕事**は, **p–V 図上の面積**から求められる(A)。

また, 気体が収縮するときに外部にする仕事は, p–V 図上の面積に負号をつけたものに等しい(B)。

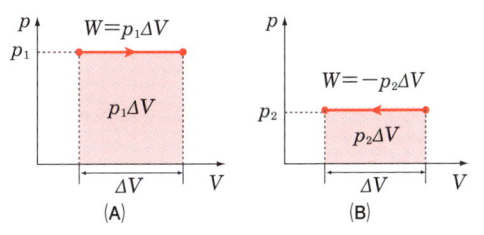

よって, p–V 図上で時計回りに1周するサイクルで気体がする仕事は, グラフで囲まれた部分の面積に等しくなる(C)。

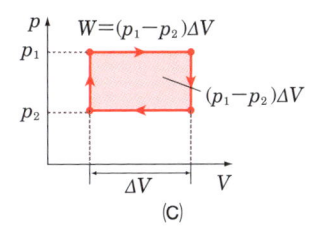

入試問題にチャレンジ! の答 →本冊 $p.42$

1 (1) 空間1: $\dfrac{P_1V_1}{n_1R}$ 空間2: $\dfrac{P_0V_2}{n_2R}$

(2) $\dfrac{5P_0V_2 + 2Q}{5n_2R}$

(3) 体積: $V_2 + \dfrac{2Q}{5P_0}$ 仕事: $\dfrac{2}{5}Q$

(4) $\dfrac{3}{2}P_1V_1 + \dfrac{3}{2}P_0V_2'$

(5) 温度: $\dfrac{P_1V_1 + P_0V_2'}{(n_1+n_2)R}$

圧力: $\dfrac{P_1V_1 + P_0V_2'}{V_1 + V_2'}$

解き方 (1) 空間1の温度を T_1 とすれば, 状態方程式は $P_1V_1 = n_1RT_1$ となるので,
$$T_1 = \frac{P_1V_1}{n_1R}$$
また, 空間2の温度を T_2 とすれば, 状態方程式は, $P_2V_2 = n_2RT_2$ となるので,
$$T_2 = \frac{P_0V_2}{n_2R}$$

(2) 気体は定圧変化する。単原子分子理想気体の定圧モル比熱は $\frac{5}{2}R$ である(p.31 テスト対策を参照)から，気体の温度上昇を ΔT とすれば，
$$Q = n_2 \times \frac{5}{2}R \times \Delta T$$
となり，
$$\Delta T = \frac{2Q}{5n_2 R}$$
となる。よって，熱量 Q を加えた後の気体の温度を T_2' とすれば，
$$T_2' = T_2 + \Delta T$$
$$= \frac{P_0 V_2}{n_2 R} + \frac{2Q}{5n_2 R}$$
$$= \frac{5P_0 V_2 + 2Q}{5n_2 R}$$

(3) 膨張後の気体の体積を V_2' とすれば，温度が T_2' なので，状態方程式は，
$$P_0 V_2' = n_2 R T_2'$$
となるので，
$$V_2' = \frac{n_2 R T_2'}{P_0}$$
$$= \frac{n_2 R}{P_0} \times \frac{5P_0 V_2 + 2Q}{5n_2 R}$$
$$= V_2 + \frac{2Q}{5P_0}$$
また，膨張の過程において気体が外部に対して行った仕事 W は，
$$W = P_0(V_2' - V_2)$$
$$= P_0 \times \frac{2Q}{5P_0}$$
$$= \frac{2}{5}Q$$

(4) このとき，気体には熱の出入りがなく，仕事もしていないので，熱力学の第1法則より気体の内部エネルギーの和は変化しない。よって，変化後の気体の内部エネルギー U は，
$$U = \frac{3}{2}n_1 R T_1 + \frac{3}{2}n_2 R T_2'$$
$$= \frac{3}{2}P_1 V_1 + \frac{3}{2}P_0 V_2'$$

(5) 変化後の気体の温度を T とすれば，内部エネルギーは $\frac{3}{2}(n_1 + n_2)RT$ で与えられるので，

$$\frac{3}{2}(n_1 + n_2)RT = \frac{3}{2}P_1 V_1 + \frac{3}{2}P_0 V_2'$$
となり，
$$T = \frac{P_1 V_1 + P_0 V_2'}{(n_1 + n_2)R}$$
また，このときの気体の圧力を P とすれば，状態方程式は，
$$P(V_1 + V_2') = (n_1 + n_2)RT$$
となるので，
$$P = \frac{(n_1 + n_2)R}{V_1 + V_2'} \times \frac{P_1 V_1 + P_0 V_2'}{(n_1 + n_2)R}$$
$$= \frac{P_1 V_1 + P_0 V_2'}{V_1 + V_2'}$$

2 (1) $\dfrac{H}{h_1}T_1$

(2) 仕事：$p_1 S(H - h_1)$
　　熱量：$\dfrac{5}{2}p_1 S(H - h_1)$

(3) $\dfrac{p_0 H}{p_1 h_1}T_1$

(4) $\dfrac{3}{2}(p_1 - p_0)SH$

(5) $\dfrac{p_1}{p_0}h_1$ 　(6) $\dfrac{5}{2}(p_0 H - p_1 h_1)S$

解き方 (1) 状態 A での状態方程式は，
$$p_1 S h_1 = nRT_1$$
状態 B での温度を T_2 とすれば，状態方程式は，
$$p_1 SH = nRT_2$$
となる。この2つの状態方程式から，
$$T_2 = \frac{H}{h_1}T_1$$

(2) $W = p\Delta V$ より，気体のした仕事 W は，
$$W = p_1(SH - Sh_1)$$
$$= p_1 S(H - h_1) \quad \cdots\cdots \boxed{1}$$
よって内部エネルギーの増加量 ΔU は，
$$\Delta U = \frac{3}{2}nR(T_2 - T_1)$$
$$= \frac{3}{2}nR\left(\frac{H}{h_1}T_1 - T_1\right)$$
$$= \frac{3(H - h_1)}{2h_1}nRT_1$$
$$= \frac{3(H - h_1)}{2h_1}p_1 S h_1$$

$$= \frac{3}{2}p_1 S(H - h_1) \quad \cdots\cdots \boxed{2}$$

となる。
熱力学の第1法則と①, ②式より, 気体に与えられた熱量 Q は,

$$Q = \Delta U + W$$
$$= \frac{3}{2}p_1 S(H - h_1) + p_1 S(H - h_1)$$
$$= \frac{5}{2}p_1 S(H - h_1)$$

(3) 状態 C では気体の圧力は大気圧 p_0 に等しくなるので, 気体の温度を T_3 として状態方程式をつくれば,

$$p_0 SH = nRT_3$$

となる。また, 状態 A の状態方程式から,

$$nR = \frac{p_1 Sh_1}{T_1}$$

となるので,

$$T_3 = \frac{p_0 SH}{nR}$$
$$= \frac{p_0 SH}{p_1 Sh_1} T_1$$
$$= \frac{p_0 H}{p_1 h_1} T_1$$

(4) 状態 B から状態 C の過程では気体の体積は変化しないので, 気体のした仕事(気体のされた仕事)は 0 である。
熱力学の第1法則より, 気体から奪われた熱量 Q_{BC} は, 内部エネルギーの減少量に等しい。よって,

$$Q_{BC} = \frac{3}{2}nR(T_2 - T_3)$$
$$= \frac{3}{2}nR\left(\frac{H}{h_1}T_1 - \frac{p_0 H}{p_1 h_1}T_1\right)$$
$$= \frac{3(p_1 - p_0)H}{2p_1 h_1} \cdot nRT_1$$
$$= \frac{3(p_1 - p_0)H}{2p_1 h_1} \cdot p_1 Sh_1$$
$$= \frac{3}{2}(p_1 - p_0)SH$$

(5) 状態 D でのピストンの高さを h_2 とすれば, 状態 D での状態方程式は,

$$p_0 Sh_2 = nRT_1$$

となるので,

$$p_0 Sh_2 = p_1 Sh_1$$

となり,

$$h_2 = \frac{p_1}{p_0} h_1$$

(6) 状態 C から状態 D の過程において, 気体のされた仕事 W_{CD} は,

$$W_{CD} = p_0(SH - Sh_2)$$
$$= p_0 S\left(H - \frac{p_1}{p_0}h_1\right)$$
$$= (p_0 H - p_1 h_1)S$$

である。
内部エネルギーの増加量 ΔU_{CD} は,

$$\Delta U_{CD} = \frac{3}{2}nR(T_1 - T_3)$$
$$= \frac{3}{2}nR\left(T_1 - \frac{p_0 H}{p_1 h_1}T_1\right)$$
$$= \frac{3(p_1 h_1 - p_0 H)}{2p_1 h_1}nRT_1$$
$$= \frac{3(p_1 h_1 - p_0 H)}{2p_1 h_1} \times p_1 Sh_1$$
$$= \frac{3}{2}(p_1 h_1 - p_0 H)S$$

となる。
熱力学の第1法則より, 気体から奪われた熱量 Q_{CD} は,

$$Q_{CD} = W_{CD} - \Delta U_{CD}$$
$$= (p_0 H - p_1 h_1)S - \frac{3}{2}(p_1 h_1 - p_0 H)S$$
$$= \frac{5}{2}(p_0 H - p_1 h_1)S$$

❸ (1) $PSL = \dfrac{N}{N_A}RT$

(2) $\dfrac{mv_x^2 \Delta t}{L}$

(3) $\dfrac{Nm\overline{v^2}}{3SL}$

(4) $\dfrac{3NR}{2N_A}$

(5) $\dfrac{5NR}{2N_A}$

解き方 (1) 気体の物質量は $\dfrac{N}{N_A}$ であり, 体積が SL なので, 状態方程式より,

$$PSL = \frac{N}{N_A}RT$$

(2) 気体分子はピストンとの衝突で，速度の x 軸方向の成分だけが変化する。

ピストンとは弾性衝突をするので，衝突後の速度の x 成分は $-v_x$ である。

気体分子に加えられた力積は気体分子の運動量変化に等しいので，
$$(-mv_x) - mv_x = -2mv_x$$
となる。

作用・反作用の法則より，気体分子1個が1回の衝突でピストンに加える力積は $2mv_x$ である。時間 Δt の間に，1個の気体分子がピストンに衝突する回数は $\dfrac{v_x \Delta t}{2L}$ なので，速度の x 成分が v_x である気体分子が Δt の間にピストンへ与える力積は，
$$\frac{v_x \Delta t}{2L} \times 2mv_x = \frac{mv_x^2 \Delta t}{L}$$

(3) 気体がピストンに加える力を F とすれば，時間 Δt の間にピストンに加えられる力積は $F\Delta t$ である。

ここで，気体分子の速度の x 方向成分の 2 乗平均を $\overline{v_x^2}$ とすれば，(2) の結果より，
$$F\Delta t = \frac{Nm\overline{v_x^2}\Delta t}{L}$$
となり，
$$F = \frac{Nm\overline{v_x^2}}{L}$$
となる。

また，気体の運動が各方向に均等であることから，気体分子の速さの 2 乗平均 $\overline{v^2}$ と $\overline{v_x^2}$ とは，
$$\overline{v^2} = \overline{v_x^2} + \overline{v_y^2} + \overline{v_z^2} = 3\overline{v_x^2}$$
の関係式が成り立つので，
$$F = \frac{Nm\overline{v^2}}{3L}$$
と求められる。よって，気体の圧力 P は，
$$P = \frac{F}{S} = \frac{Nm\overline{v^2}}{3SL}$$

(4) (1) の状態方程式に (3) の結果を代入すると，
$$\frac{Nm\overline{v^2}}{3SL} SL = \frac{N}{N_A} RT$$
となるので，
$$\frac{1}{2}m\overline{v^2} = \frac{3RT}{2N_A}$$
となる。

よって，内部エネルギー U は，
$$U = N \times \frac{3RT}{2N_A} = \frac{3NRT}{2N_A}$$
である。ピストンは動かないので，気体のする仕事は 0 である。熱力学の第 1 法則より，気体に加える熱量 Q は内部エネルギーの増加量 ΔU に等しい。よって，
$$Q = \Delta U = \frac{3NR\Delta T}{2N_A}$$
となるので，$\Delta T = 1\mathrm{K}$ を代入して，
$$Q = \frac{3NR}{2N_A}$$

(5) 温度が 1K 上昇したとき体積が ΔV 増加したとすれば，状態方程式は，
$$P\Delta V = \frac{N}{N_A} R$$
である。このとき，気体のした仕事 W は，
$$W = P\Delta V = \frac{N}{N_A} R$$
である。1K 上昇したときの内部エネルギーの増加量は $\dfrac{3NR}{2N_A}$ であるから，熱力学の第 1 法則より，
$$Q' = \frac{3NR}{2N_A} + \frac{N}{N_A} R = \frac{5NR}{2N_A}$$

❹ (1) $\dfrac{2(p_0 S + Mg)}{a}$

(2) $p_1 S = p_0 S + Mg$

(3) $\dfrac{(p_0 S + Mg)a}{RT_1}$

(4) $p_2 S = \dfrac{a + 2x}{a}(p_0 S + Mg)$

(5) $3a(p_0 S + Mg)$

(6) $W : \dfrac{(a + x)x}{a}(p_0 S + Mg)$

$Q : \dfrac{1}{a}(x^2 + ax + 3a^2)(p_0 S + Mg)$

(7) 解き方参照

解き方 (1) ばね定数を k としてピストンにはたらく力のつり合いの式をつくれば，
$$k \times \left(a - \frac{1}{2}a\right) = p_0 S + Mg$$
となるので，
$$k = \frac{2(p_0 S + Mg)}{a} \quad \cdots\cdots \boxed{1}$$

(2) ばねが自然の長さになったので，弾性力は0である。よって，ピストンにはたらく力のつり合いの式は，
$$p_1 S = p_0 S + Mg \quad \cdots\cdots\boxed{2}$$

(3) 状態方程式をつくれば，
$$p_1 Sa = nRT_1$$
となるので，
$$n = \frac{p_1 Sa}{RT_1}$$
$$= \frac{(p_0 S + Mg)a}{RT_1} \quad \cdots\cdots\boxed{3}$$

(4) ピストンにはたらく力のつり合いの式は，
$$p_2 S = p_0 S + Mg + kx \quad \cdots\cdots\boxed{4}$$
となる。
これに$\boxed{1}$式を代入すると，
$$p_2 S = p_0 S + Mg + \frac{2(p_0 S + Mg)}{a}x$$
$$= \frac{a + 2x}{a}(p_0 S + Mg)$$

(5) シリンダー内の気体の内部エネルギーの増加量 ΔU は，物質量を n とすると，$\boxed{3}$式より，
$$\Delta U = \frac{3}{2}nR(3T_1 - T_1)$$
$$= 3nRT_1$$
$$= 3a(p_0 S + Mg)$$

(6) 気体は，外気を外に x だけ押し出す仕事，ピストンを x 上昇させる仕事，ばねを x 伸ばす仕事を行ったので，気体のした仕事 W は，
$$W = p_0 Sx + Mgx + \frac{1}{2}kx^2$$
$$= (p_0 S + Mg)x$$
$$\quad + \frac{1}{2} \times \frac{2(p_0 S + Mg)}{a}x^2$$
$$= \frac{(a + x)x}{a}(p_0 S + Mg)$$

また，熱力学の第1法則より，熱源がこの気体に与えた熱量 Q は，
$$Q = \Delta U + W$$
$$= 3a(p_0 S + Mg)$$
$$\quad + \frac{(a + x)x}{a}(p_0 S + Mg)$$
$$= \frac{1}{a}(x^2 + ax + 3a^2)(p_0 S + Mg)$$

(7) 状態方程式をつくれば，
$$p_2 S(a + x) = 3nRT_1$$
である。$\boxed{2}$, $\boxed{4}$式より
$$p_2 S = p_1 S + kx$$
であるから，この式を変形して，
$$(p_1 S + kx)(a + x) = 3p_1 Sa$$
$\boxed{1}$, $\boxed{2}$式より $k = \dfrac{2p_1}{a}S$ なので，
$$\left(p_1 S + \frac{2x}{a}p_1 S\right)(a + x) = 3p_1 Sa$$
$$\left(1 + \frac{2x}{a}\right)(a + x) = 3a$$
$$2x^2 + 3ax - 2a^2 = 0$$
$$(2x - a)(x + 2a) = 0$$
となり，$x > 0$ より $x = \dfrac{a}{2}$ が導ける。

❺ (1) A → B
(2) $3RT_0$
(3) $1.93V_0$
(4) $3T_0\left(\dfrac{V_0}{V}\right)^{\frac{2}{3}}$
(5) $2.33RT_0$
(6) 0.225

解き方 (1) 過程 A → B は定積変化なので，状態方程式を用いれば，圧力が高くなると温度が上昇することがわかる。
過程 B → C は，断熱変化なので，体積が増加して気体が仕事をすると内部エネルギーが減少し，温度が下がることがわかる。
過程 C → A は，定圧変化なので，状態方程式を用いれば，体積が減少すると温度が下がることがわかる。
よって，温度が上昇する過程は，A → B だけである。

(2) 過程 A → B は定積変化であるから，気体のする仕事 W_{AB} は，$W_{AB} = 0$ である。$Q_{AB} = 3RT_0$ であるから，熱力学の第1法則より，
$$\Delta U_{AB} = Q_{AB} = 3RT_0$$

(3) $pV^{\frac{5}{3}} = $ 一定より，
$$3p_0 V_0^{\frac{5}{3}} = p_0 V_C^{\frac{5}{3}}$$
となるので，
$$V_C = 3^{\frac{3}{5}}V_0$$
$$= 1.93V_0$$

(4) 状態方程式は,
$$pV = RT$$
となるので,
$$pV^{\frac{5}{3}} = \text{一定}$$
から p を消去すると,
$$TV^{\frac{2}{3}} = \text{一定}$$
となる。
状態 B の温度を T_B とすれば, ボイル・シャルルの法則より,
$$\frac{p_0 V_0}{T_0} = \frac{3p_0 V_0}{T_B}$$
となるので,
$$T_B = 3T_0$$
であることがわかる。
$TV^{\frac{2}{3}} = \text{一定}$ より,
$$TV^{\frac{2}{3}} = T_B V_0^{\frac{2}{3}} = 3T_0 V_0^{\frac{2}{3}}$$
となるので,
$$T = 3T_0 \left(\frac{V_0}{V}\right)^{\frac{2}{3}}$$

(5) 過程 C → A は定圧変化であるから, 単原子分子理想気体の定圧モル比熱が $\frac{5}{2}R$ であることを用いて, 気体が失う熱量 Q_{CA} は, 状態 C の温度を T_C とすれば,
$$Q_{CA} = \frac{5}{2}R(T_C - T_0)$$
である。状態 A と状態 C の状態方程式
$$p_0 V_0 = RT_0$$
$$p_0 V_C = RT_C$$
を用いて,
$$Q_{CA} = \frac{5}{2}p_0(V_C - V_0)$$
$$= \frac{5}{2}p_0(1.93V_0 - V_0)$$
$$= 2.325 p_0 V_0$$
$$= 2.325 RT_0$$

(6) 過程 B → C において気体のした仕事 W_{BC} は,
$$W_{BC} = -\Delta U_{BC}$$
$$= \frac{3}{2}R(3T_0 - T_C)$$
$$= \frac{3}{2}(3 - 1.93)RT_0$$

過程 C → A において気体のした仕事 W_{CA} は,
$$W_{CA} = p_0(V_0 - V_C)$$
$$= (1 - 1.93)RT_0$$

である。
よって,
$$W = W_{AB} + W_{BC} + W_{CA}$$
$$= \frac{3}{2}(3 - 1.93)RT_0 + (1 - 1.93)RT_0$$
$$= 0.675 RT_0$$
となる。熱効率 e は,
$$e = \frac{W}{Q_{AB}}$$
$$= \frac{0.675 RT_0}{3RT_0}$$
$$= 0.225$$

(別解) 過程 B → C は断熱過程であり, 熱の出入りはないので, 熱力学第 1 法則より,
$$\Delta U = Q_{AB} - Q_{CA} - W \quad \cdots\cdots \boxed{1}$$
が成り立つ。ここで, 1 サイクルのはじめと終わりの状態は等しく, サイクル前後で気体の内部エネルギーは変化しないことから,
$$\Delta U = 0$$
となるので, この値と, (2), (5)の結果を $\boxed{1}$ に代入して,
$$W = Q_{AB} - Q_{CA}$$
$$= 3RT_0 - 2.325 RT_0$$
$$= 0.675 RT_0$$
となる。よって, 熱効率 e は,
$$e = \frac{W}{Q_{AB}} = 0.225$$

3編 波

1章 波の性質

基礎の基礎を固める！の答 →本冊 p.47

1
① 山　② 山
③ 強め　④ 谷
⑤ 山　⑥ 弱め
⑦ 谷　⑧ 谷
⑨ 強め

[解き方] P点では，実線と実線が交わっているので，波源 S_1 と S_2 からくる波の山と山が重なっている場所である。よって，P点では強め合う。
Q点では，実線と破線が交わっているので，波源 S_1 と S_2 からくる波の谷と山が重なっている場所である。よって，Q点では弱め合う。
R点では，破線と破線が交わっているので，波源 S_1 と S_2 からくる波の谷と谷が重なっている場所である。よって，R点では強め合う。

2
⑩ 4λ　⑪ 6λ
⑫ 2λ　⑬ 干渉
⑭ 整数

[解き方] 波源 S_1，S_2 は山なので，S_1 からP点までの距離 S_1P は，
$$S_1P = 4\lambda$$
であり，S_2 からP点までの距離 S_2P は，
$$S_2P = 6\lambda$$
である。
よって，波源 S_1 と波源 S_2 からP点までの経路差 $|S_1P - S_2P|$ は，
$$|S_1P - S_2P| = 6\lambda - 4\lambda = 2\lambda \,[\mathrm{m}]$$
となる。
P点は，波源 S_1，S_2 からくる波が干渉によって強め合う点である。このように，経路差が波長の整数倍になっているときに干渉によって強め合う。

3
⑮ $\dfrac{x}{v}$　⑯ $\dfrac{x}{v}$　⑰ 遅れて
⑱ $t - \dfrac{x}{v}$　⑲ $t - \dfrac{x}{v}$　⑳ $\dfrac{t}{T} - \dfrac{x}{\lambda}$

[解き方] 速さ v で伝わる波が，距離 x 伝わるのにかかる時間は $\dfrac{x}{v}$ である。
座標 x の位置では原点より伝わるのにかかる時間 $\dfrac{x}{v}$ だけ遅れて振動するので，座標 x における時刻 t での媒質の振動は，時刻 $t - \dfrac{x}{v}$ における原点の振動に等しい。
時刻 $t - \dfrac{x}{v}$ における原点の振動は，
$$y = A \sin 2\pi \dfrac{t - \dfrac{x}{v}}{T}$$
となるので，波の基本式 $v = f\lambda$ より，
$$y = A \sin 2\pi \left(\dfrac{t}{T} - \dfrac{x}{vT} \right)$$
$$= A \sin 2\pi \left(\dfrac{t}{T} - \dfrac{x}{\lambda} \right)$$

4
㉑ $\dfrac{x}{v}$　㉒ $\dfrac{x}{v}$　㉓ 早く
㉔ $t + \dfrac{x}{v}$　㉕ $t + \dfrac{x}{v}$　㉖ $\dfrac{t}{T} + \dfrac{x}{\lambda}$

[解き方] 速さ v で伝わる波が，距離 x 伝わるのにかかる時間は $\dfrac{x}{v}$ である。
座標 x の位置では原点より伝わるのにかかる時間 $\dfrac{x}{v}$ だけ早く振動するので，座標 x における時刻 t での媒質の振動は，時刻 $t + \dfrac{x}{v}$ における原点の振動に等しい。
時刻 $t + \dfrac{x}{v}$ における原点の振動は，
$$y = A \sin 2\pi \dfrac{t + \dfrac{x}{v}}{T}$$
となるので，波の基本式 $v = f\lambda$ より，
$$y = A \sin 2\pi \left(\dfrac{t}{T} + \dfrac{x}{vT} \right)$$
$$= A \sin 2\pi \left(\dfrac{t}{T} + \dfrac{x}{\lambda} \right)$$

5 ㉗ 30° ㉘ $\dfrac{1}{\sqrt{2}}$

解き方 反射の法則より，入射角と反射角は等しいので，反射角は 30° である。
屈折の法則より，屈折率 n は，

$$n = \dfrac{\sin 30°}{\sin 45°} = \dfrac{1}{\sqrt{2}}$$

6 ㉙ 回りこむ ㉚ 長い

解き方 波には，障害物の陰の部分に回りこむ性質がある。これを回折という。回折は，すきまと波長との関係によって，回りこむ範囲が決まる。すきまに対して波長が長いほど，回折は起こりやすい。

テストによく出る問題を解こう！ の答 ⇒本冊 p.49

1 (1) 強め合う点：P, Q, S
　　経路差：$m\lambda$ （$m = 0, 1, 2, \cdots$）
(2) 分類：腹の線
　　図：下図

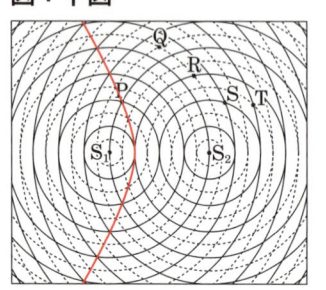

(3) 弱め合う点：P, Q, S
　　経路差：$m\lambda$ （$m = 0, 1, 2, \cdots$）
(4) 分類：節の線
　　図：下図

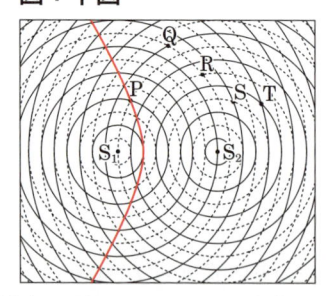

解き方 (1) 干渉によって強め合うのは，山と山，谷と谷が重なる場所であるから，実線同士，または破線同士が重なる場所を探せばよい。よって，P, Q, S である。

(2) P 点は強め合う場所(腹)であり，強め合う場所を通る線を腹の線という。P 点は経路差 2λ であり，腹の線は経路差の等しい点を結んだ線になるので，P 点を通る腹の線は答えの図のようになる。

(3) 干渉によって弱め合うのは，山と谷が重なる場所であるから，実線と破線が重なる場所を探せばよい。よって，P, Q, S である。

(4) P 点は弱め合う場所(節)であり，弱め合う場所を通る線を節の線という。P 点は経路差 2λ であり，節の線は経路差の等しい点を結んだ線になるので，P 点を通る節の線は答えの図のようになる。

2 (1) 振幅：A
　　周期：$\dfrac{\lambda}{v}$
　　振動数：$\dfrac{v}{\lambda}$

(2) 下図

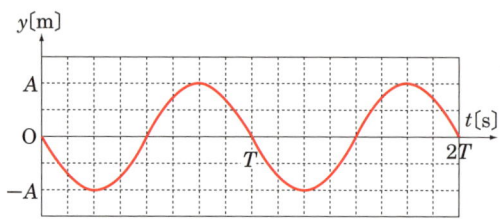

(3) $-A \sin 2\pi \dfrac{vt}{\lambda}$

(4) $-A \sin 2\pi \left(\dfrac{vt - x}{\lambda}\right)$

解き方 (1) グラフから振幅 y_0 は A と読み取れる。
振動数 f は，波の基本式より，

$$f = \dfrac{v}{\lambda}$$

また，周期 T は，$T = \dfrac{1}{f}$ より，

$$T = \dfrac{\lambda}{v}$$

(2) $t = 0$ の波形が正の向きに伝わるとき，原点の左側には谷があるので，原点では時刻 0 の直後，媒質が負の方向に変位する。
よって，原点での媒質の変位を表すグラフは答えの図のようになる。

(3) (2)のグラフを式で表すと，
$$y = -A\sin 2\pi \frac{vt}{\lambda}$$

(4) 座標 x の位置では，原点から伝わってくる時間 $\frac{x}{v}$ だけ遅れて振動する。

座標 x の位置における時刻 t[s]での媒質の変位 y は，原点における時刻 $t - \frac{x}{v}$ の変位に等しいので，
$$y = -A\sin 2\pi\left(\frac{vt - x}{\lambda}\right)$$

3 (1) 下図

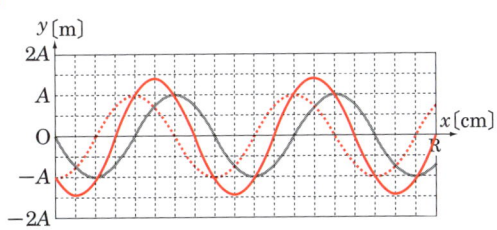

(2) $A\sin 2\pi \dfrac{t}{T}$

(3) $A\sin 2\pi\left(\dfrac{t}{T} - \dfrac{x}{\lambda}\right)$

(4) $-A\sin 2\pi\left(\dfrac{t}{T} - \dfrac{L}{\lambda}\right)$

(5) $-A\sin 2\pi\left(\dfrac{t}{T} + \dfrac{x}{\lambda} - \dfrac{2L}{\lambda}\right)$

(6) $2A\sin 2\pi\left(\dfrac{L}{\lambda} - \dfrac{x}{\lambda}\right)$
$\quad\times \cos 2\pi\left(\dfrac{L}{\lambda} - \dfrac{t}{T}\right)$

解き方 (1) 点 R より右側にも媒質があると考えたときの波形を作図する。（黒破線）

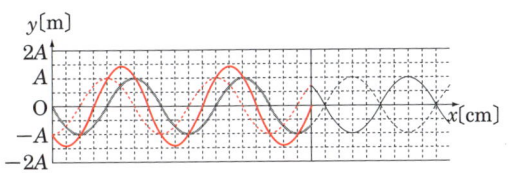

固定端反射では，位相が π ずれるので，波形を 180° 回転させる。（黒実線）
反転させた波形を点 R の線に対して線対称の波形を作図する。（赤破線）
足し合わせたものを作図する。（赤実線）

(2) $t = 0$ の波形が正の方向に伝わるとき，原点の左側には山があるので，原点では時刻 0 の直後，媒質が正の方向に変位する。よって，原点での媒質の変位は，
$$y_0 = A\sin 2\pi \frac{t}{T}$$

(3) 座標 x の位置では，原点より伝わる時間 $\frac{x}{v}$ だけ遅れて振動する。座標 x の位置における時刻 t[s]での媒質の変位 y_1 は，原点における時刻 $t - \frac{x}{v}$ の変位が伝わってくるので，
$$y_1 = A\sin 2\pi \frac{\left(t - \dfrac{x}{v}\right)}{T}$$
$$= A\sin 2\pi\left(\frac{t}{T} - \frac{x}{\lambda}\right)$$

(4) 点 R での入射波の変位 y_{R0} は，x に L を代入すればよいので，
$$y_{R0} = A\sin 2\pi\left(\frac{t}{T} - \frac{L}{\lambda}\right)$$
となる。反射波の点 R での変位 y_R は，固定端反射のため位相が π ずれるので，
$$y_R = -A\sin 2\pi\left(\frac{t}{T} - \frac{L}{\lambda}\right)$$

(5) 点 R から座標 x の位置までの距離は $L - x$ であるから，点 R から座標 x の位置まで伝わるのにかかる時間は $\frac{L-x}{v}$ である。よって，
$$y_2 = -A\sin 2\pi\left\{\frac{\left(t - \dfrac{L-x}{v}\right)}{T} - \frac{L}{\lambda}\right\}$$
$$= -A\sin 2\pi\left(\frac{t}{T} + \frac{x}{\lambda} - \frac{2L}{\lambda}\right)$$

(6) $\sin\theta - \sin\phi = 2\cos\left(\dfrac{\theta+\phi}{2}\right)\sin\left(\dfrac{\theta-\phi}{2}\right)$
の公式を用いて，
$$Y = A\sin 2\pi\left(\frac{t}{T} - \frac{x}{\lambda}\right)$$
$$\quad - A\sin 2\pi\left(\frac{t}{T} + \frac{x}{\lambda} - \frac{2L}{\lambda}\right)$$
$$= 2A\sin 2\pi\left(\frac{L}{\lambda} - \frac{x}{\lambda}\right)$$
$$\quad \times \cos 2\pi\left(\frac{L}{\lambda} - \frac{t}{T}\right)$$

4

(1) 振幅：0.10 m
　　周期：0.40 s
　　振動数：2.5 Hz
　　波長：0.80 m

(2) $0.1\sin 5\pi t$

(3) $0.1\sin \pi(5t-2.5x)$

解き方 (1) 問題のグラフを読み取ると，振幅が 0.10 m，周期が 0.40 s と求められる。

振動数 f は，$f=\dfrac{1}{T}$ より，

$$f=\dfrac{1}{0.40}=2.5\,[\mathrm{Hz}]$$

となるので，波の伝わる速さが 2.0 m/s であることを用いて，波長 λ は，

$$\lambda=\dfrac{v}{f}=\dfrac{2.0}{2.5}=0.80\,[\mathrm{m}]$$

(2) 原点での変位は，$t=0$ で $y=0$ であり，その後正に変わるので，グラフを式で表すと，

$$y=0.1\sin 2\pi\dfrac{t}{0.4}=0.1\sin 5\pi t$$

(3) 座標 x では原点より時間 $\dfrac{x}{2.0}$ だけ遅れて振動するので，座標 x における時刻 t での媒質の変位 y は，

$$y=0.1\sin 5\pi\left(t-\dfrac{x}{2.0}\right)$$
$$=0.1\sin\pi(5t-2.5x)$$

5

(1) 垂直

(2) 現象名：回折
　　変化：回りこみかたが大きくなる。

(3) 波面：下図

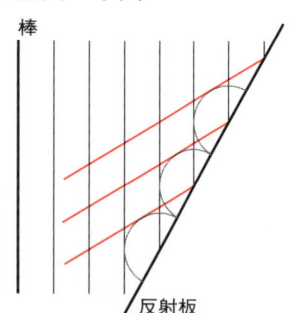

関係：入射波の波面と板とのなす角度と，反射波の波面と板とのなす角度は等しい。

(4) 下図

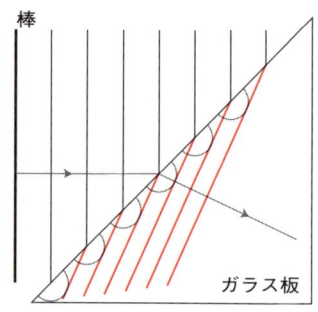

(5) ① λ_1 ② λ_2 ③ λ_1 ④ λ_2
　　⑤ λ_1 ⑥ λ_2 ⑦ 屈折率

解き方 (1) 波の伝わる方向と波面は直交する。

(2) 波が障害物の影に回りこむ現象を回折という。すきまの間隔が狭くなるほど，回折は顕著に起こり，障害物の影の部分に大きく回りこむ。

(3) ホイヘンスの原理を用いて反射波の波面を作図する場合，反射板と波面との交点を中心にして 1 波長分の半径の素元波を描き，次の波面と反射板の交点から素元波に接線を引けばよい。

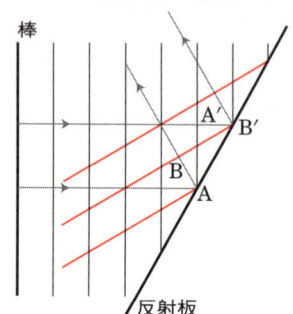

△AA′B′ と △B′BA において，
$\begin{cases} \mathrm{A'B'}=\mathrm{AB}=\text{波長} \\ \angle\mathrm{A'}=\angle\mathrm{B}=90° \\ \mathrm{AB'} \text{は共通} \end{cases}$

よって，
　△AA′B′ ≡ △B′BA
これから，
　∠A′AB = ∠BB′A

となり，入射波の波面と板とのなす角度と，反射波の波面と板とのなす角度は等しいことがわかる。

(4) ホイヘンスの原理を用いて屈折波の波面を作図する場合，境界面と波面との交点を中心にしてガラス板上での波長が短くなることに注意して 1 波長分の半径の素元波を描き，次の波面と境界面の交点から素元波に接線を引けばよい。

(5) 問題の本文のとおり。

2章 音波

基礎の基礎を固める！の答 ⇒本冊 p.55

7 ① 偶数 ② 奇数
③ 奇数 ④ 偶数

[解き方] 波源の位相が等しい場合，経路差が半波長の偶数倍(波長の整数倍)のとき，2つの波源から来る波の形が等しくなるので強め合い，半波長の奇数倍のときは，2つの波源から来る波の形が逆になるので弱め合う。

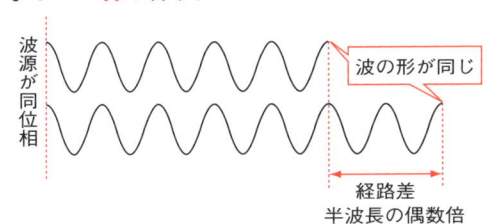

波源の位相が逆の場合，経路差が半波長の奇数倍のときに，2つの波源から来る波の形が等しくなるので強め合い，半波長の偶数倍のときには，2つの波源から来る波の形が逆になるので弱め合う。

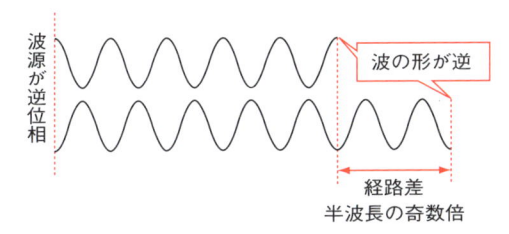

8 ⑤ 大きい ⑥ 小さい ⑦ 大きく
⑧ 小さく ⑨ ドップラー

[解き方] ドップラー効果では，音源と観測者が相対的に近づく場合は高い音(振動数の大きい音)を観測し，相対的に遠ざかるときには低い音(振動数の小さい音)を観測する。

9 ⑩ $f_0 \Delta t$ ⑪ $(V-v)\Delta t$
⑫ $\dfrac{V-v}{f_0}$ ⑬ V
⑭ $\dfrac{V}{V-v}f_0$

[解き方] 振動数 f_0 の音は，単位時間あたり f_0 個の波を出すので，Δt では $f_0 \Delta t$ 個の波を出す。Δt の間に音波は $V\Delta t$ 伝わり，音源は $v\Delta t$ 移動する。

$v < V$ より音源が音波を追い越すことはないので，$V\Delta t - v\Delta t$ の中に $f_0 \Delta t$ 個の波が含まれている。波1個の長さが波長 λ になることから，

$$\lambda = \frac{V\Delta t - v\Delta t}{f_0 \Delta t} = \frac{V-v}{f_0}$$

また，観測者は静止しており，観測者から見た音の伝わる速さは V である。波の基本式より

$$V = f\lambda$$

となるので，

$$f = \frac{V}{\lambda} = \frac{V}{V-v}f_0$$

10 ⑮ $f_0 \Delta t$ ⑯ $\dfrac{V}{f_0}$
⑰ $V+u$ ⑱ $\dfrac{V+u}{V}f_0$

[解き方] 音源が静止しているので，$V\Delta t$ の中に $f_0 \Delta t$ 個の波が含まれている。よって，音波の波長 λ は，

$$\lambda = \frac{V\Delta t}{f_0 \Delta t} = \frac{V}{f_0}$$

また，観測者が音源に向かって速さ u で運動しているので，観測者から見た音波の速さは $V+u$ である。
波の基本式より，$V+u = f\lambda$ となるので，

$$f = \frac{V+u}{\lambda} = \frac{V+u}{V}f_0$$

テストによく出る問題を解こう！の答 ⇒本冊 p.56

6 (1) $0.40\,\text{m}$ (2) $8.5 \times 10^2\,\text{Hz}$

[解き方] (1) 干渉によって強め合っている状態から経路差を変化させて再び強め合うまでには，経路差を波長 λ だけ変化させればよい。
管の右部分を $20\,\text{cm}$ 引き出したとき，経路差は，
$2 \times 0.20 = 0.40\,\text{[m]}$
変化したことになるので，クインケ管に加えた音の波長は $0.40\,\text{m}$ である。

(2) 音の伝わる速さは $340\,\text{m/s}$ であるから，クインケ管に加えた音の振動数 f は，波の基本式 $v = f\lambda$ より，

$$f = \frac{340}{0.40} = 850\,\text{[Hz]}$$

7 (1) **0.773 m** (2) **414 Hz**

解き方 (1) 波の基本式 $v = f\lambda$ より，
$$\lambda = \frac{v}{f} = \frac{340}{440}$$
$$= 0.7727 \text{ [m]}$$

(2) 観測者が音源から速さ 20 m/s で遠ざかるので，観測者が聞く音の振動数 f は，
$$f = \frac{340 - 20}{\lambda}$$
$$= \frac{340 - 20}{\frac{340}{440}}$$
$$= 414.1 \text{ [Hz]}$$

8 (1) **0.600 m** (2) **567 Hz**

解き方 (1) 観測者の場所における音波の波長 λ は，
$$\lambda = \frac{340 + 20}{600} = 0.600 \text{ [m]}$$

(2) 観測者が聞く音の振動数 f は，
$$f = \frac{V}{\lambda} = \frac{340}{0.600} = 566.7 \text{ [Hz]}$$

9 (1) **0.900 m** (2) **383 Hz**

解き方 (1) 観測者の位置における音波の波長 λ は，
$$\lambda = \frac{340 + 20}{400} = 0.900 \text{ [m]}$$

(2) 観測者が聞く音の振動数 f は，
$$f = \frac{340 + 5.0}{0.900} = 383.3 \text{ [Hz]}$$

10 (1) $\dfrac{V}{f_0}$ (2) $f\Delta t$

(3) $\dfrac{L}{V}$ (4) $\dfrac{L}{V} + \dfrac{V-v}{V}\Delta t$

(5) $\dfrac{V}{V-v}f$

解き方 (1) 波の基本式より，$\lambda = \dfrac{V}{f_0}$ となる。

(2) 振動数 f の音は，単位時間あたり f 個の波を出すので，Δt の間では $f\Delta t$ 個の波を出す。

(3) 音の伝わる速さが V であるから，距離 L 伝わるのにかかる時間は $\dfrac{L}{V}$ である。

(4) 時間 Δt の間に音源は $v\Delta t$ 進んでいるので，観測者までの距離は
$$L - v\Delta t$$
である。よってこの瞬間に出た音が，音源から観測者まで伝わるのにかかる時間は
$$\frac{L - v\Delta t}{V}$$
であるから，音を発した時刻が Δt であることを考えて，
$$t_2 = \Delta t + \frac{L - v\Delta t}{V}$$
$$= \frac{L}{V} + \frac{V - v}{V}\Delta t$$
と求められる。

(5) 音源が出した波の数と，観測者が聞く波の数が等しいことから，
$$f_B(t_2 - t_1) = f\Delta t$$
となるので，
$$f_B \times \frac{V - v}{V}\Delta t = f\Delta t$$
となり，
$$f_B = \frac{V}{V - v}f$$

テスト対策 **ドップラー効果**

ドップラー効果の問題を考えるとき，ドップラー効果の式
$$f = \frac{V - u}{V - v}f_0$$
を直接用いる場合もあるが，近年では，
① 観測者の場所の波長を求める。
② 観測者が観測する振動数を求める。
の順番で，この式を求めさせる場合もある。

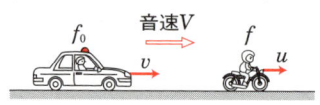

3章 光 波

基礎の基礎を固める！ の答 ➡本冊 p.60

11 ❶ **等しい** ❷ **反射**

解き方 光が反射するとき，入射角と反射角は等しい。これを**反射の法則**という。

12 ③ 屈折 ④ 相対 ⑤ 絶対

解き方 光が屈折するとき，屈折の法則に従う。光の屈折率には相対屈折率と絶対屈折率がある。絶対屈折率は，真空に対する屈折率である。

13 ⑥ 15 ⑦ 倒
⑧ 実 ⑨ 0.50

解き方 物体の位置 a と像の位置 b，焦点距離 f（凸レンズで正，凹レンズで負）として，写像公式は，

$$\frac{1}{a} + \frac{1}{b} = \frac{1}{f}$$

と表せる。
凸レンズなので，この式に $a = 30$，$f = 10$ を代入すると，

$$\frac{1}{30} + \frac{1}{b} = \frac{1}{10}$$

となり，
$$b = 15 \text{〔cm〕}$$

$b > 0$ であることから，倒立の実像であることがわかる。このときの倍率 M は，

$$M = \left| \frac{b}{a} \right|$$

なので，

$$M = \frac{15}{30} = 0.50$$

14 ⑩ 7.5 ⑪ 正
⑫ 虚 ⑬ 0.25

解き方 凹レンズなので，写像公式

$$\frac{1}{a} + \frac{1}{b} = \frac{1}{f}$$

に $a = 30$，$f = -10$ を代入すると，

$$\frac{1}{30} + \frac{1}{b} = -\frac{1}{10}$$

となり，
$$b = -7.5 \text{〔cm〕}$$

$b < 0$ であることから，正立の虚像であることがわかる。このときの倍率 M は，

$$M = \left| \frac{b}{a} \right| = \frac{7.5}{30} = 0.25$$

15 ⑭ $\dfrac{dx}{l}$ ⑮ $(2m+1)\dfrac{\lambda}{2}$

解き方 ヤングの実験における経路差は $\dfrac{dx}{l}$ である。スリットを通過する光の波の位相は同じなので，干渉によって弱め合う条件は，

$$\frac{dx}{l} = (2m+1)\frac{\lambda}{2}$$

（補足） ヤングの実験における経路差の求め方①
図のように，PA = PC とすれば，経路差は BC であることがわかる。
△ABC は ∠C を直角とする直角三角形と考えてよいので，BC = $d \sin\theta$ と求められる。
また，△OO'P より，

$$\tan\theta = \frac{x}{l}$$

θ が小さければ，$\tan\theta \fallingdotseq \sin\theta$ と近似できるので，

$$BC = d\sin\theta \fallingdotseq d\tan\theta = d\frac{x}{l}$$

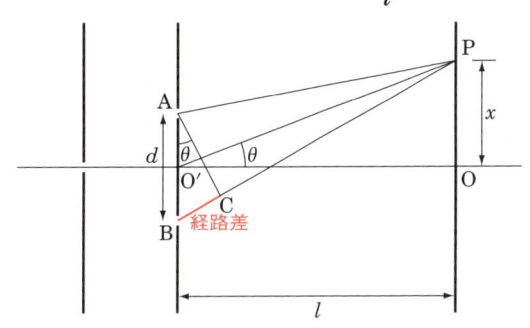

16 ⑯ $d\sin\theta$ ⑰ $m\lambda$

解き方 格子定数 d の回折格子において，入射方向と角 θ をなす方向に進む回折光の経路差 Δl は，

$$\Delta l = d\sin\theta$$

格子を通過する光の波の形は同じなので，回折格子による干渉で強め合う条件は，

$$\Delta l = m\lambda$$

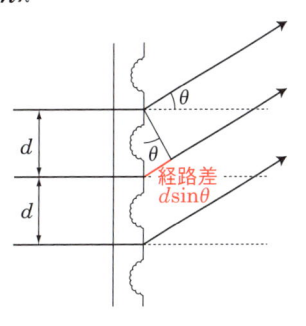

テストによく出る問題を解こう！の答 ⇒本冊 p.61

11 (1) $\theta_1 : 60°$ $\theta_2 : 60°$
  $\theta_3 : 30°$ $\theta_4 : 60°$

(2) 点Bでの屈折角をrと仮定すると，$\sin r = \dfrac{3}{2}$ となるので，これを満たすrは存在しない。ゆえに，点Bで全反射が起こり，空気中に出る光はない。

(3) 下図

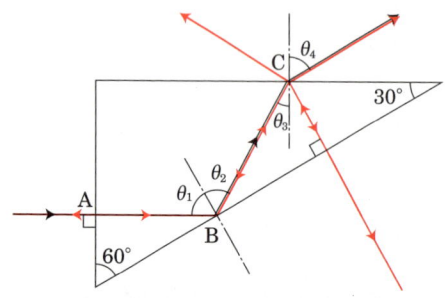

解き方 (1) 下図のように各点をとると，△ABQは直角三角形であり，∠QAB = 90°，∠BQA = 60° なので，
  ∠ABQ = 30°

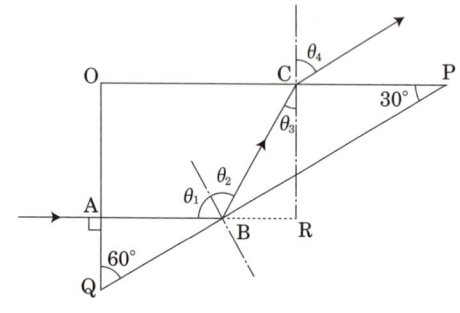

よって，
  $\theta_1 = 90° - 30° = 60°$
反射の法則より，
  $\theta_2 = \theta_1 = 60°$
△BCRは直角三角形であり，∠CBP = 30°，∠PBR = 30° となるので，
  $\theta_3 = 30°$
屈折の法則より，
  $\sqrt{3} \sin \theta_3 = \sin \theta_4$
であるから，
  $\sin \theta_4 = \sqrt{3} \times \sin 30°$
     $= \dfrac{\sqrt{3}}{2}$
よって，
  $\theta_4 = 60°$

(2) 点Bで空気中に出る光の屈折角をrとすれば，屈折の法則より，
  $\sqrt{3} \sin 60° = \sin r$
となるので，
  $\sin r = \sqrt{3} \times \dfrac{\sqrt{3}}{2} = \dfrac{3}{2}$
任意のθに対して $\sin \theta \leq 1$ であるから，これを満たす角度rは存在しない。よって，点Bで光は全反射し，空気中に出る光は存在しない。

(3) 点Cで反射する光の反射角は30° であるから，面PQに直角に入射する。そのため，面PQからまっすぐ光は直進して空気中に出る。また，反射する光は，光の逆進性から，もと来た道筋を戻ることになる。ただし，点Cでは空気中に出る光もあり，屈折角60° で進む。よって，解答の図のようになる。

テスト対策 屈折の法則

屈折率n_1 の媒質から屈折率n_2 の媒質に向かって，入射角i で入射した光の屈折角がrのとき，
  $\dfrac{\sin i}{\sin r} = \dfrac{n_2}{n_1}$
の関係式が成り立つ。これを**屈折の法則**という。この式は，
  $n_1 \sin i = n_2 \sin r$
と書き直すことができる。

12 (1) $n \sin \theta_1 = \sin \theta_2$ (2) $\tan \theta_1 = \dfrac{x}{d}$

(3) $\tan \theta_2 = \dfrac{x}{d'}$ (4) $\dfrac{d}{n}$

解き方 (1) 屈折の法則より，
  $n \sin \theta_1 = \sin \theta_2$

(2) △ABOは直角三角形なので，
  $\tan \theta_1 = \dfrac{x}{d}$

(3) △A′BOは直角三角形なので，
  $\tan \theta_2 = \dfrac{x}{d'}$

(4) $\theta_2 > \theta_1 > 0$ なので，$\sin \theta_2 \fallingdotseq \tan \theta_2$ が成り立つときには同時に $\sin \theta_1 \fallingdotseq \tan \theta_1$ も成立する。これらを用いれば，(1)の結果より
  $n \tan \theta_1 = \tan \theta_2$
となるので，

$$n\frac{x}{d} = \frac{x}{d'}$$

よって,
$$d' = \frac{d}{n}$$

13 (1) $1.3\sin i = \sin r$ (2) **0.77**

解き方 (1) 屈折の法則より,
$$1.3\sin i = \sin r$$

(2) $\sin r \leqq 1$ のときは空気中に伝わる屈折光が存在する。よって，全反射するための条件は，
$$1.3\sin i > 1$$
であるから，
$$\sin i > \frac{1}{1.3}$$
全反射しない $\sin i$ の最大値が $\sin i_0$ なので，
$$\sin i_0 = \frac{1}{1.3} = 0.769$$

14 (1) $\dfrac{f}{x-f}$ (2) $\dfrac{x'-f}{f}$

(3) $\dfrac{1}{x} + \dfrac{1}{x'} = \dfrac{1}{f}$ (4) 下図

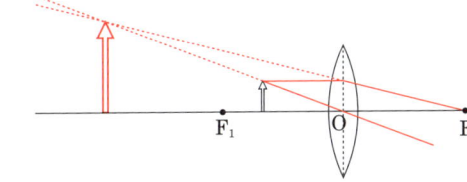

解き方 (1) △ABF₁ と △OO″F₁ は相似形であり，OO″ = h′ であるから，物体 AB の大きさに対する実像 A′B′ の大きさの比（倍率）M は，
$$M = \frac{h'}{h} = \frac{OO''}{AB} = \frac{OF_1}{AF_1} = \frac{f}{x-f}$$

(2) △A′B′F₂ と △OO′F₂ は相似形であり，また OO′ = h であるから，物体 AB の大きさに対する実像 A′B′ の大きさの比（倍率）M は，
$$M = \frac{h'}{h} = \frac{A'B'}{OO'} = \frac{A'F_2}{OF_2} = \frac{x'-f}{f}$$

(3) (1)と(2)の結果より，
$$\frac{f}{x-f} = \frac{x'-f}{f}$$
であるから，この式を変形すると，
$$x'f + xf = xx'$$
この両辺を $xx'f$ で割れば，
$$\frac{1}{x} + \frac{1}{x'} = \frac{1}{f}$$

(4) 光軸に平行に進む光は，レンズを通過後，焦点を通るように進む。レンズの中心を通る光は直進する。作図すると，この 2 本の光線はレンズを通過後交わることがないので，反対側に延長しその交点の位置に虚像を結ぶ。

15 (1) $d\sin\theta$

(2) $\dfrac{dx}{D}$

(3) $\dfrac{dx}{D} = m\lambda$

(4) $\dfrac{D\lambda}{d}$

(5) 点 O では経路差が 0 なので波長に関係なく強め合い，白色の明線ができる。点 O の隣にできる明線は，短い波長の光ほど点 O に近い場所で強め合うので，紫色（短波長の光）が点 O 側にくるようなスペクトルが見える。

解き方 (1) 格子定数 d の回折格子を通過した光が，入射方向から θ の方向に進むとき，その経路差は $d\sin\theta$ である。

(2) △OPQ は直角三角形なので，
$$\tan\theta = \frac{x}{D}$$
θ はじゅうぶん小さく
$$\sin\theta ≒ \tan\theta$$
が成り立つので，経路差は，
$$d\sin\theta ≒ d\tan\theta = d\frac{x}{D}$$

(3) 回折格子を通過する光の形（位相）は同じなので，点 Q で光が強め合う条件は，
$$\frac{dx}{D} = m\lambda$$

(4) 点 O では経路差が 0 なので明線ができる。明線は等間隔なので，点 O とその隣の明線（$m=1$）までの距離が明線の間隔 Δx になり，
$$\frac{d\Delta x}{D} = \lambda$$
よって，
$$\Delta x = \frac{D\lambda}{d}$$

(5) (3)より，明線の観測される位置は，
$$x = \frac{mD\lambda}{d}$$
$m = 0$ の場合は，波長 λ に関係なく $x = 0$ において強め合うので，すべての色の光はその場所で強め合い，白色光の明線ができる。
$m \neq 0$ の場合は，波長 λ によって強め合う場所がずれる。波長の短い光ほど x が小さくなるので，紫色が点 O 側にくるようなスペクトルが各明線の位置にできる。

16 (1) $\dfrac{2ax}{L}$ (2) $\dfrac{2ax}{L} = m\lambda$ (3) $\dfrac{L\lambda}{2a}$

解き方 (1) 経路差 $|l_1 - l_2|$ は，
$$|l_1 - l_2| = \frac{2ax}{L}$$

（補足） ヤングの実験における経路差の求め方②
三平方の定理より，l_1，l_2 は，
$l_1 = \sqrt{L^2 + (x-a)^2}$
$l_2 = \sqrt{L^2 + (x+a)^2}$
$|z| \ll 1$ のときに成り立つ近似式
$\sqrt{1+z} \fallingdotseq 1 + \dfrac{1}{2}z$ を用いれば，
$l_1 = L\sqrt{1 + \dfrac{(x-a)^2}{L^2}}$
$\fallingdotseq L\left\{1 + \dfrac{(x-a)^2}{2L^2}\right\}$
$l_2 = L\sqrt{1 + \dfrac{(x+a)^2}{L^2}}$
$\fallingdotseq L\left\{1 + \dfrac{(x+a)^2}{2L^2}\right\}$
よって，
$|l_1 - l_2|$
$= L\left\{1 + \dfrac{(x+a)^2}{2L^2}\right\} - L\left\{1 + \dfrac{(x-a)^2}{2L^2}\right\}$
$= \dfrac{2ax}{L}$

(2) 二重スリットから出る光の位相は同じなので，点 P に明るいしまの現れる条件は，
$$\frac{2ax}{L} = m\lambda$$

(3) 点 O から数えて最初の明るいしまの現れる位置 P_1 は $m = 1$ の位置であるから，(2)の結果を用いて，
$$\frac{2a \times \mathrm{OP}_1}{L} = \lambda$$

よって，
$$\mathrm{OP}_1 = \frac{L\lambda}{2a}$$

17 (1) $2d\cos\phi$

(2) $\dfrac{\lambda}{n}$

(3) $2d\sqrt{n^2 - \sin^2\theta} = (2m-1)\dfrac{\lambda}{2}$

(4) $(m-1)\dfrac{\lambda}{2n}$

解き方 (1) $\triangle$BCF $\equiv$ $\triangle$BEF であることから，BC = BE である。
よって，DB + BC は，
DB + BC = DB + BE = DE = $2d\cos\phi$

(2) **屈折率と波長は反比例**するので，屈折率 n の薄膜の中での光の波長は $\dfrac{\lambda}{n}$ である。

(3) $2d\cos\phi$ を θ を用いて書き直すために，**屈折の法則**
$$n\sin\phi = \sin\theta$$
を用いれば，
$$\cos\phi = \sqrt{1 - \sin^2\phi} = \frac{\sqrt{n^2 - \sin^2\theta}}{n}$$
よって，
$$2d\cos\phi = 2d\frac{\sqrt{n^2 - \sin^2\theta}}{n}$$
屈折率の大きい物質から屈折率の小さい物質に入射する光がその境界面で反射する場合には，反射光は入射光と位相が同じであるが，屈折率の小さい物質から大きい物質に入射する場合には反射光の位相が逆転するので，薄膜の表面での反射光と裏面での反射光とが互いに干渉して強め合うための条件は，m が 1 以上であることに注意して，
$$2d\frac{\sqrt{n^2 - \sin^2\theta}}{n} = (2m-1)\frac{\lambda}{2n}$$
よって，
$$2d\sqrt{n^2 - \sin^2\theta} = (2m-1)\frac{\lambda}{2}$$

(4) 光が薄膜に垂直に入射したときの経路差は，(1)に $d = d_1$，$\phi = 0°$ を代入して $2d_1$ である。
屈折率の大きい物質から屈折率の小さい物質に入射する光がその境界面で反射する場合には，

反射光は入射光と位相が同じであるが，逆の場合には反射光の位相が逆転するので，反射光が干渉して打ち消し合う条件は，
$$2d_1 = (m-1)\frac{\lambda}{n}$$
よって，
$$d_1 = (m-1)\frac{\lambda}{2n}$$

18 (1) $\dfrac{r^2}{2R}$　(2) $\dfrac{r_1{}^2}{R}$　(3) λ
(4) $\sqrt{r_1{}^2 + R\lambda}$

解き方 (1) 空気層の厚さ d は $\triangle$O'BA より，
$$d = R - \sqrt{R^2 - r^2}$$
ここで，$|z| \ll 1$ のときに成り立つ近似式
$$\sqrt{1+z} \fallingdotseq 1 + \frac{1}{2}z$$
を用いれば，
$$d \fallingdotseq R - R\left(1 - \frac{r^2}{2R^2}\right) = \frac{r^2}{2R}$$

(2) 経路差は空気層の厚さの 2 倍になるので，
$$2 \times \frac{r_1{}^2}{2R} = \frac{r_1{}^2}{R}$$

(3) 隣り合う明環の位置におけるそれぞれの反射光の経路差の差は λ である。

(4) 半径 r_1 の明環のすぐ外側の明環の半径を r_2 とすれば，
$$\frac{r_2{}^2}{R} - \frac{r_1{}^2}{R} = \lambda$$
となるので，
$$r_2 = \sqrt{r_1{}^2 + R\lambda}$$

テスト対策 光の干渉

干渉の問題を考えるときには，次の順に考えればよい。
① 経路差(光路差)を求める。
　経路差の求め方には，いろいろな方法があるので，くり返し行って習得しておくとよい。
② 干渉の条件を考える。
　波源の性質や，通過する媒質の性質，位相の変化を考慮して，強め合う条件や弱め合う条件を考える。

入試問題にチャレンジ！ の答　⇒本冊 *p.66*

1 (1) $\dfrac{1}{f}$　(2) $\dfrac{v}{f}$　(3) $\dfrac{x}{v}$
(4) $A\sin 2\pi f\left(t - \dfrac{x}{v}\right)$

解き方 (1) 周期と振動数の定義より，
$$T = \frac{1}{f}$$

(2) 波の基本式 $v = f\lambda$ より，
$$\lambda = \frac{v}{f}$$

(3) P 点までの距離は x なので，
$$t_1 = \frac{x}{v}$$

(4) 左端から P 点まで波が伝わるのにかかる時間が $\dfrac{x}{v}$ であるから，P の位置における波の変位を表す数式は，
$$y = A\sin 2\pi f\left(t - \frac{x}{v}\right)$$

2 (1) 6
(2) $\dfrac{\lambda_1}{4}$, $\dfrac{3\lambda_1}{4}$, $\dfrac{5\lambda_1}{4}$,
$\dfrac{7\lambda_1}{4}$, $\dfrac{9\lambda_1}{4}$, $\dfrac{11\lambda_1}{4}$

(3) $|S_1P - S_2P| = (2m+1)\dfrac{\lambda_1}{2}$
$(m = 0, 1, 2, \cdots)$

(4) 谷
(5) 点 D

解き方 (1)(2) 線分 S_1S_2 間には定常波ができる。S_1 と S_2 は腹になり，腹から隣の節までの距離は $\dfrac{\lambda_1}{4}$，隣どうしの節と節の間隔は $\dfrac{\lambda_1}{2}$ である。

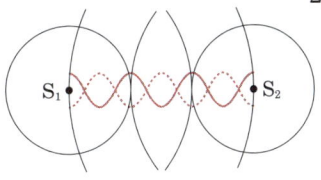

よって S_1S_2 間の節の位置は，S_1 から $\dfrac{\lambda_1}{4}$, $\dfrac{3\lambda_1}{4}$, $\dfrac{5\lambda_1}{4}$, $\dfrac{7\lambda_1}{4}$, $\dfrac{9\lambda_1}{4}$, $\dfrac{11\lambda_1}{4}$ の 6 か所である。

(3) 波源 S_1 と S_2 の位相が等しいので，節(弱め合う)になる条件は，$m = 0, 1, 2, \cdots$ として，
$$|S_1P - S_2P| = (2m + 1)\frac{\lambda_1}{2}$$

(4) 波源 S_1 と S_2 からの波がどちらも谷なので，強め合ってより深い谷となる。

(5) 周期 T_1 の間に腹線上を1波長分伝わるので，点 D に移動する。
下図には，参考のために谷を破線で示してある。点 D は点 Q にある谷の波面の1波長分外側の谷の波面の交点になっている。

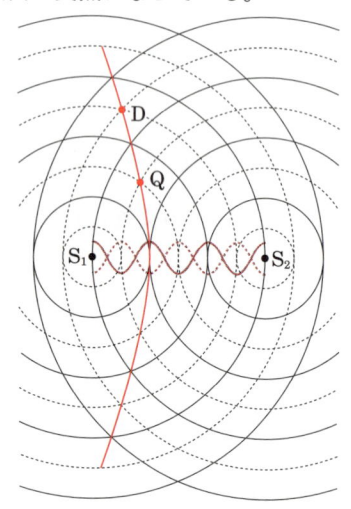

③ (1) $\dfrac{V+v}{V}f$

(2) $\dfrac{(V-v)V}{(V+v)f}$

(3) $\dfrac{V+v}{V-v}f$

(4) $\dfrac{V-v}{2vf}$

解き方 (1) 音波の波長 λ_1 は，
$$\lambda_1 = \frac{V}{f}$$
である。反射板を通過する1秒間の波の長さは $V + v$ であるから，1秒間に通過した波の数，すなわち振動数 f_R は，
$$f_R = \frac{V+v}{\lambda_1} = \frac{V+v}{V}f$$

(2) 反射波は長さ $V - v$ の中に f_R 個の波が含まれているので，波長 λ_S は，
$$\lambda_S = \frac{V-v}{f_R} = \frac{(V-v)V}{(V+v)f}$$

(3) 波の基本式より，$V = f_S\lambda_S$ となるので，
$$f_S = \frac{V}{\lambda_S} = \frac{V+v}{V-v}f$$

(4) 観測者が聞く1秒間のうなりの回数 N_B は，
$$N_B = \frac{V+v}{V-v}f - f$$
$$= \frac{2v}{V-v}f$$
となる。よって，観測者が聞くうなりの周期 T_B は，
$$T_B = \frac{1}{N_B} = \frac{V-v}{2vf}$$

④ (1) $\dfrac{dx}{L}$

(2) $\dfrac{dx}{L} = m\lambda$ （m は整数）

(3) $\dfrac{d(x + \Delta x)}{L} - (n-1)s = m\lambda$
$\hspace{5em}$ （m は整数）

(4) 上に $\dfrac{(n-1)sL}{d}$ 移動する

解き方 (1) 経路差 $BP - AP$ は三平方の定理より，
$BP - AP$
$= \sqrt{L^2 + \left(x + \dfrac{d}{2}\right)^2} - \sqrt{L^2 + \left(x - \dfrac{d}{2}\right)^2}$
$= L\sqrt{1 + \dfrac{\left(x + \dfrac{d}{2}\right)^2}{L^2}} - L\sqrt{1 + \dfrac{\left(x - \dfrac{d}{2}\right)^2}{L^2}}$
$\fallingdotseq L\left\{1 + \dfrac{\left(x + \dfrac{d}{2}\right)^2}{2L^2}\right\} - L\left\{1 + \dfrac{\left(x - \dfrac{d}{2}\right)^2}{2L^2}\right\}$
$= \dfrac{dx}{L}$

(2) スリット A，B から出る光の位相が等しければよいので，点 P に明線の出る条件は，
$$\frac{dx}{L} = 2m \cdot \frac{\lambda}{2} = m\lambda \quad (m \text{ は整数})$$
となる。

(3) スリット A，B に来る前に光路差ができ，スリット A を通る光のほうが長い。その光路差は
$$ns - s = (n-1)s$$
なので，スリット A，B を通過したあと B を出た光の経路長がこの光路差だけ長くなればよい。

よって，m を整数として，
$$BP' - AP' = m\lambda + (n-1)s$$
となり，
$$\frac{d(x+\Delta x)}{L} - (n-1)s = m\lambda$$
と求められる。

(4) (2)と(3)より，
$$\frac{d\Delta x}{L} = (n-1)s$$
となるので，
$$\Delta x = \frac{(n-1)sL}{d}$$
と求められる。$\Delta x > 0$ であることから，明線の位置は上にずれる。

5 (1) 下図

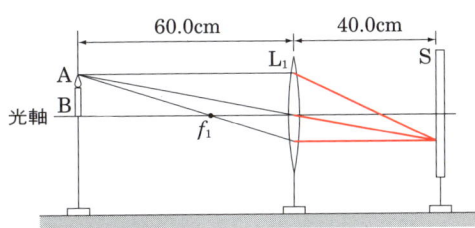

(2) **倒立の実像**
(3) **24.0 cm**
(4) **0.667倍**
(5) **形や大きさは変わらず暗くなる。**
(6) **倒立の実像**
(7) 下図

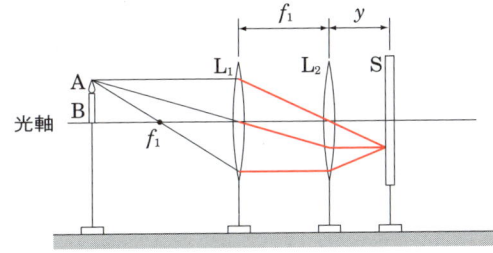

解き方 (1) レンズの中心を通る光は直進する。レンズの前方の焦点を通ってきた光はレンズを通過した後光軸に平行に進む。その2本の光線はスクリーン上で交わる。レンズ後方の焦点が与えられていないため，その交点に，光軸に平行に進んできた光線が来るように描く。
(2) スクリーン上で光が1点に交わるので，実像ができる。また，図から倒立していることがわかる。

(3) レンズの式より，
$$\frac{1}{60.0} + \frac{1}{40.0} = \frac{1}{f_1}$$
となるので，
$$f_1 = 24.0 \text{[cm]}$$
(4) 倍率を求める式より，
$$\left|\frac{40.0}{60.0}\right| = 0.6667 \text{[倍]}$$
(5) レンズの上半分を覆っても像の形や大きさには変化はないが，光の量が少なくなるため暗くなる。
(6) スクリーン上で光が1点で交わるので，実像ができる。また，(7)で描く図から倒立していることがわかる。
(7) 2つの凸レンズの焦点距離が等しく，凸レンズ間の距離が焦点距離に等しいので，凸レンズ L_1 の焦点の1つは凸レンズ L_2 の中心，L_2 の焦点の1つは L_1 の中心にある。
よって，Aから水平に進んできた光は，L_1 を通過したあと L_2 の中心を通り，そのまま直進してスクリーンに到達する。
また，L_1 の中心を通ってきた光は，L_2 を通ったあと，水平に進んでスクリーンに到達する。
Aから出たあと，L_1 よりも手前で焦点を通った光は，L_1 を通過したあと水平に進み，L_2 で屈折してスクリーン上の像の位置に進む。

6 (1) **分散**
(2) $\dfrac{\sin\theta_1}{n}$
(3) $\alpha - \theta_2$

解き方 (1) プリズムなどによって白色光が虹色に分かれる現象を分散とよぶ。
(2) 屈折の法則より，
$$\frac{\sin\theta_1}{\sin\theta_2} = n$$
となるので，
$$\sin\theta_2 = \frac{\sin\theta_1}{n}$$
(3) 三角形の内角の和が $180°$ になることから，
$$\alpha + (90° - \theta_2) + (90° - \beta) = 180°$$
となり，
$$\beta = \alpha - \theta_2$$

7 (1) $\dfrac{\sin\alpha}{\sin\beta}$ (2) $\dfrac{\lambda_1}{\lambda_2}$ (3) $\dfrac{\sin\alpha}{\sin\beta} = \dfrac{\lambda_1}{\lambda_2}$

(4) 解き方参照

(5) $\sqrt{1-\sin^2\beta}$ (6) $\sqrt{1-\dfrac{\sin^2\alpha}{n^2}}$

(7) $2d\sqrt{n^2-\sin^2\alpha}$

(8) $2d\sqrt{n^2-\sin^2\alpha} = m\lambda_1$ $(m=0, 1, 2, \cdots)$

解き方 (1) 屈折の法則より,

$$n = \dfrac{\sin\alpha}{\sin\beta}$$

(2) 屈折率と波長の関係から,

$$n = \dfrac{\lambda_1}{\lambda_2}$$

(3) (1), (2)より,

$$\dfrac{\sin\alpha}{\sin\beta} = \dfrac{\lambda_1}{\lambda_2}$$

(4) 図より, $\sin\alpha = \dfrac{\text{EA}}{\text{AB}}$, $\sin\beta = \dfrac{\text{BD}}{\text{AB}}$ であるから, $\text{EA} = \text{AB}\sin\alpha$, $\text{BD} = \text{AB}\sin\beta$ である。EA に入る波の数は,

$$\dfrac{\text{EA}}{\lambda_1} = \dfrac{\text{AB}\sin\alpha}{\lambda_1}$$

となり, BD に入る波の数は,

$$\dfrac{\text{BD}}{\lambda_2} = \dfrac{\text{AB}\sin\beta}{\lambda_2}$$

となる。ここで(3)より,

$$\dfrac{\sin\alpha}{\lambda_1} = \dfrac{\sin\beta}{\lambda_2}$$

となるので,

$$\dfrac{\text{EA}}{\lambda_1} = \dfrac{\text{BD}}{\lambda_2}$$

となり, 経路 BD と経路 EA は, 2つの光波の伝搬において, 同じ位相変化を与える。

(5)(6) (1)と $\sin^2\beta + \cos^2\beta = 1$, $\cos\beta > 0$ より,

$$\cos\beta = \sqrt{1-\sin^2\beta} = \sqrt{1-\dfrac{\sin^2\alpha}{n^2}}$$

(7) 薄膜の光路差は $2nd\cos\beta$ なので, (5)より,

$$2nd\cos\beta = 2nd\sqrt{1-\dfrac{\sin^2\alpha}{n^2}}$$
$$= 2d\sqrt{n^2-\sin^2\alpha}$$

(8) A 点で反射した光の位相が π ずれるので, 暗く見える条件は, 光路差が波長の整数倍のときである。よって, 0以上の整数 m を使って,

$$2d\sqrt{n^2-\sin^2\alpha} = m\lambda_1$$

4編 電気と磁気

1章 電場と電位

基礎の基礎を固める！の答　⇒本冊 p.71

1 ❶ 反発力(斥力)　❷ 反発力(斥力)
　❸ 引力

解き方 静電気力は, 同種の電荷どうしでは反発力(斥力), 異種の電荷どうしでは引力になる。

2 ❹ 1.2

解き方 クーロンの法則より, 電気量 q_1, q_2 で, 距離 r 離れた2つの電荷間の静電気力 F は, 比例定数 k を用いて $F = k\dfrac{q_1 q_2}{r^2}$ と表せるので,

$$F = 9.0\times 10^9 \times \dfrac{3.0\times 10^{-6} \times 4.0\times 10^{-6}}{0.30^2}$$
$$= 1.2\,[\text{N}]$$

3 ❺ 2.5×10^5　❻ 逆

解き方 電荷が電場からうける静電気力は, 電荷の電気量×電場の強さである。よって, 求める電場を E として,

　　$0.60 = 2.4\times 10^{-6} E$

となり,

$$E = \dfrac{0.60}{2.4\times 10^{-6}}$$
$$= 2.5\times 10^5\,[\text{N/C}]$$

$\vec{F} = q\vec{E}$ より, $q > 0$ のとき $\vec{F}$ と $\vec{E}$ の向きは同じであり, $q < 0$ のとき $\vec{F}$ と $\vec{E}$ の向きは逆である。点電荷が負なので, 電場の向きは点電荷にはたらく静電気力の向きと逆である。

4 ❼ 3.0×10^5

解き方 電気量 q の点電荷が距離 r 離れた位置につくる電場の大きさ E は, 比例定数 k を用いて

$$E = k\dfrac{q}{r^2}$$

と表せるので,

$$E = 9.0\times 10^9 \times \dfrac{3.0\times 10^{-6}}{0.30^2}$$
$$= 3.0\times 10^5\,[\text{N/C}]$$

5 ⑧ **20**

解き方 一様な電場内にある2点間の電位差は，電場の強さ×電気力線に沿った距離なので，求める電場を E とすると，

$$E = \frac{10}{0.50} = 20 \text{〔V/m〕}$$

6 ⑨ **2.0×10^{-3}**

解き方 静電気力が電荷を移動させるときにする仕事は，電荷の電気量×電位差なので，求める仕事を W として，

$$W = 4.0 \times 10^{-5} \times 50 = 2.0 \times 10^{-3} \text{〔J〕}$$

7 ⑩ **3.0×10^{4}**

解き方 電気量 q の点電荷が距離 r 離れた位置につくる電位 V は，比例定数 k を用いて

$$V = k\frac{q}{r}$$

と表せるので，

$$V = 9.0 \times 10^{9} \times \frac{2.0 \times 10^{-6}}{0.60} = 3.0 \times 10^{4} \text{〔V〕}$$

テストによく出る問題を解こう！ の答　⇒本冊 p.72

1 (1) $mg\tan\theta$

(2) $\pm 2l\sin\theta\sqrt{\dfrac{mg\tan\theta}{k}}$

解き方 (1) 導体球にはたらく力は，重力と張力，静電気力の3力である。導体球が静止していることから，この3力はつり合っている。静電気力が水平方向を，重力が鉛直方向を向いていることから，張力の大きさを T，静電気力の大きさを F とすると水平方向の力のつり合いの式は，

$$F = T\sin\theta$$

となり，鉛直方向の力のつり合いの式は，

$$T\cos\theta = mg$$

となる。この2式より，

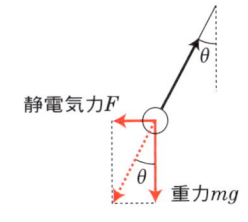

$$F = mg\tan\theta$$

(2) クーロンの法則より，電気量を q として

$$mg\tan\theta = k\frac{q^2}{(2l\sin\theta)^2}$$

となるので，

$$q^2 = \frac{mg\tan\theta \times (2l\sin\theta)^2}{k}$$

となり，

$$q = \pm 2l\sin\theta\sqrt{\frac{mg\tan\theta}{k}}$$

テスト対策　クーロンの法則

q_1〔C〕と q_2〔C〕の点電荷が距離 r〔m〕離れて置かれているとき，点電荷にはたらく力の大きさ F〔N〕は，

$$F = k\frac{q_1 q_2}{r^2}$$

である。k〔N・m²/C²〕をクーロンの法則の比例定数という。q_1，q_2 に符号を含めて計算したとき，$F > 0$ のときは反発力で，$F < 0$ のときは引力になる。

---

2 (1) $\begin{cases} \dfrac{q_1 - 2\sqrt{q_1 q_2} + q_2}{q_1 - q_2}a & (q_1 \neq q_2) \\ 0 & (q_1 = q_2) \end{cases}$

(2) **0**

解き方 (1) 電場の強さが0になる x 軸上の点の座標を x とすれば，x において電場の向きが反対で大きさが等しければよいことから，求める点はAとBの間にあり，

$$k\frac{q_1}{(a+x)^2} = k\frac{q_2}{(a-x)^2}$$

が成り立つ。これから，

$$(q_2 - q_1)x^2 + 2(q_1 + q_2)ax + (q_2 - q_1)a^2 = 0 \quad \cdots\cdots \boxed{1}$$

となる。

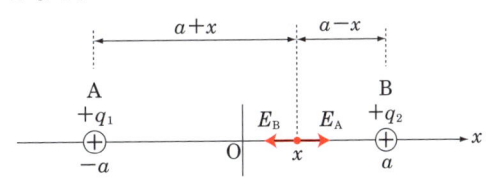

$\boxed{1}$式と解の公式より，$q_1 \neq q_2$ のとき，

$$x = -\frac{q_1 + q_2}{q_2 - q_1}a \pm \sqrt{\left(\frac{q_1 + q_2}{q_2 - q_1}a\right)^2 - a^2}$$

$$= \frac{\{(q_1 + q_2) \pm 2\sqrt{q_1 q_2}\}a}{q_1 - q_2}$$

であり，$-a < x < a$ であることから，
$$x = \frac{q_1 - 2\sqrt{q_1 q_2} + q_2}{q_1 - q_2}a$$
と求められる。
また，$q_1 = q_2$ のとき，①式より
$$2(q_1 + q_2)ax = 0$$
よって，
$$x = 0$$

(2) 電場の強さが0であるから，$F = qE$ より，この点に置かれた電荷にはたらく力の大きさも0である。

テスト対策 点電荷のつくる電場

q〔C〕の点電荷から距離 r〔m〕の点に点電荷がつくる電場の強さ E〔N/C〕は，

$$E = k\frac{q}{r^2}$$

である。k〔N・m²/C²〕はクーロンの法則の比例定数である。

$q > 0$ のとき，電場の向きは点電荷から出ていく向きに，$q < 0$ のときは点電荷に入っていく向きである。

---

3 (1) 強さ：$\dfrac{8kq}{r^2}$　向き：A→B

(2) 0

(3) 大きさ：$\dfrac{8kqQ}{r^2}$　向き：B→A

(4) $\dfrac{8kqQ}{3r}$

解き方 (1) 点電荷 A が中点 O につくる電場の強さ E_A〔N/C〕は，

$$E_A = k\frac{q}{\left(\frac{r}{2}\right)^2} = \frac{4kq}{r^2}$$

であり，向きは A→B である。点電荷 B が中点 O につくる電場の強さ E_B〔N/C〕は，

$$E_B = k\frac{q}{\left(\frac{r}{2}\right)^2} = \frac{4kq}{r^2}$$

で，向きは A→B である。よって，点電荷 A，B による中点 O の電場の強さ E_O〔N/C〕は，

$$E_O = E_A + E_B$$
$$= \frac{4kq}{r^2} + \frac{4kq}{r^2}$$
$$= \frac{8kq}{r^2}$$

また，電場の向きは A→B の向きである。

(2) 点電荷 A による点 O の電位 V_A〔V〕は，

$$V_A = k\frac{q}{\frac{r}{2}} = \frac{2kq}{r}$$

であり，点電荷 B による点 O の電位 V_B〔V〕は，

$$V_B = k\frac{-q}{\frac{r}{2}} = -\frac{2kq}{r}$$

である。よって，点電荷 A，B による点 O の電位 V_O〔V〕は，

$$V_O = V_A + V_B$$
$$= \frac{2kq}{r} + \left(-\frac{2kq}{r}\right)$$
$$= 0$$

(3) $F = qE$ より，点電荷 C にはたらく力の大きさ F〔N〕は，

$$F = \left|-Q \times \frac{8kq}{r^2}\right|$$
$$= \frac{8kqQ}{r^2}$$

また，力の向きは，点電荷が負なので，電場と逆向きであり，電場の向きが A→B の向きであることから，B→A の向きであることがわかる。

(4) 点電荷 A による点 P の電位 V_{PA}〔V〕は，

$$V_{PA} = k\frac{q}{\frac{3r}{4}} = \frac{4kq}{3r}$$

であり，点電荷 B による点 P の電位 V_{PB}〔V〕は，

$$V_{PB} = k\frac{-q}{\frac{r}{4}} = -\frac{4kq}{r}$$

である。よって，点電荷 A，B による点 P の電位 V_P〔V〕は，

$$V_P = V_{PA} + V_{PB} = \frac{4kq}{3r} + \left(-\frac{4kq}{r}\right)$$
$$= -\frac{8kq}{3r}$$

である。よって，電位の定義式 $W = qV$ より，点Oから点Pまで，点電荷Cを移動させるために加える力のした仕事 W 〔J〕は，

$$W = -Q \times (V_P - V_O)$$
$$= -Q \times \left(-\frac{8kq}{3r}\right)$$
$$= \frac{8kqQ}{3r}$$

と求められる。

テスト対策　点電荷による電場と電位

複数の点電荷が存在しているとき，

① **電場を求める場合**

電場はベクトルなので，各点電荷のつくる電場の向きを考えて，ベクトル和を計算しなければならない。

② **電位を求める場合**

電位はスカラーなので，それぞれの点電荷による電位を単純に足し合わせればよい。

---

4 (1) 大きさ：qE
　　　向き：電場と逆向き

(2) $\dfrac{W}{q}$

(3) $\sqrt{\dfrac{2qV}{m}}$

解き方 (1) $\vec{F} = q\vec{E}$ より，点電荷が電場から受ける力の大きさ F〔N〕は，

$$F = |-qE| = qE$$

また，力の向きは，電荷が負なので電場と逆向きである。

(2) $W = qV$ より，AB間の電位差を V〔V〕とすれば，

$$V = \left|\frac{W}{-q}\right| = \frac{W}{q}$$

(3) 点電荷がC点を通過するときの速さを v〔m/s〕とすれば，エネルギーの原理より，

$$\frac{1}{2}mv^2 = qV$$

となるので，

$$v = \sqrt{\frac{2qV}{m}}$$

2章　静電誘導とコンデンサー

基礎の基礎を固める！ の答　➡本冊 $p.75$

8 ❶ 負（−）　❷ 正（+）　❸ 静電誘導

解き方 導体に正の電荷を近づけると，導体内の自由電子が引力を受けるため，導体の帯電体の近い側は負（−）に帯電し，反対側は正（+）に帯電する。この現象を静電誘導という。

9 ❹ 0　❺ 等しく

解き方 静電誘導がおこると，導体中の電場は，移動した自由電子のつくりだした電場によって打ち消され0になる。そのため，導体中の電位はどの場所でも等しい。

10 ❻ 電位差（電圧）　❼ 電気容量
　　❽ ファラド

解き方 コンデンサーにたくわえられる電気量は，コンデンサー両端の電位差に比例する。電位差1Vあたりにたくわえられる電気量を電気容量といい，単位 C/V（クーロン毎ボルト）または F（ファラド）で表す。

11 ❾ 3.0×10^{-5}

解き方 コンデンサーにたくわえられる電荷は，電気容量×電位差なので，求める電荷を Q として，

$$Q = 1.5 \times 10^{-6} \times 20 = 3.0 \times 10^{-5} \text{〔C〕}$$

12 ❿ 面積　⓫ 極板間の距離　⓬ 誘電率

解き方 平行平板コンデンサーの電気容量は，極板の面積に比例し，極板間距離に反比例する。この比例定数を誘電率といい，極板間の物質で決まる。

13 ⓭ 1.2×10^{-12}

解き方 極板の面積 S，極板間距離 d，誘電率 ε の平行板コンデンサーの電気容量 C の式

$$C = \varepsilon \frac{S}{d}$$

より，

$$C = \varepsilon \frac{S}{d} = 8.9 \times 10^{-12} \times \frac{3.9 \times 10^{-5}}{3.0 \times 10^{-4}}$$
$$= 11.6 \times 10^{-12} \text{〔F〕}$$

14 ⑭ 4.4×10^{-12}

[解き方] 物質の誘電率は**真空の誘電率 ε_0 × 物質の比誘電率 ε_r** なので，求める電気容量を C として，

$$C = \varepsilon_0 \varepsilon_r \frac{S}{d} = 8.9 \times 10^{-12} \times 7.5 \times \frac{5.3 \times 10^{-6}}{8.0 \times 10^{-5}}$$
$$= 4.4 \times 10^{-12} \text{ (F)}$$

15 ⑮ 1.30×10^{-5}

[解き方] 電気容量 C_1, C_2 のコンデンサーを並列接続した場合の合成容量 C は，

$$C = C_1 + C_2$$

で与えられるので，

$$C = 4.0 \times 10^{-6} + 9.0 \times 10^{-6}$$
$$= 1.30 \times 10^{-5} \text{ (F)}$$

16 ⑯ 2.4×10^{-6}

[解き方] 電気容量 C_1, C_2 のコンデンサーを直列接続した場合の合成容量 C は，

$$\frac{1}{C} = \frac{1}{C_1} + \frac{1}{C_2}$$

であるから，

$$\frac{1}{C} = \frac{1}{4.0 \times 10^{-6}} + \frac{1}{6.0 \times 10^{-6}}$$

となるので，

$$C = \frac{4.0 \times 10^{-6} \times 6.0 \times 10^{-6}}{4.0 \times 10^{-6} + 6.0 \times 10^{-6}}$$
$$= 2.4 \times 10^{-6} \text{ (F)}$$

17 ⑰ 1.50×10^3

[解き方] コンデンサーを直列に接続すると，それぞれに同量の電荷がたくわえられる。よって，電気容量の小さいコンデンサーが先に 1000 V に達する。ここで 2.0×10^{-6} F のコンデンサーにかかる電圧が 1000 V になったとき，コンデンサーにたくわえられる電荷 Q (C) は，

$$Q = 2.0 \times 10^{-6} \times 1000 = 2.0 \times 10^{-3} \text{ (C)}$$

となるので，そのとき 4.0×10^{-6} F のコンデンサーにかかる電圧 V_2 (V) は，

$$2.0 \times 10^{-3} = 4.0 \times 10^{-6} \times V_2$$

より，

$$V_2 = \frac{2.0 \times 10^{-3}}{4.0 \times 10^{-6}} = 5.0 \times 10^2 \text{ (V)}$$

と求められる。よって，全体にかかる電圧 V (V) は，

$$V = 1000 + 5.0 \times 10^2 = 1.50 \times 10^3 \text{ (V)}$$

18 ⑱ 9.0×10^{-4}

[解き方] コンデンサーにたくわえられるエネルギー U は，電気容量 C と電位差 V で $U = \dfrac{1}{2}CV^2$ と表せるので，

$$U = \frac{1}{2} \times 2.0 \times 10^{-6} \times 30^2$$
$$= 9.0 \times 10^{-4} \text{ (J)}$$

19 ⑲ 2.3×10^{-5}

[解き方] 電池のやりとりした電気量は，コンデンサーにたくわえられる電荷 Q (C) に等しく，

$$Q = 2.5 \times 10^{-6} \times 3.0 = 7.5 \times 10^{-6} \text{ (C)}$$

である。ここで，電池のする仕事 W は**やりとりした電気量 Q × 電圧 V** なので，

$$W = 7.5 \times 10^{-6} \times 3.0 = 2.25 \times 10^{-5} \text{ (J)}$$

（補足）この実験で電池のした仕事のうち，コンデンサーにたくわえられたエネルギー以外は，回路のジュール熱として消費される。

テストによく出る問題を解こう！ の答 ⇒本冊 p.77

5 (1) はくは開く。
理由：エボナイト棒の負電荷に反発した自由電子がはくの部分に集まり，2枚のはくに反発力（斥力）がはたらきはくが開くから。

(2) はくは開く。
理由：ガラス棒の正電荷に自由電子が引き寄せられて，はくの部分にはイオン化した原子が残る。2枚のはくが正に帯電するため反発力がはたらきはくが開くから。

(3) はくは動かない。
理由：金網の表面に，内部の電場を打ち消すように電荷が分布する。そのため，外部の電場の影響を受けず，はくが動かないから。

(4) はじめはくは開いているが，金属板部分に指を触れるとはくは閉じる。さらに，指を離してもはくは閉じたままであるが，エボナイト棒を遠ざけるとはくが開く。

理由：エボナイト棒を近づけると自由電子がはくに移動するのではくは開く。金属板部分に指を触れると，はくに移動していた自由電子は人間の体を通ってさらに遠くへ移動するのではくに現れていた電荷が消え，はくが閉じる。指を離してもはくは閉じたままであるが，エボナイト棒を遠ざけると自由電子は一様に分布するようになるため，全体が正に帯電してはくが開くから。

6 (1) $\dfrac{C_1(C_2+C_3)}{C_1+C_2+C_3}$

(2) $\dfrac{C_1(C_2+C_3)}{C_1+C_2+C_3}V$

(3) $\dfrac{C_1{}^2 C_2 V^2}{2(C_1+C_2+C_3)^2}$

解き方 (1) コンデンサー C_2 と C_3 が**並列**に接続されているので，C_2 と C_3 の合成容量 C_{23}〔F〕は，
$$C_{23}=C_2+C_3$$
である。
C_1 と電気容量 C_{23} のコンデンサーが直列に接続されているとみなせるので，3つのコンデンサーの**合成容量** C〔F〕は，
$$\dfrac{1}{C}=\dfrac{1}{C_1}+\dfrac{1}{C_{23}}=\dfrac{1}{C_1}+\dfrac{1}{C_2+C_3}$$
よって，
$$C=\dfrac{C_1(C_2+C_3)}{C_1+C_2+C_3}$$

(2) C_1 にたくわえられる電荷 Q_1〔C〕は，
$$Q_1=CV=\dfrac{C_1(C_2+C_3)}{C_1+C_2+C_3}V$$
である。

(3) (2)の結果より，C_1 にかかる電圧 V_1〔V〕は，
$$\dfrac{C_1(C_2+C_3)}{C_1+C_2+C_3}V=C_1V_1$$
より，
$$V_1=\dfrac{C_2+C_3}{C_1+C_2+C_3}V$$
となるので，C_2 にかかる電圧 V_2〔V〕は，キルヒホッフの第2法則
$$V=V_1+V_2$$
より，

$$V=\dfrac{C_2+C_3}{C_1+C_2+C_3}V+V_2$$
となり，
$$V_2=V-\dfrac{C_2+C_3}{C_1+C_2+C_3}V$$
$$=\dfrac{C_1}{C_1+C_2+C_3}V$$
と求められる。よって，C_2 にたくわえられる静電エネルギー U_2〔J〕は，
$$U_2=\dfrac{1}{2}C_2V_2{}^2$$
$$=\dfrac{1}{2}C_2\times\left(\dfrac{C_1}{C_1+C_2+C_3}V\right)^2$$
$$=\dfrac{C_1{}^2 C_2 V^2}{2(C_1+C_2+C_3)^2}$$

テスト対策 コンデンサーの合成容量

①コンデンサーの並列接続

電気容量 C_1，C_2，C_3，… のコンデンサーを並列接続したとき，全体にたくわえられる電荷 Q は，各コンデンサーにたくわえられる電荷 Q_1，Q_2，Q_3，… の和なので，
$$Q=Q_1+Q_2+Q_3+\cdots$$
となる。
それぞれのコンデンサーに加わる電圧は等しいので，全体の合成容量 C は，
$$CV=C_1V+C_2V+C_3V+\cdots$$
$$C=C_1+C_2+C_3+\cdots$$
と表せる。

②コンデンサーの直列接続

電気容量 C_1，C_2，C_3，… の放電されたコンデンサーを直列接続したとき，回路全体に加わる電圧 V は，各コンデンサーに加わる電圧 V_1，V_2，V_3，… の和なので，
$$V=V_1+V_2+V_3+\cdots$$
となる。
それぞれのコンデンサーに流れる電流は等しく，どのコンデンサーにも同じ量の電荷 Q がたくわえられるので，全体の合成容量 C は，
$$\dfrac{Q}{C}=\dfrac{Q}{C_1}+\dfrac{Q}{C_2}+\dfrac{Q}{C_3}+\cdots$$
$$\dfrac{1}{C}=\dfrac{1}{C_1}+\dfrac{1}{C_2}+\dfrac{1}{C_3}+\cdots$$
と表せる。

7 (1) ① $\dfrac{\varepsilon SV}{d}$ ② $\dfrac{\varepsilon SV^2}{2d}$

(2) ① $\dfrac{d+\Delta d}{d}V$ ② $\dfrac{\varepsilon SV^2 \Delta d}{2d^2}$

③ $\dfrac{\varepsilon SV^2}{2d^2}$

解き方 (1)① コンデンサーの電気容量 C [F] は，$C = \varepsilon\dfrac{S}{d}$ であるから，コンデンサーにたくわえられた電荷 Q [C] は，
$$Q = CV = \varepsilon\dfrac{S}{d} \times V = \dfrac{\varepsilon SV}{d}$$

② コンデンサーにたくわえられた静電エネルギー U [J] は，
$$U = \dfrac{1}{2}CV^2 = \dfrac{1}{2} \times \varepsilon\dfrac{S}{d} \times V^2 = \dfrac{\varepsilon SV^2}{2d}$$

(2)① 上側の極板をわずかな距離 Δd [m] だけ上に移動したときの電気容量 C' [F] は，
$$C' = \varepsilon\dfrac{S}{d + \Delta d}$$
である。コンデンサーに接続されている電源を外しているので，コンデンサーにたくわえられている電荷は変化しない。コンデンサーの極板間の電位差を V' [V] とすれば，
$$\dfrac{\varepsilon SV}{d} = \varepsilon\dfrac{S}{d + \Delta d} \times V'$$
となるので，
$$V' = \dfrac{\dfrac{\varepsilon SV}{d}}{\varepsilon\dfrac{S}{d + \Delta d}} = \dfrac{d + \Delta d}{d}V$$

② コンデンサーにたくわえられている電荷は変化しないので，$U = \dfrac{Q^2}{2C}$ を用いると，コンデンサーにたくわえられている静電エネルギーの増加量 ΔU [J] は，
$$\Delta U = \dfrac{Q^2}{2C'} - \dfrac{Q^2}{2C}$$
$$= \dfrac{\left(\dfrac{\varepsilon SV}{d}\right)^2}{2\varepsilon\dfrac{S}{d + \Delta d}} - \dfrac{\left(\dfrac{\varepsilon SV}{d}\right)^2}{2\varepsilon\dfrac{S}{d}}$$
$$= \dfrac{\varepsilon SV^2 \Delta d}{2d^2}$$

③ 極板を移動させるときに加える力は，極板間にはたらく力と，向きが反対で大きさが等しい。極板間にはたらく力の大きさを F [N] とすれば，極板を移動するときに静電気力に逆らって外力がする仕事 W [J] は，
$$W = F\Delta d$$
である。外力のした仕事だけコンデンサーにたくわえられる静電エネルギーが増加するので，
$$F\Delta d = \dfrac{\varepsilon SV^2 \Delta d}{2d^2}$$
となり，
$$F = \dfrac{\varepsilon SV^2}{2d^2}$$

8 (1) $C_1 E$

(2) ① $\dfrac{C_1}{C_1 + C_2}E$

② $\dfrac{C_1{}^2 C_2}{2(C_1 + C_2)^2}E^2$

解き方 (1) $Q = CV$ より，C_1 にたくわえられる電荷 Q [C] は，
$$Q = C_1 E$$

(2)① (1) の状態から，S_1 を開いて，S_2 を閉じたとき，コンデンサー C_1 にたくわえられる電荷を Q_1 [C]，コンデンサー C_2 にたくわえられる電荷を Q_2 [C] とすれば，電気量保存の法則より，
$$C_1 E = Q_1 + Q_2$$
となる。コンデンサー C_1 と C_2 にかかる電圧は等しいので，C_2 の極板間に生じる電圧を V [V] とすれば，$Q = CV$ の式より，
$$Q_1 = C_1 V, \quad Q_2 = C_2 V$$
となるので，
$$C_1 E = C_1 V + C_2 V$$
となり，
$$V = \dfrac{C_1}{C_1 + C_2}E$$

② コンデンサー C_2 にたくわえられた静電エネルギー U [J] は，
$$U = \dfrac{1}{2}C_2 V^2$$
$$= \dfrac{1}{2} \times C_2 \times \left(\dfrac{C_1}{C_1 + C_2}E\right)^2$$
$$= \dfrac{C_1{}^2 C_2}{2(C_1 + C_2)^2}E^2$$

9 (1) 電荷：$\dfrac{\varepsilon_0 l a V}{d}$

静電エネルギー：$\dfrac{\varepsilon_0 l a V^2}{2d}$

(2) ① $\dfrac{2\varepsilon_0 l a}{d}$

② $\dfrac{\varepsilon_0 l a V^2}{d}$

解き方 (1) コンデンサーの電気容量 C_0〔F〕は，

$$C_0 = \varepsilon_0 \dfrac{la}{d}$$

であるから，コンデンサーにたくわえられた電荷 Q_0〔C〕は，

$$Q_0 = C_0 V = \dfrac{\varepsilon_0 l a V}{d}$$

また，たくわえられた静電エネルギー U_0〔J〕は，

$$U_0 = \dfrac{1}{2} C_0 V^2 = \dfrac{\varepsilon_0 l a V^2}{2d}$$

(2)① 誘電体を挿入した部分の電気容量を C_1〔F〕とすれば，

$$C_1 = 3\varepsilon_0 \dfrac{l \times \dfrac{a}{2}}{d}$$

$$= \dfrac{3\varepsilon_0 l a}{2d}$$

誘電体が挿入されていない部分の電気容量を C_2〔F〕とすれば，

$$C_2 = \varepsilon_0 \dfrac{l \times \dfrac{a}{2}}{d}$$

$$= \dfrac{\varepsilon_0 l a}{2d}$$

となる。電気容量がそれぞれ C_1，C_2 の2つのコンデンサーが並列に接続されていると考えればよいので，コンデンサーの電気容量 C〔F〕は，

$$C = C_1 + C_2 = \dfrac{3\varepsilon_0 l a}{2d} + \dfrac{\varepsilon_0 l a}{2d}$$

$$= \dfrac{2\varepsilon_0 l a}{d}$$

② コンデンサーにたくわえられた静電エネルギー U〔J〕は，

$$U = \dfrac{1}{2} C V^2 = \dfrac{1}{2} \times \dfrac{2\varepsilon_0 l a}{d} \times V^2$$

$$= \dfrac{\varepsilon_0 l a V^2}{d}$$

3章 直流回路

基礎の基礎を固める！の答 ➡本冊 p.82

20 ❶ **1.5**

解き方 電流 I は単位時間 Δt あたりに通過した電荷 ΔQ であるから，

$$I = \dfrac{\Delta Q}{\Delta t} = \dfrac{0.30}{0.20} = 1.5 \text{〔A〕}$$

21 ❷ **1.3×10^{18}**

解き方 0.20 A の電流は，電荷が導線の断面を1s間に0.20C通過したことを意味する。電子1個のもつ電荷の大きさが 1.6×10^{-19} C であることから，1s間に導線の断面を通過する自由電子の数は，

$$\dfrac{0.20}{1.6 \times 10^{-19}} = 1.25 \times 10^{18}$$

22 ❸ **2.0**

解き方 電力は，電流×電圧で求めることができるので，

$$0.10 \times 20 = 2.0 \text{〔W〕}$$

23 ❹ **9.0×10^{-2}**

解き方 抵抗での消費電力 P は，電圧 V と抵抗 R を使って $P = IV = \dfrac{V^2}{R}$ と表せるので，

$$\dfrac{3.0^2}{100} = 9.0 \times 10^{-2} \text{〔W〕}$$

24 ❺ **2.4×10^3**

解き方 消費電力 P は，電流 I と抵抗 R を使って $P = IV = IR^2$ と表せる。よって，時間 t に抵抗で発生するジュール熱 Q は，$Q = Pt = IR^2 t$ なので，

$$0.20^2 \times 1000 \times 60 = 2400 \text{〔J〕}$$

25 ❻ **0.40**

解き方 キルヒホッフの第1法則より，回路の分岐点に流れ込む電流の和は，流れ出す電流の和に等しいので，

$$I = 0.10 + 0.30 = 0.40 \text{〔A〕}$$

26 ⑦ 1.5 ⑧ 30

[解き方] キルヒホッフの第2法則より，1回りする回路では，起電力による電圧上昇の和と抵抗による電圧降下の和は等しい。よって，
$$1.5 = 30 \times I + 20 \times I$$

27 ⑨ 7.5

[解き方] 検流計に電流が流れないとき，$2.0\,\Omega$ の抵抗と $3.0\,\Omega$ の抵抗に流れる電流は等しいので，I_1 〔A〕とおく。同様に，$5.0\,\Omega$ の抵抗と抵抗Rに流れる電流も等しいので，I_2〔A〕とおく。
検流計に電流が流れないとき，検流計の両端の電位は等しいので，$2.0\,\Omega$ の抵抗にかかる電圧と $5.0\,\Omega$ の抵抗にかかる電圧は等しい。
よって，
$$2.0 \times I_1 = 5.0 \times I_2$$
である。
同様に，$3.0\,\Omega$ の抵抗にかかる電圧と抵抗Rにかかる電圧も等しいので，
$$3.0 \times I_1 = R \times I_2$$
である。この2式より，
$$\frac{2.0}{3.0} = \frac{5.0}{R}$$
となり，
$$R = \frac{3.0 \times 5.0}{2.0} = 7.5 \,〔\Omega〕$$

28 ⑩ 1.5 ⑪ 2.5

[解き方] グラフのV切片が電池の起電力を表すので，電池の起電力はグラフを読み取って $1.5\,V$ である。電池の内部抵抗はグラフの傾きの絶対値なので，
$$\frac{0.5}{0.2} = 2.5\,〔\Omega〕$$

29 ⑫ 直列 ⑬ 負（−）

[解き方] 電流計は電流を測定したい部分に直列に接続し，電流計の＋端子を電源の正極（＋極）側に，電流計の−端子を電源の負極（−極）側に接続する。

30 ⑭ $\dfrac{1}{99}$ ⑮ 並列

[解き方] I〔A〕までしか測定できない電流計で $100I$〔A〕まで測定するためには，電流計に電流 I が流れているときに，電流計に並列につながれた抵抗（分流器）に，
$$100I - I = 99I$$
の電流を流せばよい。

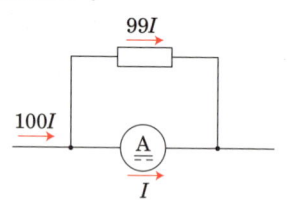

電流計の内部抵抗を r〔Ω〕，分流器の抵抗を R〔Ω〕とすれば，キルヒホッフの第2法則より，
$$0 = rI - R \times 99I$$
となり，
$$R = \frac{1}{99}r$$

31 ⑯ 並列 ⑰ 負極（−極）

[解き方] 電圧計は電圧を測定したい部分に並列に接続し，電圧計の＋端子を電源の正極（＋極）側，電圧計の−端子を電源の負極（−極）側に接続する。

32 ⑱ 99 ⑲ 直列

[解き方] V〔V〕までしか測定できない電圧計で $100V$〔V〕まで測定するためには，電圧計に電圧 V がかかっているときに，
$$100V - V = 99V$$
の電圧がかかるような抵抗（倍率器）を直列に接続すればよい。

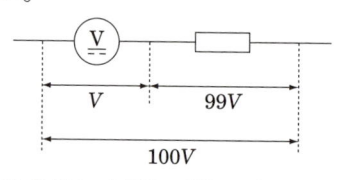

電圧計と倍率器には同じ電流が流れるので，この電流を I〔A〕，電圧計の内部抵抗を r〔Ω〕，倍率器の抵抗値を R〔Ω〕とすれば，電圧計では，
$$V = rI$$
倍率器では，
$$99V = RI$$
となり，
$$R = 99r$$

33 ⑳ 0.6

解き方 特性曲線のグラフで60Vのときの電流の値を読み取ると0.6Aと求められる。

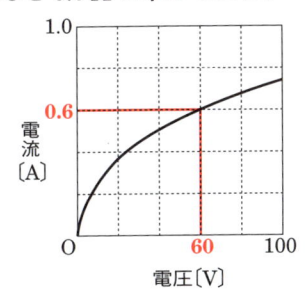

テストによく出る問題を解こう！ の答 ⇒本冊 p.84

10 (1) $\dfrac{eV}{kl}$

(2) $\dfrac{e^2nSV}{kl}$

(3) $\dfrac{kl}{e^2nS}$

解き方 (1) 長さ l の電熱線の両端に電圧 V がかかるのだから，電熱線内にできる電場の強さ E 〔V/m〕は，

$$E = \dfrac{V}{l}$$

である。この電場から自由電子が受ける力の大きさ F 〔N〕は，

$$F = e\dfrac{V}{l}$$

であり，電子が等速で運動しているとき，抵抗力との合力が0となるので，

$$kv = e\dfrac{V}{l}$$

である。よって，

$$v = \dfrac{eV}{kl}$$

(2) 電子が速さ v で運動しているとき，時間 t の間に電熱線の断面を通過する電子は，電熱線の長さ vt の中に含まれる自由電子である。

長さ vt の電熱線内に含まれる自由電子の数は $nSvt$ であり，単位時間あたりに通過する電荷が電流なので，

$$It = enSvt$$

$$I = enSv = enS \times \dfrac{eV}{kl} = \dfrac{e^2nSV}{kl}$$

(3) オームの法則より，

$$V = RI$$

を(2)の結果に代入すると，

$$I = \dfrac{e^2nSRI}{kl}$$

よって，

$$R = \dfrac{kl}{e^2nS}$$

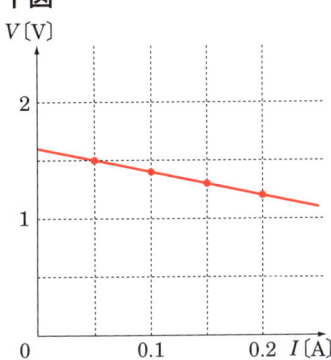

11 (1) 下図

(2) 起電力：1.60 V
内部抵抗：2.0 Ω

解き方 (1) 測定値をグラフに•で記し，•を通るように直線を引くと，解答のようなグラフができる。

(2) 問題の図の回路において，電池の起電力を E 〔V〕，内部抵抗を r 〔Ω〕とし，電圧計の値(電池の端子電圧) V 〔V〕，電流計の値(電池を流れる電流) I 〔A〕を用いて，キルヒホッフの第2法則の式をつくると，

$$E = V + rI$$

となる。この式から，

$$V = -rI + E$$

となり，$-r$ がグラフの傾き，E がグラフの切片であることがわかる。グラフの切片から

$$E = 1.60 〔V〕$$

となる。また，グラフの傾きから，

$$-r = \dfrac{1.20 - 1.60}{0.20}$$

となり，

$$r = \dfrac{0.40}{0.20} = 2.0 〔Ω〕$$

12 (1) ① $\rho\dfrac{l}{S}$ ② $\rho\dfrac{L-l}{S}$

(2) ① $\dfrac{\rho l i}{S}$ ② $\dfrac{\rho(L-l)i}{S}$

(3) ① RI ② rI

(4) $\dfrac{L-l}{l}R$

解き方 (1)① 抵抗率の定義式より，
$$R_{AD} = \rho\dfrac{l}{S}$$
② DB の長さが $L-l$〔m〕であるから，
$$R_{DB} = \rho\dfrac{L-l}{S}$$

(2)① $V_{AD} = R_{AD} \times i = \dfrac{\rho l i}{S}$

② $V_{DB} = R_{DB} \times i = \dfrac{\rho(L-l)i}{S}$

(3)①② オームの法則より，
$$V_{AC} = RI,\quad V_{CB} = rI$$

(4) $V_{AD} = V_{AC}$ より，
$$\dfrac{\rho l i}{S} = RI$$
$V_{DB} = V_{CB}$ より，
$$\dfrac{\rho(L-l)i}{S} = rI$$
となるので，
$$\dfrac{l}{L-l} = \dfrac{R}{r}$$
これから，
$$r = \dfrac{L-l}{l}R$$

13 (1) ① $I_1 + I_3 = I_2$
  ② $E_1 = R_1 I_1 + R_2 I_2$
  ③ $E_1 - E_2 = R_1 I_1 - R_3 I_3$

(2) $I_1 = \dfrac{(R_2+R_3)E_1 - R_2 E_2}{R_1 R_2 + R_2 R_3 + R_3 R_1}$

$I_2 = \dfrac{R_3 E_1 + R_1 E_2}{R_1 R_2 + R_2 R_3 + R_3 R_1}$

$I_3 = \dfrac{(R_1+R_2)E_2 - R_2 E_1}{R_1 R_2 + R_2 R_3 + R_3 R_1}$

(3) $\left\{\dfrac{(R_2+R_3)E_1 - R_2 E_2}{R_1 R_2 + R_2 R_3 + R_3 R_1}\right\}^2 R_1$

(4) $10\left(\dfrac{R_3 E_1 + R_1 E_2}{R_1 R_2 + R_2 R_3 + R_3 R_1}\right)^2 R_2$

解き方 (1)① P 点に入ってくる電流は I_1 と I_3，出て行く電流は I_2 なので，
$$I_1 + I_3 = I_2$$
② OPST の向きに 1 回りすることを考える。E_1 を電源の ＋極側から －極側に，R_1，R_2 をどちらも電流と同じ向きに通りぬけるので，
$$E_1 = R_1 I_1 + R_2 I_2$$
③ OPQRST の向きに 1 回りすることを考える。E_2 を電源の ＋極側から －極側に，R_3 を電流と逆向きに通りぬけるので，
$$E_1 - E_2 = R_1 I_1 - R_3 I_3$$

(2) (1)①の式を②の式に代入して，
$$E_1 = (R_1 + R_2)I_1 + R_2 I_3$$
となるので，③の式と連立して解けば，
$$I_1 = \dfrac{(R_2+R_3)E_1 - R_2 E_2}{R_1 R_2 + R_2 R_3 + R_3 R_1}$$
$$I_3 = \dfrac{(R_1+R_2)E_2 - R_2 E_1}{R_1 R_2 + R_2 R_3 + R_3 R_1}$$
これを，①の式に代入して，
$$I_2 = \dfrac{R_3 E_1 + R_1 E_2}{R_1 R_2 + R_2 R_3 + R_3 R_1}$$

(3) 抵抗 R_1 で消費される電力 P_1 は，
$$P_1 = I_1^2 R_1 = \left\{\dfrac{(R_2+R_3)E_1 - R_2 E_2}{R_1 R_2 + R_2 R_3 + R_3 R_1}\right\}^2 R_1$$

(4) 抵抗 R_2 で 10 s に発生したジュール熱 Q_2 は，
$$Q_2 = I_2^2 R_2 \times 10$$
$$= 10\left(\dfrac{R_3 E_1 + R_1 E_2}{R_1 R_2 + R_2 R_3 + R_3 R_1}\right)^2 R_2$$

テスト対策　キルヒホッフの第 2 法則

キルヒホッフの第 2 法則は**電圧則**ともよばれる。回路を 1 回りしたとき，電圧の上昇した量と下降した量は等しく，もとの場所に戻ってくると電位は同じになることを意味している。ハイキングで出発点に戻ってくると，同じ標高になることと同様である。

　1 回りするとき，起電力を通りぬける場合は －極側から ＋極側の向きで正にとり，＋極側から －極側の向きで負にとる。また，抵抗を通りぬける場合は，仮定した電流と同じ向きで正にとり，逆向きで負にとる。

　キルヒホッフの法則は抵抗のみでなく，コンデンサーなどの電気素子が入った回路全般に使うことができる。

14 (1) $\dfrac{E}{R_1}$

(2) $C_1 E$

(3) $\dfrac{C_1}{C_1 + C_2} E$

(4) $\dfrac{C_1 C_2 E^2}{2(C_1 + C_2)}$

解き方 (1) スイッチを閉じた直後はコンデンサーにたくわえられている電荷が0であるから，コンデンサーにかかる電圧も0である。

抵抗 R_1 に流れる電流を I_0 [A] として，キルヒホッフの第2法則の式をつくれば，

$$E = R_1 I_0 + 0$$

となるので，

$$I_0 = \dfrac{E}{R_1}$$

(2) スイッチ S_1 を閉じて十分に時間が経過したとき，コンデンサーに流れる電流が0になるので，抵抗での電圧降下は0になる。

よって，コンデンサーにかかる電圧は E となり，コンデンサー C_1 にたくわえられた電荷 Q_1 [C] は，

$$Q_1 = C_1 E$$

(3) スイッチ S_1 を開いてからスイッチ S_2 を閉じ，十分に時間が経過したとき，コンデンサー C_2 にかかる電圧を V [V] とすれば，電気量保存の法則より，

$$C_1 E = C_1 V + C_2 V$$

となり，

$$V = \dfrac{C_1}{C_1 + C_2} E$$

(4) スイッチ S_2 を閉じる前後でのコンデンサーにたくわえられている静電エネルギーの減少量が，抵抗でジュール熱となって逃げたことになるので，抵抗 R_2 で発生したジュール熱 Q_2 [J] は，

$$Q_2 = \dfrac{1}{2} C_1 E^2 - \dfrac{1}{2} C_1 \left(\dfrac{C_1}{C_1 + C_2} E \right)^2$$
$$\qquad - \dfrac{1}{2} C_2 \left(\dfrac{C_1}{C_1 + C_2} E \right)^2$$
$$= \dfrac{C_1 C_2 E^2}{2(C_1 + C_2)}$$

15 (1) $I = -\dfrac{1}{100} V + \dfrac{3.0}{100}$

(2) 電圧：$1.0\,\mathrm{V}$　電流：$0.020\,\mathrm{A}$

解き方 (1) キルヒホッフの第2法則より，

$$3.0 = 100 I + V$$

となるので，

$$I = -\dfrac{1}{100} V + \dfrac{3.0}{100}$$

(2) (1)で求めた式を，特性曲線のグラフに描きこむ。その交点がすべての条件をみたす電流と電圧の値なので，電球にかかる電圧は $1.0\,\mathrm{V}$，電球に流れる電流は $0.020\,\mathrm{A}$ と求められる。

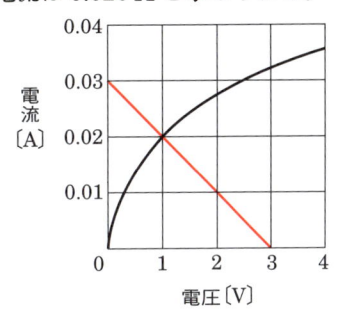

テスト対策　非直線抵抗

非直線抵抗を含む回路では，非直線抵抗の特性曲線を利用する。非直線抵抗にかかる電圧を V [V]，非直線抵抗に流れる電流を I [A] として，回路に成り立つ関係式を求め，グラフ上の特性曲線との交点から値を求める。

4章 電流と磁場

基礎の基礎を固める！ の答　　➡本冊 p.89

34 ❶ 8.0

❷ y

❸ 負

解き方 直線電流 I [A] が r [m] 離れた位置につくる磁場 H [A/m] は，$H = \dfrac{I}{2\pi r}$ と表せるので

$$\dfrac{10}{2 \times 3.14 \times 0.20} = 7.96\,[\mathrm{A/m}]$$

である。P点での磁場の向きは右ねじの法則より，y 軸の負の向きである。

35 ❹ x　❺ 正　❻ 20

解き方 磁場の向きは，右ねじの法則より x 軸正の向きである。また，半径 r〔m〕の円形電流 I〔A〕が，その内部につくる磁場 H〔A/m〕は $H = \dfrac{I}{2r}$ と表せるので，

$$\dfrac{6.0}{2 \times 0.15} = 20 〔\text{A/m}〕$$

36 ❼ 1500　❽ S

解き方 単位長さあたりの巻き数 n〔/m〕のソレノイドに流れる電流 I〔A〕が，その内部につくる磁場 H〔A/m〕は $H = nI$ と表せるので，

$$\dfrac{250}{0.25} \times 1.5 = 1500 〔\text{A/m}〕$$

また，右ねじの法則より，ソレノイド内には左向きの磁場ができるので，ソレノイド右端はS極になる。

37 ❾ 5.0×10^{-2}　❿ 同じ

解き方 磁束密度は透磁率×磁場なので，
$4\pi \times 10^{-7} \times 4.0 \times 10^4 = 5.02 \times 10^{-2} 〔\text{T}〕$
また，磁束密度の向きは磁場の向きと同じである。

38 ⓫ x　⓬ 正　⓭ 0.42

解き方 フレミングの左手の法則より，導線にはたらく力の向きは x 軸正の向きである。また，磁束密度 B の磁場中で，電流 I，長さ l の導線にはたらく力 F は $F = IBl$ なので，
$3.0 \times 0.70 \times 0.20 = 0.42 〔\text{N}〕$

39 ⓮ 3.2×10^{-13}　⓯ y　⓰ 負

解き方 電気量 q の荷電粒子が磁束密度 B の磁場中を速さ v で移動するとき，荷電粒子にはたらく力 f は $f = qvB$ なので，
$3.2 \times 10^{-19} \times 2.0 \times 10^5 \times 5.0$
　　　$= 3.2 \times 10^{-13} 〔\text{N}〕$
また，正の荷電粒子の運動方向を電流の向きと考えてフレミングの左手の法則を用いれば，力の向きは y 軸負の方向である。

テストによく出る問題を解こう！ の答　➡本冊 $p.90$

16 (1) $\dfrac{I}{2\pi d}$　(2) 南向き　(3) $\dfrac{I}{2\pi d \tan\theta}$

解き方 (1) I〔A〕の直線電流から距離 d〔m〕の場所にできる磁場の強さ H〔A/m〕は，

$$H = \dfrac{I}{2\pi d}$$

(2) 方位磁石の向きから，方位磁石の位置にできる磁場の向きが東向きであることがわかる。東向きに磁場ができるための電流の向きは，右ねじの法則より南向きであることがわかる。

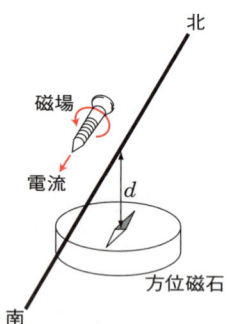

(3) 地球磁場の水平成分の大きさを H'〔A/m〕とすれば，

$$\dfrac{\frac{I}{2\pi d}}{H'} = \tan\theta$$

となるので，

$$H' = \dfrac{I}{2\pi d \tan\theta}$$

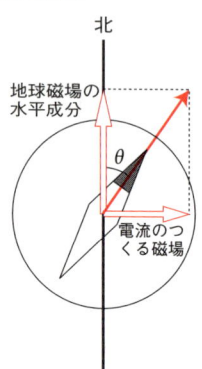

17 (1) $\dfrac{1}{2\sqrt{2}\pi a}$

(2) 大きさ：$\dfrac{I}{2\pi a}$

　　向き：y 軸正の向き

解き方 (1) PR 間の距離は $\sqrt{2}a$ 〔m〕であるから，点 R に導線 P を流れる電流がつくる磁場の大きさ H_P〔A/m〕は，

$$H_P = \frac{I}{2\pi \times \sqrt{2}a} = \frac{I}{2\sqrt{2}\pi a}$$

(2) QR 間の距離は $\sqrt{2}a$〔m〕であるから，点 R に導線 Q を流れる電流がつくる磁場の大きさ H_Q〔A/m〕は，

$$H_Q = \frac{I}{2\pi \times \sqrt{2}a} = \frac{I}{2\sqrt{2}\pi a}$$

である。導線 P と導線 Q が点 R につくる磁場の向きは，右ねじの法則より図のようになるので，磁場を合成すると y 軸正の方向を向き，その大きさ H〔A/m〕は，

$$H = \sqrt{2} \times \frac{I}{2\sqrt{2}\pi a} = \frac{I}{2\pi a}$$

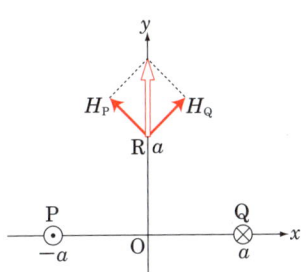

18 (1) 大きさ：$\dfrac{\mu i I a}{2\pi L}$

　　　向き：導線 PQ に近づく向き

(2) 大きさ：$\dfrac{\mu i I a}{2\pi (L+b)}$

　　向き：導線 PQ から遠ざかる向き

(3) 大きさ：$\dfrac{\mu i I a b}{2\pi L(L+b)}$

　　向き：導線 PQ に近づく向き

解き方 (1) I〔A〕の直線電流がコイルの辺 AB の位置につくる磁場の大きさ H_{AB}〔A/m〕は，

$$H_{AB} = \frac{I}{2\pi L}$$

である。この磁場から，辺 AB が受ける力の大きさ F_{AB}〔N〕は，

$$F_{AB} = i \times \mu \frac{I}{2\pi L} \times a = \frac{\mu i I a}{2\pi L}$$

また，力の向きは，フレミングの左手の法則より，導線 PQ に引きよせられる向きである。

(2) I〔A〕の直線電流がコイルの辺 CD の位置につくる磁場の大きさ H_{CD}〔A/m〕は，

$$H_{CD} = \frac{I}{2\pi(L+b)}$$

である。この磁場から，辺 CD が受ける力の大きさ F_{CD}〔N〕は，

$$F_{CD} = i \times \mu \frac{I}{2\pi(L+b)} \times a$$

$$= \frac{\mu i I a}{2\pi(L+b)}$$

また，力の向きは，フレミングの左手の法則より，導線 PQ から反発する向きである。

(3) (1)と(2)の結果から，$F_{AB} > F_{CD}$ であるから，コイルにはたらく力の大きさ F〔N〕は，

$$F = F_{AB} - F_{CD}$$

$$= \frac{\mu i I a}{2\pi L} - \frac{\mu i I a}{2\pi(L+b)}$$

$$= \frac{\mu i I a b}{2\pi L(L+b)}$$

力の向きは導線 PQ に引きよせられる向きである。

19 (1) Q→P　(2) $mg\tan\theta$　(3) $\dfrac{mg\tan\theta}{Ba}$

解き方 (1) 糸が傾いた方向から，導線に流した電流にはたらく力の向きは図の右方向である。よって**フレミングの左手の法則**より，導線に流れる電流の向きは Q→P である。

(2) 導線にはたらく力は，重力と糸の張力，電磁力の 3 力で，この 3 力はつり合っている。糸の張力の大きさを T〔N〕，電磁力の大きさを F〔N〕とすれば，鉛直方向の力のつり合いの式は，

$$T\cos\theta = mg$$

であり，水平方向の力のつり合いの式は，

$$F = T\sin\theta$$

である。この 2 式より，

$$F = mg\tan\theta$$

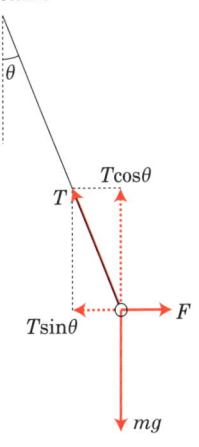

(3) 導線にはたらく電磁力の大きさは電流 I を用いて表すと，
$$F = IBa$$
である。(2)の結果を用いて，
$$IBa = mg\tan\theta$$
であるから，
$$I = \frac{mg\tan\theta}{Ba}$$

20 (1) $\dfrac{I_1}{2\pi a}$

(2) 大きさ：$\dfrac{\mu I_1 I_2}{2\pi a}$

向き：電流 I_1 と反発する向き

解き方 (1) 電流 I_1 が電流 I_2 の位置につくる磁場の大きさ H_1〔A/m〕は，
$$H_1 = \frac{I_1}{2\pi a}$$

(2) $F = IBl$ より，電流 I_1 のつくる磁場から電流 I_2 が流れる導線の単位長さあたりに受ける力の大きさ F〔N/m〕は，
$$F = I_2 \times \mu H_1$$
$$= I_2 \times \mu \frac{I_1}{2\pi a}$$
$$= \frac{\mu I_1 I_2}{2\pi a}$$

と求められる。力の向きは**フレミングの左手の法則**より，電流 I_1 に反発する向きである。

21 (1) $\dfrac{mv}{qB}$

(2) $\dfrac{2\pi m}{qB}$

解き方 (1) 荷電粒子は**ローレンツ力**によって等速円運動を行っているので，運動方程式は，
$$m\frac{v^2}{r} = qvB$$
となり，
$$r = \frac{mv}{qB}$$

(2) 荷電粒子が円運動で 1 周する時間 T は，
$$T = \frac{2\pi r}{v}$$
$$= \frac{2\pi}{v} \times \frac{mv}{qB}$$
$$= \frac{2\pi m}{qB}$$

> **テスト対策** 一様な磁場内での荷電粒子の運動
>
> 磁場に垂直に入射した荷電粒子には，運動方向に垂直に**ローレンツ力**がはたらく。運動方向に垂直にはたらく力は仕事をしないので，速さは変化せず向きだけが変わる。よってローレンツ力の大きさも一定なので，荷電粒子の運動は**等速円運動**になる。
> 　磁場に斜めに入射した荷電粒子には運動方向と磁場に垂直な方向にローレンツ力がはたらく。磁場に平行な方向には力がはたらかないので，磁場に平行な方向は等速直線運動，磁場に垂直な方向は等速円運動を行うことになる。

22 (1) 表向き

(2) $\dfrac{2mv}{qB}$

(3) $\dfrac{M}{m}$

(4) $\dfrac{M}{m}$

解き方 (1) 荷電粒子 A には P 点において Q の方向に力を受ける。荷電粒子 A の電荷が正なので，粒子の運動方向を電流の向きと考えて**フレミングの左手の法則**を用いると，磁場の向きは表向きであることがわかる。

(2) P から入射した荷電粒子 A は等速円運動を行う。PQ の距離は円運動の直径であるから，直径を d〔m〕として荷電粒子 A の運動方程式をつくると，
$$m\frac{v^2}{\frac{d}{2}} = qvB$$
となるので，
$$d = \frac{2mv}{qB}$$

(3) 荷電粒子Bも等速円運動を行う。PRも直径になるので，直径をd'〔m〕として荷電粒子Aの運動方程式をつくると，

$$M\frac{v^2}{\frac{d'}{2}} = qvB$$

となり，

$$d' = \frac{2Mv}{qB}$$

と求められる。よって，

$$\frac{PR}{PQ} = \frac{d'}{d} = \frac{\frac{2Mv}{qB}}{\frac{2mv}{qB}} = \frac{M}{m}$$

(4) 荷電粒子Aと荷電粒子Bは半周することになるので，

$$t_1 = \frac{\pi \frac{d}{2}}{v} = \frac{\pi d}{2v}$$

$$t_2 = \frac{\pi \frac{d'}{2}}{v} = \frac{\pi d'}{2v}$$

となり，

$$\frac{t_2}{t_1} = \frac{d'}{d} = \frac{M}{m}$$

23 (1) 大きさ：qvB
　　　　向き：④→③
　(2) $E = vB$
　(3) $\dfrac{V_1}{BW}$
　(4) $\dfrac{BI}{qhV_1}$

[解き方] (1) 荷電粒子にはたらくローレンツ力の大きさはqvBで，力の向きはフレミングの左手の法則より④→③の向きである。
(2) 荷電粒子の偏りによって生じた電場から受ける電気力とローレンツ力がつり合うので，
　$qE = qvB$
となり，
　$E = vB$

(3) 荷電粒子の偏りによって生じた電場の強さEは，$E = \dfrac{V_1}{W}$であるから，(2)の結果より，

$$\frac{V_1}{W} = vB$$

となり，

$$v = \frac{V_1}{BW}$$

(4) 導体内に流れる電流Iは，
　$I = qnWhv$
と表すことができるので，(3)の結果を用いて，

$$I = qnWh \times \frac{V_1}{BW}$$

となり，

$$n = \frac{BI}{qhV_1}$$

5章 電磁誘導と電磁波

基礎の基礎を固める！ の答　　⇒本冊 p.96

40 ❶ 増加　❷ 時計

[解き方] 磁石をコイルに近づけると，コイルを貫く右向きの磁力線が増加する。コイルには磁力線の変化をさまたげる向きに誘導電流が流れる。コイルに流れる誘導電流は左向きの磁場をつくるので，右ねじの法則からコイルには右側から見て時計回りの誘導電流が流れる。

41 ❸ 2.0

[解き方] 面をつらぬく磁束は，磁束密度×面積なので，
　$10 \times 0.20 = 2.0$〔Wb〕

42 ❹ 1.5

[解き方] 誘導起電力Vは，時間Δtあたりの磁束変化$\Delta \Phi$を使って，$V = -\dfrac{\Delta \Phi}{\Delta t}$と表せるので，その大きさは，

$$\frac{0.30}{0.20} = 1.5 \text{〔V〕}$$

43 ❺ 9.0

[解き方] 磁束密度 B の磁場中を，磁場に対して垂直に速さ v で移動する長さ l の導体棒に発生する誘導起電力 V は，$V = vBl$ なので，
$$2.0 \times 15 \times 0.30 = 9.0 \,[\text{V}]$$

44 ❻ 4.5

[解き方] 磁束密度 B の磁場中を，磁場に対して角 θ をなす向きに速さ v で移動する長さ l の導体棒に発生する誘導起電力 V は，$V = vBl \sin\theta$ なので，
$$2.0 \times 15 \times 0.30 \times \sin 30° = 4.5 \,[\text{V}]$$

45 ❼ 1.2

[解き方] コイルに発生する誘導起電力 V は，自己インダクタンス L と時間 Δt あたりの電流変化 ΔI を使って，
$$V = -L\frac{\Delta I}{\Delta t}$$
と表せるので，その大きさは，
$$0.60 \times \frac{0.20}{0.10} = 1.2 \,[\text{V}]$$

46 ❽ 1.0

[解き方] コイルにたくわえられるエネルギー U は，自己インダクタンス L と電流 I を使って，
$$U = \frac{1}{2}LI^2$$
なので，
$$\frac{1}{2} \times 0.50 \times 2.0^2 = 1.0 \,[\text{J}]$$

47 ❾ 2.8

[解き方] 2次コイルに発生する誘導起電力 V_2 は，相互インダクタンス M と，1次コイルの時間 Δt あたりの電流変化 ΔI_1 を使って，
$$V_2 = -M\frac{\Delta I_1}{\Delta t}$$
なので，
$$0.80 \times \frac{0.70}{0.20} = 2.8 \,[\text{V}]$$

48 ❿ 141　⓫ 2.8

[解き方] 交流の**実効値は最大値の** $\frac{1}{\sqrt{2}}$ **倍**である。
$$I_e = \frac{1}{\sqrt{2}}I_{\max}, \quad V_e = \frac{1}{\sqrt{2}}V_{\max}$$
となるので，実効値 100 V の交流電圧の最大値は，
$$\sqrt{2} \times 100 = 141.4 \,[\text{V}]$$
また，実効値 2.0 A の交流電流の最大値は，
$$\sqrt{2} \times 2.0 = 2.82 \,[\text{A}]$$

49 ⓬ 12.0

[解き方] 変圧器の電圧比と巻き数比との関係式
$$\frac{V_2}{V_1} = \frac{N_2}{N_1}$$
より，
$$\frac{V_2}{100} = \frac{24}{200}$$
となり，
$$V_2 = \frac{24}{200} \times 100 = 12.0 \,[\text{V}]$$

50 ⓭ 0.20　⓮ 0.040

[解き方] 2次側のコイルに発生する電圧を V_2 とすれば，
$$\frac{V_2}{100} = \frac{40}{200}$$
となり，
$$V_2 = \frac{40}{200} \times 100 = 20 \,[\text{V}]$$
となる。2次側につながれた 100 Ω の抵抗に流れる電流 I_2 [A] は，オームの法則より，
$$I_2 = \frac{20}{100} = 0.20 \,[\text{A}]$$
また，**1次側と2次側で電力(単位時間あたりのエネルギー)は保存する**ので，1次側に流れる電流を I_1 [A] とすれば，
$$100 \times I_1 = 20 \times 0.20$$
となり，
$$I_1 = \frac{20 \times 0.20}{100} = 0.040 \,[\text{A}]$$

51 ⑮ 155 ⑯ 遅れる

[解き方] 自己インダクタンスLのコイルの，角周波数ωの交流に対するリアクタンスはωLなので，
$$310 \times 0.500 = 155 \, [\Omega]$$
また，コイルに流れる電流はコイルにかかる電圧より位相が$\dfrac{\pi}{2}$遅れる。

52 ⑰ 4.0×10^2 ⑱ 進む

[解き方] 電気容量Cのコイルの，角周波数ωの交流に対するリアクタンスは$\dfrac{1}{\omega C}$なので，
$$\dfrac{1}{\omega C} = \dfrac{1}{2\pi fC}$$
$$= \dfrac{1}{2 \times 3.14 \times 50 \times 8.0 \times 10^{-6}}$$
$$= 398 \, [\Omega]$$
また，コンデンサーに流れる電流はコンデンサーにかかる電圧より位相が$\dfrac{\pi}{2}$進む。

53 ⑲ 2.0×10^2

[解き方] 自己インダクタンスLのコイルと，電気容量Cのコイルによる振動回路の，振動周波数fは，
$f = \dfrac{1}{2\pi\sqrt{LC}}$なので，
$$\dfrac{1}{2 \times 3.14 \times \sqrt{0.16 \times 4.0 \times 10^{-6}}} = 199 \, [\text{Hz}]$$

テストによく出る問題を解こう！ の答 ➡本冊 p.98

24 (1) $\dfrac{1}{2}B_0 S$

(2) A→D→C→B→A
（紙面の表から見て時計回り）

(3) $\dfrac{B_0 S}{2R}$

[解き方] (1) グラフからコイルを貫く磁束密度B〔T〕は，
$$B = \dfrac{1}{2}B_0 t + B_0$$
であるから，コイルを貫く磁束Φ〔Wb〕は，
$$\Phi = BS = \dfrac{1}{2}B_0 St + B_0 S$$
となる。

時刻t〔s〕から$t + \Delta t$〔s〕までにおける，コイルを貫く磁束の増加量$\Delta\Phi$〔Wb〕は，
$$\Delta\Phi = \left\{\dfrac{1}{2}B_0 S(t + \Delta t) + B_0 S\right\} - \left\{\dfrac{1}{2}B_0 St + B_0 S\right\}$$
$$= \dfrac{1}{2}B_0 S\Delta t$$
となる。ファラデーの電磁誘導の法則より，コイルに発生する誘導起電力の大きさV〔V〕は，
$$V = \dfrac{\Delta\Phi}{\Delta t} = \dfrac{\dfrac{1}{2}B_0 S\Delta t}{\Delta t}$$
$$= \dfrac{1}{2}B_0 S$$

（補足） ファラデーの電磁誘導の法則は，
$$V = -N\dfrac{d\Phi}{dt}$$
として，微分で表すことができる。これから誘導起電力の大きさV〔V〕は，
$$V = \dfrac{d}{dt}\left(\dfrac{1}{2}B_0 St + B_0 S\right)$$
$$= \dfrac{1}{2}B_0 S$$

(2) 紙面表向きの磁束が増加するので，コイルに流れる誘導電流は紙面裏向きの磁場をつくる。右ねじの法則より，コイルに流れる電流の向きはA→D→C→B→Aである。

(3) コイルに流れる電流の大きさI〔A〕は，オームの法則より，
$$I = \dfrac{V}{R} = \dfrac{\dfrac{1}{2}B_0 S}{R} = \dfrac{B_0 S}{2R}$$

25 (1) ① vBl

② 向き：A→D→C→B→A
（紙面の表から見て反時計回り）

大きさ：$\dfrac{vBl}{R}$

(2) 0

(3) ① vBl

② 向き：A→B→C→D→A
（紙面の表から見て時計回り）

大きさ：$\dfrac{vBl}{R}$

解き方 (1)① コイルの辺BCが磁力線を横切るので,辺BC部分に誘導起電力が発生する。よって,このときにコイルに発生する誘導起電力の大きさV〔V〕は,
$$V = vBl$$
である。

（別解） 時刻$t = \dfrac{a}{2v}$においてコイルを貫く磁束Φは,
$$\Phi = \dfrac{1}{2}Bla$$
である。時刻$t + \Delta t$においてコイルを貫く磁束Φ'は,
$$\Phi' = Bl\left(\dfrac{1}{2}a + v\Delta t\right)$$
である。
時間Δtの間でのコイルを貫く磁束の増加量$\Delta\Phi$〔Wb〕は,
$$\begin{aligned}\Delta\Phi &= \Phi' - \Phi \\ &= Bl\left(\dfrac{1}{2}a + v\Delta t\right) - \dfrac{1}{2}Bla \\ &= Blv\Delta t\end{aligned}$$
となる。
ファラデーの電磁誘導の法則より,コイルに発生する誘導起電力の大きさV〔V〕は,
$$\begin{aligned}V &= \dfrac{\Delta\Phi}{\Delta t} \\ &= \dfrac{Blv\Delta t}{\Delta t} \\ &= vBl\end{aligned}$$

② コイルを貫く裏向きの磁束が増加するので,コイルには表向きの磁場をつくるような誘導電流が流れる。右ねじの法則より,コイルを流れる誘導電流の向きはA→D→C→B→Aである。コイルの抵抗値がRであるから,コイルを流れる電流I〔A〕は,オームの法則より,
$$I = \dfrac{vBl}{R}$$

(2) 時刻$t = \dfrac{3a}{2v}$においてコイルを貫く磁束は変化しないので,誘導起電力は発生しない。

(3)① コイルの辺ADが磁力線を横切るので,この部分に誘導起電力が発生する。(1)と同様に考えて,発生する誘導起電力の大きさV〔V〕は,
$$V = vBl$$

② コイルを貫く裏向きの磁束が減少するので,コイルには裏向きの磁場をつくるような誘導電流が流れる。右ねじの法則より,コイルを流れる誘導電流の向きはA→B→C→D→Aである。また,コイルの抵抗値がRであるから,コイルを流れる電流I〔A〕は,オームの法則より,
$$I = \dfrac{vBl}{R}$$

26 (1) ① 向き：Q→P
　　　大きさ：$\dfrac{vBd}{R}$
　② 向き：左向き
　　　大きさ：$\dfrac{vB^2d^2}{R}$
　③ $\dfrac{1}{M+m}\left(Mg - \dfrac{vB^2d^2}{R}\right)$

(2) $\dfrac{MgR}{B^2d^2}$

解き方 (1)① 導体棒は右に運動するので,PQGEを貫く下向きの磁束が増加する。導体棒PQには磁束の変化をさまたげるように,PQGEに上向きの磁場をつくるような誘導電流が流れる。右ねじの法則より,導体棒にはQ→Pの向きに誘導電流が流れる。導体棒に生じる誘導起電力の大きさV〔V〕は,
$$V = vBd$$
であるから,導体棒に流れる電流をI〔A〕とすれば,キルヒホッフの第2法則より,
$$vBd = RI$$
となり,
$$I = \dfrac{vBd}{R}$$

② 導体棒が磁場から受ける力の向きは,フレミングの左手の法則より図の左向きである。力の大きさF〔N〕は,
$$F = IBd = \dfrac{vBd}{R} \times Bd = \dfrac{vB^2d^2}{R}$$

③ 導体棒に生じる加速度の大きさをa〔m/s²〕,張力の大きさをT〔N〕とすれば,導体棒の運動方程式は,
$$ma = T - \dfrac{vB^2d^2}{R}$$

おもりの運動方程式は,
$$Ma = Mg - T$$
となる。この2式より,
$$(M+m)a = Mg - \frac{vB^2d^2}{R}$$
となるので,
$$a = \frac{1}{M+m}\left(Mg - \frac{vB^2d^2}{R}\right)$$

(2) 導体棒PQの速さが一定となると$a=0$になるので,(1)③の結果から,
$$0 = Mg - \frac{v_{\mathrm{E}}B^2d^2}{R}$$
となり,
$$v_{\mathrm{E}} = \frac{MgR}{B^2d^2}$$

27 (1) ① 向き:Q→P 大きさ:$\dfrac{vBL}{R}$

② 向き:レールに平行で上向き

大きさ:$\dfrac{vB^2L^2}{R}$

③ $g\sin\theta - \dfrac{vB^2L^2}{mR}$

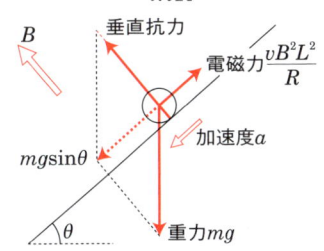

(2) ① $\dfrac{mgR\sin\theta}{B^2L^2}$

② $\dfrac{m^2g^2R\sin^2\theta}{B^2L^2}$

③ $\dfrac{m^2g^2R\sin^2\theta}{B^2L^2}$

解き方 (1)① 導体棒がレール上をすべり降りるとき,1回りのコイル部分を貫く上向きの磁束が減少する。コイルにはこの**変化をさまたげる**ように上向きの磁場をつくる誘導電流が流れる。右ねじの法則より,導体棒に流れる誘導電流の向きはQ→Pである。導体棒に発生する誘導起電力の大きさはvBLであるから,導体棒を流れる誘導電流をI[A]とすれば,**キルヒホッフの第2法則**より,$vBL = RI$となり,
$$I = \frac{vBL}{R}$$

② 導体棒に流れる誘導電流の向きはQ→Pであるから,**フレミングの左手の法則**より,力の向きはレールに平行で上向きである。力の大きさF[N]は,
$$F = IBL = \frac{vBL}{R} \times BL = \frac{vB^2L^2}{R}$$

③ 導体棒に生じる加速度の大きさをa[m/s^2]とすれば,運動方程式は,
$$ma = mg\sin\theta - \frac{vB^2L^2}{R}$$
となるので,
$$a = g\sin\theta - \frac{vB^2L^2}{mR}$$

(2)① この速さをv_{E}とすると導体棒が等速運動を行うとき$a=0$であるから,(1)③より,
$$0 = g\sin\theta - \frac{v_{\mathrm{E}}B^2L^2}{mR}$$
となり,
$$v_{\mathrm{E}} = \frac{mgR\sin\theta}{B^2L^2}$$

② 抵抗で発生する1sあたりのジュール熱をQ[J]とすれば,(2)①の結果を用いて,
$$Q = IV = \frac{v_{\mathrm{E}}BL}{R} \times v_{\mathrm{E}}BL$$
$$= \left(\frac{mgR\sin\theta}{B^2L^2}\right)^2 \times \frac{B^2L^2}{R}$$
$$= \frac{m^2g^2R\sin^2\theta}{B^2L^2}$$

③ 導体棒は1sの間に$v_{\mathrm{E}}\sin\theta$だけ下がるので,導体棒の1sあたりの力学的エネルギーの減少量ΔE[J]は,
$$\Delta E = mgv_{\mathrm{E}}\sin\theta$$
$$= mg \times \frac{mgR\sin\theta}{B^2L^2} \times \sin\theta$$
$$= \frac{m^2g^2R\sin^2\theta}{B^2L^2}$$

(補足) (2)の②と③の結果が等しくなることは,エネルギーが保存することを意味している。導体棒が等速で運動しているときに,力学的エネルギーが減少していることは,他のエネルギーに変換されていることを意味する。抵抗で発生するジュール熱を含めてエネルギーの和を考えると,エネルギーが保存していることがわかる。

28 (1) ① 向き：X→Y

大きさ：$\dfrac{E - vBl\cos\theta}{R}$

② $\dfrac{(E - vBl\cos\theta)Bl\cos\theta}{mR} - g\sin\theta$

(2) $\dfrac{1}{Bl\cos\theta}\left(E - \dfrac{mgR\tan\theta}{Bl}\right)$

解き方 (1)① 導体棒が斜面を上がっていくことから，導体棒に流れる電流の向きはX→Yである。また，金属棒が速さ v で運動しているとき，金属棒に生じる誘導起電力の大きさは，$vBl\cos\theta$ であるから，金属棒に流れる電流を I 〔A〕とすれば，キルヒホッフの第2法則より，

$E - vBl\cos\theta = RI$

よって，

$I = \dfrac{E - vBl\cos\theta}{R}$

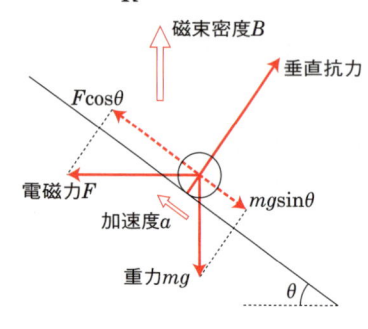

② 導体棒にはたらく電磁力の大きさ F 〔N〕は，
$F = IBl$
$= \dfrac{(E - vBl\cos\theta)Bl}{R}$

である。
金属棒の加速度の大きさを a 〔m/s²〕として運動方程式をつくると，

$ma = \dfrac{(E - vBl\cos\theta)Bl}{R}\cos\theta - mg\sin\theta$

となり，

$a = \dfrac{(E - vBl\cos\theta)Bl\cos\theta}{mR} - g\sin\theta$

(2) 金属棒が一定の速さになったとき，$a = 0$ であるから，(1)②より，

$0 = \dfrac{(E - v_{\mathrm{E}}Bl\cos\theta)Bl\cos\theta}{mR} - g\sin\theta$

となる。よって，

$v_{\mathrm{E}} = \dfrac{1}{Bl\cos\theta}\left(E - \dfrac{mgR\tan\theta}{Bl}\right)$

> **テスト対策　電磁力**
>
> 電磁力のはたらく向きは，電流と磁場の双方に垂直である。この問題のように，斜面を金属棒が運動する場合，運動方向に電磁力がはたらくと考えてしまうミスが多く見られる。図を見て電磁力の方向を確認しておくこと。

29 (1) $\dfrac{1}{2}\omega r^2 B$ 　(2) $\dfrac{2E}{r^2 B}$

解き方 (1) 金属円板が角速度 ω で回転するとき，金属円板の半径部分が時間 Δt 〔s〕間に横切る磁束 $\Delta\Phi$ 〔Wb〕は，

$\Delta\Phi = \pi r^2 \times \dfrac{\omega \Delta t}{2\pi} \times B = \dfrac{1}{2}\omega r^2 B \Delta t$

である。ファラデーの電磁誘導の法則から，金属円板に発生する誘導起電力の大きさ V 〔V〕は，

$V = \dfrac{\Delta\Phi}{\Delta t} = \dfrac{\frac{1}{2}\omega r^2 B \Delta t}{\Delta t} = \dfrac{1}{2}\omega r^2 B$

(2) 抵抗に流れる電流を I 〔A〕として，キルヒホッフの第2法則の式をつくると，

$E - \dfrac{1}{2}\omega r^2 B = RI$

となる。ここで，電流が流れると，円板は電磁力を受ける。
よって，一定の角速度で運動するためには $I = 0$ であればよいので，

$E - \dfrac{1}{2}\omega_1 r^2 B = 0$

より，

$\omega_1 = \dfrac{2E}{r^2 B}$

30 (1) $\dfrac{V_0}{R}\sin\omega t$ 　(2) $\dfrac{V_0^2}{2R}(1 - \cos 2\omega t)$

(3) 下図

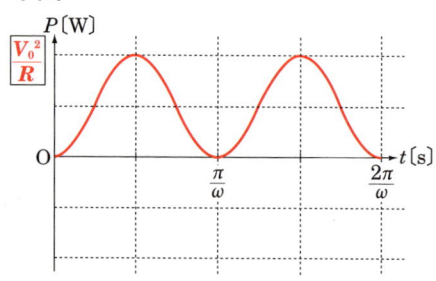

解き方 (1) **オームの法則**より，
$$V_0 \sin \omega t = RI$$
となるので，
$$I = \frac{V_0}{R} \sin \omega t$$

(2) 抵抗で消費される電力 P は，
$$\begin{aligned}P &= IV \\ &= \frac{V_0}{R} \sin \omega t \times V_0 \sin \omega t \\ &= \frac{V_0^2}{R} \sin^2 \omega t \\ &= \frac{V_0^2}{2R}(1 - \cos 2\omega t)\end{aligned}$$

(3) (2)の結果より，答えのグラフになる。

31 (1) $\omega L I_0 \cos \omega t$
(2) グラフ：下図

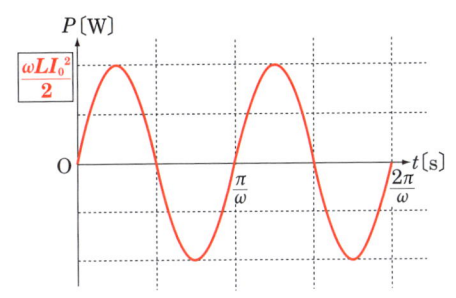

電力の平均値：0

解き方 (1) コイルに発生する自己誘導による**誘導起電力**は $-L\dfrac{\Delta I}{\Delta t}$ であるから，キルヒホッフの第2法則より，
$$V - L\frac{\Delta I}{\Delta t} = 0$$
となり，
$$\begin{aligned}V &= L\frac{\Delta I}{\Delta t} \\ &= L\frac{I_0 \sin \omega(t + \Delta t) - I_0 \sin \omega t}{\Delta t} \\ &= \frac{LI_0}{\Delta t}(\sin \omega t \cos \omega \Delta t \\ &\qquad + \cos \omega t \sin \omega \Delta t - \sin \omega t)\end{aligned}$$
ここで，$\omega \Delta t \ll 1$ として，
$$\sin \omega \Delta t \fallingdotseq \omega \Delta t$$
$$\cos \omega \Delta t \fallingdotseq 1$$
と近似すれば，

$$\begin{aligned}V &\fallingdotseq \frac{LI_0}{\Delta t}(\sin \omega t + \omega \Delta t \cos \omega t - \sin \omega t) \\ &= \omega L I_0 \cos \omega t\end{aligned}$$

(2) コイルで消費される電力 P〔W〕は，
$$\begin{aligned}P &= IV \\ &= I_0 \sin \omega t \times \omega L I_0 \cos \omega t \\ &= \omega L I_0^2 \sin \omega t \cos \omega t \\ &= \frac{\omega L I_0^2}{2} \sin 2\omega t\end{aligned}$$

となるので，答えのグラフになる。また，グラフの対称性より，平均の消費電力は 0 である。

32 (1) $\omega C V_0 \cos \omega t$
(2) グラフ：下図

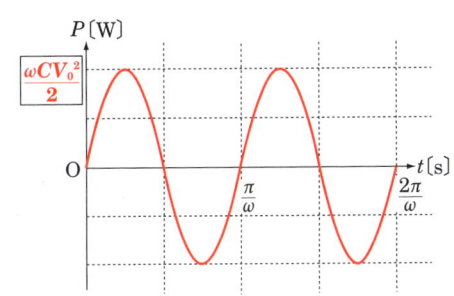

電力の平均値：0

解き方 (1) コンデンサーに流れる電流 I〔A〕は，
$$\begin{aligned}I &= \frac{\Delta Q}{\Delta t} \\ &= \frac{CV_0 \sin \omega(t + \Delta t) - CV_0 \sin \omega t}{\Delta t} \\ &= \frac{CV_0}{\Delta t}(\sin \omega t \cos \omega \Delta t \\ &\qquad + \cos \omega t \sin \omega \Delta t - \sin \omega t) \\ &\fallingdotseq \frac{CV_0}{\Delta t}(\sin \omega t + \omega \Delta t \cos \omega t - \sin \omega t) \\ &= \omega C V_0 \cos \omega t\end{aligned}$$

(2) コンデンサーで消費される電力 P〔W〕は，
$$\begin{aligned}P &= IV \\ &= \omega C V_0 \cos \omega t \times V_0 \sin \omega t \\ &= \omega C V_0^2 \sin \omega t \cos \omega t \\ &= \frac{\omega C V_0^2}{2} \sin 2\omega t\end{aligned}$$

となるので，答えのグラフになる。また，グラフの対称性より，平均の消費電力は 0 である。

33 (1) $\dfrac{V_0}{\sqrt{R^2+\left(\omega L-\dfrac{1}{\omega C}\right)^2}}\sin(\omega t-\phi)$

ただし，$\tan\phi=\dfrac{\omega L-\dfrac{1}{\omega C}}{R}$

(2) $\dfrac{1}{\sqrt{LC}}$

解き方 (1) 回路に流れる電流は抵抗，コイル，コンデンサーですべて等しい。電圧に対する電流の位相は，コイルでは $\dfrac{\pi}{2}$ 遅れ，コンデンサーでは $\dfrac{\pi}{2}$ 進む。また，電流の最大値が I_0 〔A〕のとき，抵抗にかかる電圧の最大値は RI_0，コイルにかかる電圧の最大値は $\omega L I_0$，コンデンサーにかかる電圧の最大値は $\dfrac{1}{\omega C}I_0$ である。

これを図に表すと下図のようになるので，回路全体にかかる電圧の最大値 V_0 は，

$$V_0=\sqrt{R^2+\left(\omega L-\dfrac{1}{\omega C}\right)^2}\,I_0$$

となる。
電圧と電流の位相のずれを ϕ とすれば，

$$I=\dfrac{V_0}{\sqrt{R^2+\left(\omega L-\dfrac{1}{\omega C}\right)^2}}\sin(\omega t-\phi)$$

このとき，位相差 ϕ は

$$\tan\phi=\dfrac{\omega L-\dfrac{1}{\omega C}}{R}$$

(2) 回路の**インピーダンス**（合成抵抗に相当する量）が最小になったとき，回路に流れる電流は最大になる。インピーダンスが最小になるのは，

$$\omega_0 L-\dfrac{1}{\omega_0 C}=0$$

のときである。よって，

$$\omega_0=\dfrac{1}{\sqrt{LC}}$$

34 (1) $\dfrac{1}{2}CE^2$

(2) ① $\dfrac{1}{2\pi\sqrt{LC}}$

② $E\sqrt{\dfrac{C}{L}}$

解き方 (1) コンデンサーには E〔V〕の電圧がかかるので，コンデンサーにたくわえられるエネルギー U〔J〕は，

$$U=\dfrac{1}{2}CE^2$$

(2)① 電気振動の振動数 f〔Hz〕は，

$$f=\dfrac{1}{2\pi\sqrt{LC}}$$

② 電流の最大値を I_0〔A〕とすれば，エネルギー保存の法則より，

$$\dfrac{1}{2}CE^2=\dfrac{1}{2}LI_0{}^2$$

となるので，

$$I_0=E\sqrt{\dfrac{C}{L}}$$

入試問題にチャレンジ！ の答　⇒本冊 p.104

1 (1) 大きさ：$\dfrac{9kQ^2}{r^2}$　種類：斥力

(2) $\dfrac{(4+3\sqrt{3})kQ}{r}$　(3) $\dfrac{5kQ}{r^2}$

(4) $\dfrac{kQ}{r^2}\left(2-\dfrac{3\sqrt{3}}{2}\right)$　(5) $\dfrac{4}{5}r$

(6) $-\dfrac{25kQ^2}{2r}$

解き方 (1) クーロンの法則より，

$$F=k\dfrac{4Q\times 9Q}{(2r)^2}=\dfrac{9kQ^2}{r^2}$$

(2) 電位はスカラーなので，点 A の電荷による電位 V_A と点 B の電荷による電位 V_B を足し合わせればよい。

$$V_A=k\dfrac{4Q}{r}$$

$$V_B=k\dfrac{9Q}{\sqrt{3}r}=k\dfrac{3\sqrt{3}Q}{r}$$

であるから，点Pの電位 V_P は，

$$V_P = k\frac{4Q}{r} + k\frac{3\sqrt{3}Q}{r}$$

$$= \frac{(4+3\sqrt{3})kQ}{r}$$

(3) 電場はベクトルなので，点Aの点電荷による電場 E_A と点Bの点電荷による電場 E_B とのベクトル和を求めればよい。

$$E_A = k\frac{4Q}{r^2}$$

$$E_B = k\frac{9Q}{(\sqrt{3}r)^2} = k\frac{3Q}{r^2}$$

となり，E_A と E_B とのなす角度は90°なので，点Pの電場の強さ E_P は，

$$E_P = \sqrt{\left(\frac{4kQ}{r^2}\right)^2 + \left(\frac{3kQ}{r^2}\right)^2}$$

$$= \frac{5kQ}{r^2}$$

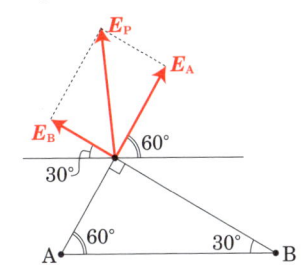

(4) E_A の $\overrightarrow{AB}$ 方向の成分は $\frac{4kQ}{r^2}\cos 60°$，E_B の $\overrightarrow{AB}$ 方向の成分は $-\frac{3kQ}{r^2}\cos 30°$ であるから，

$$\frac{4kQ}{r^2} \times \frac{1}{2} + \left(-\frac{3kQ}{r^2} \times \frac{\sqrt{3}}{2}\right)$$

$$= \frac{kQ}{r^2}\left(2 - \frac{3\sqrt{3}}{2}\right)$$

(5) 点Aの点電荷による電場と点Bの点電荷による電場の向きが反対で大きさが等しければよい。線分AB上ではどの点でも電場の向きは反対なので，大きさの等しい点を求める。点Aと点Sの距離を x とすれば，

$$k\frac{4Q}{x^2} = k\frac{9Q}{(2r-x)^2}$$

となり，この式を変形すると，

$$5x^2 + 16rx - 16r^2 = 0$$

$$(5x - 4r)(x + 4r) = 0$$

となるので，$x>0$ より，

$$x = \frac{4}{5}r$$

(6) 点Sの電位 V_S は，

$$V_S = k\frac{4Q}{\frac{4}{5}r} + k\frac{9Q}{\frac{6}{5}r}$$

$$= \frac{5kQ}{r} + \frac{15kQ}{2r}$$

$$= \frac{25kQ}{2r}$$

となるので，$-Q$ の電荷を無限遠方から点Sまで運ぶ場合に外力がする仕事 W は，

$$W = -QV_S$$

$$= -\frac{25kQ^2}{2r}$$

2 (1) ① 1.8×10^{-4} C
　　② 90 V
　　③ 8.1×10^{-3} J
(2) ① 30 V
　　② 6.0×10^{-5} C
　　③ 9.0×10^{-4} J
　　④ 1.2×10^{-4} C
　　⑤ 1.8×10^{-3} J
(3) ① 5.4×10^{-3} J
　　② 抵抗でジュール熱に変わった。

解き方 (1)① 電気量保存を考えると，C_2 にも Q_1 の電荷がたくわえられるので，C_1 にかかる電圧を V_1，C_2 にかかる電圧を V_2 とすれば，

$$Q_1 = 6.0 \times 10^{-6} \times V_1$$

$$Q_1 = 2.0 \times 10^{-6} \times V_2$$

である。キルヒホッフの第2法則より，

$$120 = V_1 + V_2$$

となるので，

$$120 = \frac{Q_1}{6.0 \times 10^{-6}} + \frac{Q_1}{2.0 \times 10^{-6}}$$

$$= \frac{4.0Q_1}{6.0 \times 10^{-6}}$$

となり，

$$Q_1 = 120 \times \frac{6.0 \times 10^{-6}}{4.0}$$

$$= 1.8 \times 10^{-4} \text{[C]}$$

② C_2 の極板間の電位差 V_2 は,
$$V_2 = \frac{1.8 \times 10^{-4}}{2.0 \times 10^{-6}}$$
$$= 90 \text{ [V]}$$

③ C_2 にたくわえられている静電エネルギー U_2 は,
$$U_2 = \frac{1}{2} \times 1.8 \times 10^{-4} \times 90$$
$$= 8.1 \times 10^{-3} \text{ [J]}$$

(2) コンデンサー C_2 と C_3 は並列に接続されていると考えてよいので, C_3 にかかる電圧も V_2' である。よって,
$$Q_2' = 2.0 \times 10^{-6} \times V_2'$$
$$Q_3' = 4.0 \times 10^{-6} \times V_2'$$
となる。電気量保存の法則より,
$$1.8 \times 10^{-4} = Q_2' + Q_3'$$
となるので,
$$1.8 \times 10^{-4} = 2.0 \times 10^{-6} \times V_2'$$
$$+ 4.0 \times 10^{-6} \times V_2'$$
$$= 6.0 \times 10^{-6} \times V_2'$$
となり,
$$V_2' = \frac{1.8 \times 10^{-4}}{6.0 \times 10^{-6}} = 30 \text{ [V]}$$

また, V_2' を用いて,
$$Q_2' = 2.0 \times 10^{-6} \times 30$$
$$= 6.0 \times 10^{-5} \text{ [C]}$$
$$Q_3' = 4.0 \times 10^{-6} \times 30$$
$$= 1.2 \times 10^{-4} \text{ [C]}$$
$$U_2' = \frac{1}{2} \times 6.0 \times 10^{-5} \times 30$$
$$= 9.0 \times 10^{-4} \text{ [J]}$$
$$U_3' = \frac{1}{2} \times 1.2 \times 10^{-4} \times 30$$
$$= 1.8 \times 10^{-3} \text{ [J]}$$

(3) エネルギー差 ΔU は,
$$\Delta U = 8.1 \times 10^{-3}$$
$$- (9.0 \times 10^{-4} + 1.8 \times 10^{-3})$$
$$= 5.4 \times 10^{-3} \text{ [J]}$$
である。このエネルギー差は, 抵抗でジュール熱に変わったためである。

3 (1) ① $\dfrac{\varepsilon_0 SV}{d}$　② $\dfrac{V}{d}$
　　③ $\dfrac{1}{4}V$　④ $\dfrac{\varepsilon_0 SV^2}{2d}$

(2) ① $\dfrac{2\varepsilon_r \varepsilon_0 S}{(\varepsilon_r + 1)d}$　② $\dfrac{V}{\varepsilon_r d}$　③ $\dfrac{V}{4\varepsilon_r}$
　　④ $\dfrac{\varepsilon_r + 1}{2\varepsilon_r}V$　⑤ $\dfrac{(\varepsilon_r + 1)\varepsilon_0 SV^2}{4\varepsilon_r d}$
　　⑥ $\dfrac{(\varepsilon_r - 1)\varepsilon_0 SV^2}{4\varepsilon_r d}$

解き方 (1)① コンデンサーの電気容量は $\varepsilon_0 \dfrac{S}{d}$ なので, たくわえられる電荷 Q は,
$$Q = \varepsilon_0 \frac{S}{d} \times V = \frac{\varepsilon_0 SV}{d}$$

② 極板間には一様な電場ができるので, 電場の強さ E は,
$$E = \frac{V}{d}$$

③ 電場が一様なので, 極板 B の電位を基準とした電位は, 極板 B からの距離に比例し, 極板 B の電位を基準とした P の電位 V_P は,
$$V_P = \frac{V}{d} \times \frac{d}{4}$$
$$= \frac{1}{4}V$$

④ コンデンサーにたくわえられた静電エネルギー U は,
$$U = \frac{1}{2} \times \varepsilon_0 \frac{S}{d} \times V^2$$
$$= \frac{\varepsilon_0 SV^2}{2d}$$

(2)① 誘電体の挿入されていない部分と, 挿入されている部分のコンデンサーが直列に接続されていると考えればよい。誘電体を挿入されていない部分の静電容量 C_1 は,
$$C_1 = \varepsilon_0 \frac{S}{\dfrac{d}{2}}$$
$$= \frac{2\varepsilon_0 S}{d}$$

誘電体を挿入されている部分のコンデンサーの静電容量 C_2 は,
$$C_2 = \varepsilon_r \varepsilon_0 \frac{S}{\dfrac{d}{2}}$$
$$= \frac{2\varepsilon_r \varepsilon_0 S}{d}$$

となるので, 静電容量 C は,

$$\frac{1}{C} = \frac{1}{C_1} + \frac{1}{C_2}$$
$$= \frac{d}{2\varepsilon_0 S} + \frac{d}{2\varepsilon_r \varepsilon_0 S}$$
$$= \frac{(\varepsilon_r + 1)d}{2\varepsilon_r \varepsilon_0 S}$$

となり,
$$C = \frac{2\varepsilon_r \varepsilon_0 S}{(\varepsilon_r + 1)d}$$

② スイッチKが開いているので，極板にたくわえられている電荷 $\frac{\varepsilon_0 SV}{d}$ は，誘電体を挿入しても変わらない。
誘電体両端間の電位差を V_2 とすれば，
$$\frac{\varepsilon_0 SV}{d} = \frac{2\varepsilon_r \varepsilon_0 S}{d} V_2$$
となるので，誘電体内にできる一様な電場の強さ E_2 は，
$$E_2 = \frac{V_2}{\frac{d}{2}} = \frac{V}{\varepsilon_r d}$$

③ 極板Bの電位を基準としたPの電位 V_P' は，
$$V_P' = E_2 \times \frac{d}{4} = \frac{V}{4\varepsilon_r}$$

④ コンデンサーの極板間の電位差 V' は，$Q = CV'$ より，
$$\frac{\varepsilon_0 SV}{d} = \frac{2\varepsilon_r \varepsilon_0 S}{(\varepsilon_r + 1)d} V'$$
となり，
$$V' = \frac{\varepsilon_r + 1}{2\varepsilon_r} V$$

⑤ コンデンサーにたくわえられた静電エネルギー U' は，
$$U' = \frac{1}{2} \times \frac{2\varepsilon_r \varepsilon_0 S}{(\varepsilon_r + 1)d} \times \left(\frac{\varepsilon_r + 1}{2\varepsilon_r} V\right)^2$$
$$= \frac{(\varepsilon_r + 1)\varepsilon_0 SV^2}{4\varepsilon_r d}$$

⑥ 誘電体を挿入するために外力がした仕事を W とすれば，エネルギー保存の法則より，
$$U' = U + W$$
となるので，
$$W = U' - U$$
$$= \frac{(\varepsilon_r + 1)\varepsilon_0 SV^2}{4\varepsilon_r d} - \frac{\varepsilon_0 SV^2}{2d}$$
$$= \frac{(\varepsilon_r - 1)\varepsilon_0 SV^2}{4\varepsilon_r d}$$

4 (1) 抵抗：0.50 A
　　　電球：0.35 A
(2) 0.25 A
(3) 0.30 A

解き方 (1) 12 Ω の抵抗と電球Aには，どちらも 6 V の電圧がかかる。12 Ω の抵抗に流れる電流を I_1 とすれば，オームの法則より，
$$6.0 = 12 \times I_1$$
となり，
$$I_1 = \frac{6.0}{12} = 0.50 \text{ [A]}$$
また，電球Aに流れる電流は，特性曲線の電圧 6 V のときの電流を読み取ればよい。よって，電球Aに流れる電流は 0.35 A である。

(2) 電球Aにかかる電圧を V，流れる電流を I とすれば，キルヒホッフの第2法則より，
$$6.0 = 12 \times I + V$$
となり，
$$I = -\frac{1}{12}V + 0.5$$
となる。この式を特性曲線のグラフに描きこみ，その交点から $I = 0.25$ [A]と求められる。

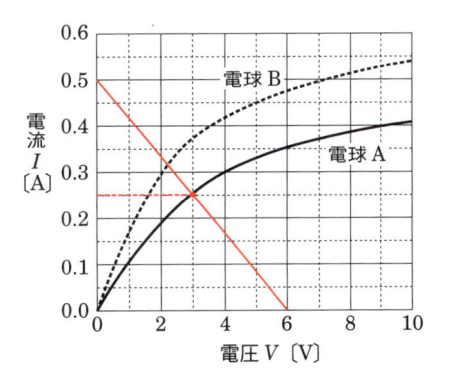

(3) 電球Bと電球Aが直列に接続されているので，電球Bと電球Aには同じ電流が流れる。
同じ電流が流れているときに，電球Bにかかる電圧と電球Aにかかる電圧の和が 6 V になればよい。
電流が 0.3 A のとき電球Bには 2 V，電球Aには 4 V がかかることが特性曲線から読み取れるので，電球Bに流れる電流は 0.30 A である。

5 (1) $\dfrac{V}{l}$

(2) ① $\dfrac{eV}{l}$ ② イ ③ $\dfrac{eV}{kl}$

(3) $enSv$ (4) $\dfrac{e^2nSV}{kl}$

(5) 電気抵抗：$\dfrac{kl}{e^2nS}$

抵抗率：$\dfrac{k}{e^2n}$

抵抗率の単位：$\Omega\cdot\text{m}$

解き方 (1) 導体内には一様な電場ができるので，電場の強さは $\dfrac{V}{l}$ である。

(2)① $F = qE$ より，自由電子が電場から受ける力の大きさは

$$e \times \dfrac{V}{l} = \dfrac{eV}{l}$$

② 電場の向きは電位の高い方から低い方に向かう。自由電子の電荷は負なので，電場から受ける力の向きは，電場と逆向きになる。
よって，自由電子が電場により受ける力の向きはイである。

③ 自由電子が電場から受ける力と抵抗力とのつり合いの式は，

$$kv = \dfrac{eV}{l}$$

となるので，

$$v = \dfrac{eV}{kl}$$

(3) 時間 Δt の間に導体の断面を通過する自由電子の数は

$$nSv\Delta t$$

であるから，時間 Δt の間に通過する電荷 ΔQ は，

$$\Delta Q = enSv\Delta t$$

である。
Δt の間に ΔQ の電荷が通過したときの電流 I は，

$$I = \dfrac{\Delta Q}{\Delta t}$$

であるから，

$$I = \dfrac{enSv\Delta t}{\Delta t} = enSv$$

(4) (3)の結果に(2)の結果を代入して，

$$I = enS \times \dfrac{eV}{kl} = \dfrac{e^2nSV}{kl}$$

(5) オームの法則より $V = RI$ であるから，

$$V = R \times \dfrac{e^2nSV}{kl}$$

となり，

$$R = \dfrac{kl}{e^2nS}$$

さらに，$R = \rho\dfrac{S}{l}$ であるから，

$$\rho\dfrac{l}{S} = \dfrac{kl}{e^2nS}$$

となり，

$$\rho = \dfrac{k}{e^2n}$$

また，$\rho = R\dfrac{S}{l}$ なので，抵抗率の単位は，

$$[\Omega] \times \dfrac{[\text{m}^2]}{[\text{m}]} = [\Omega\cdot\text{m}]$$

6 (1) R_1：$\dfrac{E}{R_1 + R_2}$ R_3：$\dfrac{E}{R_3 + R_4}$

(2) 電流：0 電気量：$\dfrac{C_1C_2E}{C_1 + C_2}$

(3) C_1：電位差…$\dfrac{R_3}{R_3 + R_4}E$

　　　電気量…$\dfrac{C_1R_3E}{R_3 + R_4}$

C_2：電位差…$\dfrac{R_4}{R_3 + R_4}E$

　　　電気量…$\dfrac{C_2R_4E}{R_3 + R_4}$

(4) $\dfrac{C_1R_3E}{R_3 + R_4}$

(5) $\dfrac{C_1R_3 - C_2R_4}{(C_1 + C_2)(R_3 + R_4)}E$

解き方 (1) S_1 を閉じた直後，コンデンサーには電荷がたくわえられていないので，コンデンサーにかかる電圧は 0 である。
抵抗 R_1 に流れる電流を I_1 として，電源，C_1，R_1，R_2，C_2 の回路でキルヒホッフの第2法則の式をつくれば，

$$E = R_1I_1 + R_2I_2$$

となるので，

$$I_1 = \dfrac{E}{R_1 + R_2}$$

また，抵抗 R_3 に流れる電流を I_3 として，電源，R_3, R_4 の回路でキルヒホッフの第 2 法則の式をつくれば，
$$E = R_3 I_3 + R_4 I_3$$
となるので，
$$I_3 = \frac{E}{R_3 + R_4}$$

(2) S_1 を閉じてじゅうぶんに時間がたつと，コンデンサーには電流が流れなくなるので，抵抗 R_1 に流れる電流は 0 である。

また，コンデンサー C_1 にかかる電圧を V_1, たくわえられた電気量を Q_1, コンデンサー C_2 にかかる電圧を V_2, たくわえられた電気量を Q_2 とすれば，$Q = CV$ の式より，
$$Q_1 = C_1 V_1$$
$$Q_2 = C_2 V_2$$
キルヒホッフの第 2 法則より，
$$E = V_1 + V_2$$
電気量保存より，
$$0 = -Q_1 + Q_2$$
となる。この 4 式より，
$$E = \frac{Q_1}{C_1} + \frac{Q_1}{C_2}$$
となるので，
$$Q_1 = \frac{C_1 C_2 E}{C_1 + C_2}$$

(3) S_1 を閉じたまま S_2 を閉じ，じゅうぶんに時間がたつと，抵抗 R_3 にかかる電圧がコンデンサー C_1 に，抵抗 R_4 にかかる電圧がコンデンサー C_2 にかかる。抵抗 R_3 にかかる電圧 V_3 は，
$$V_3 = R_3 I_3$$
$$= R_3 \times \frac{E}{R_3 + R_4}$$
$$= \frac{R_3}{R_3 + R_4} E$$

また，コンデンサー C_1 にたくわえられる電気量 $Q_1{}'$ は，
$$Q_1{}' = C_1 V_3 = \frac{C_1 R_3 E}{R_3 + R_4}$$
さらに，抵抗 R_4 にかかる電圧 V_4 は，
$$V_4 = R_4 I_3$$
$$= R_4 \times \frac{E}{R_3 + R_4}$$
$$= \frac{R_4}{R_3 + R_4} E$$

また，コンデンサー C_2 にたくわえられる電気量 $Q_2{}'$ は，
$$Q_2{}' = C_2 V_4 = \frac{C_2 R_4 E}{R_3 + R_4}$$

(4) S_1 を閉じたまま S_2 を開いても，コンデンサー C_1 と C_2 とにかかる電圧の和が E になっているので，電荷の移動は起きない。よって，C_1 のコンデンサーにたくわえられている電気量は $\dfrac{C_1 R_3 E}{R_3 + R_4}$ である。

(5) S_2 を開いたまま S_1 を開き，じゅうぶんに時間がたったとき，コンデンサー C_1 にかかる電圧を $V_1{}''$, C_1 の点 a 側の電極にたくわえられた電気量を $Q_1{}''$, コンデンサー C_2 にかかる電圧を $V_2{}''$, C_2 の点 a 側の電極にたくわえられた電気量を $Q_2{}''$ とする。

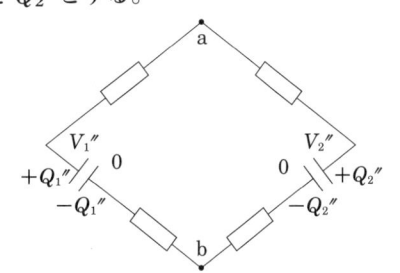

電気容量の式 $Q = CV$ より，
$$Q_1{}'' = C_1 V_1{}''$$
$$Q_2{}'' = C_2 V_2{}''$$
キルヒホッフの第 2 法則より，
$$0 = V_1{}'' - V_2{}''$$
電気量保存の法則より，
$$\frac{C_1 R_3 E}{R_3 + R_4} - \frac{C_2 R_4 E}{R_3 + R_4} = Q_1{}'' + Q_2{}''$$
となる。この 4 式より，
$$\frac{C_1 R_3 E}{R_3 + R_4} - \frac{C_2 R_4 E}{R_3 + R_4} = C_1 V_1{}'' + C_2 V_1{}''$$
となり，
$$V_1{}'' = \frac{C_1 R_3 - C_2 R_4}{(C_1 + C_2)(R_3 + R_4)} E$$

❼ (1) x 成分：$v \sin \theta$
z 成分：$v \cos \theta$

(2) $evB \sin \theta$ (3) $\dfrac{mv \sin \theta}{eB}$

(4) $\dfrac{2\pi m}{eB}$ (5) $\dfrac{2\pi mv \cos \theta}{eB}$

解き方 (1) 電子の速度の x 成分 v_x は,
$$v_x = v\sin\theta$$
また, z 成分 v_z は,
$$v_z = v\cos\theta$$

(2) 磁界から受けるローレンツ力 F は, 速度の磁場に対して垂直な成分で考えればよいので,
$$F = e \times (v\sin\theta) \times B$$
$$= evB\sin\theta$$

(3) 電子について運動方程式をつくれば,
$$m \times \frac{(v\sin\theta)^2}{R} = evB\sin\theta$$
となるので,
$$R = \frac{mv\sin\theta}{eB}$$

(4) 円運動の周期 T は,
$$T = \frac{2\pi R}{v\sin\theta}$$
$$= \frac{2\pi}{v\sin\theta} \times \frac{mv\sin\theta}{eB}$$
$$= \frac{2\pi m}{eB}$$

(5) z 軸方向は $v\cos\theta$ の等速直線運動を行うので,
$$l = v\cos\theta \times \frac{2\pi m}{eB}$$
$$= \frac{2\pi mv\cos\theta}{eB}$$

8 (1) 磁場：$\dfrac{NI}{l}$

磁束：$\dfrac{\mu_0 NIS}{l}$

(2) $-\dfrac{\mu_0 N^2 S \Delta I}{l \Delta t}$

(3) $\dfrac{\mu_0 N^2 S}{l}$

解き方 (1) 単位長さあたりの巻き数が $\dfrac{N}{l}$ であるから, コイル内の磁場 H は,
$$H = \frac{N}{l} \times I = \frac{NI}{l}$$
磁束密度 B は,
$$B = \mu_0 H = \frac{\mu_0 NI}{l}$$
となり, 磁束 Φ は,
$$\Phi = BS = \frac{\mu_0 NIS}{l}$$

(2) 時間 Δt にコイルを貫く磁束の増加量 $\Delta\Phi$ は,
$$\Delta\Phi = \frac{\mu_0 N(I+\Delta I)S}{l} - \frac{\mu_0 NIS}{l}$$
$$= \frac{\mu_0 N\Delta IS}{l}$$
であるから, ファラデーの電磁誘導の法則より,
$$V = -N\frac{\Delta\Phi}{\Delta t}$$
$$= -\frac{\mu_0 N^2 S \Delta I}{l \Delta t}$$

(3) コイルに発生する自己誘導の起電力は,
$$V = -L_A \frac{\Delta I}{\Delta t}$$
であるから, (2)の結果を用いて,
$$-L_A \frac{\Delta I}{\Delta t} = -\frac{\mu_0 N^2 S \Delta I}{l \Delta t}$$
となり,
$$L_A = \frac{\mu_0 N^2 S}{l}$$

9 (1) evB
(2) $evBL$
(3) vBL
(4) 力の大きさ：$ex\omega B$　グラフ：下図

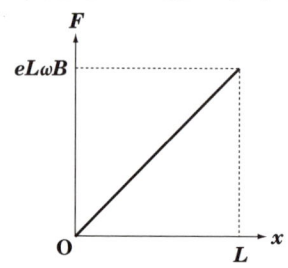

(5) $\dfrac{1}{2}e\omega BL^2$

(6) $\dfrac{1}{2}\omega BL^2$

解き方 (1) 自由電子が磁場に垂直に速さ v で運動することになるので, 自由電子が磁場から受けるローレンツ力 f は,
$$f = evB$$

(2) ローレンツ力に逆らって距離 L 移動させるのだから, そのとき必要なエネルギーは,
$$evB \times L = evBL$$

(3) OとPの間に生じる起電力の大きさをVとすれば,
$$eV = evBL$$
となるので,
$$V = vBL$$

(4) 中心Oから距離x離れた点Qにある自由電子の速さは$x\omega$であるから,自由電子が磁場から受けるローレンツ力Fは,
$$F = ex\omega B$$
である。この式より,Fとxは比例関係にあるので,答えのグラフになる。

(5) (4)のグラフの三角形の面積が求めるエネルギーになるので,
$$\frac{1}{2} \times L \times e\omega BL = \frac{1}{2}e\omega BL^2$$

(6) OとPの間に生じる起電力の大きさをV'とすれば,
$$eV' = \frac{1}{2}e\omega BL^2$$
となるので,
$$V' = \frac{1}{2}\omega BL^2$$

⑩ (1) 向き:d→c

大きさ:$\dfrac{mg}{BL}$

(2) $\dfrac{mgR}{B^2L^2}$

(3) 熱エネルギー:$\dfrac{m^2g^2R}{B^2L^2}$

力学的エネルギー:$\dfrac{m^2g^2R}{B^2L^2}$

説明:エネルギーが保存している。

解き方 (1) 導体棒は一定の速さで運動するので,導体棒にはたらく力はつり合っている。導体棒に流れる電流をIとすれば,
$$IBL = mg$$
となるので,
$$I = \frac{mg}{BL}$$
また,電流が磁場から受ける力の向きは張力の向きと逆になるので,電流の向きはフレミングの左手の法則よりd→cである。

(2) 導体棒の速さがvであるとすれば,導体棒に生じる誘導起電力の大きさはvBLである。抵抗Rを含めた1回りの回路で,キルヒホッフの第2法則の式をつくれば,
$$vBL = R \times \frac{mg}{BL}$$
となるので,
$$v = \frac{mgR}{B^2L^2}$$

(3) 抵抗で発生する単位時間あたりのジュール熱は電力になるので,
$$P = RI^2$$
$$= R \times \left(\frac{mg}{BL}\right)^2$$
$$= \frac{m^2g^2R}{B^2L^2}$$

おもりの力学的エネルギーの単位時間あたりの変化分ΔEは,おもりが単位時間にv落下することから,
$$\Delta E = mgv$$
$$= mg \times \frac{mgR}{B^2L^2}$$
$$= \frac{m^2g^2R}{B^2L^2}$$

このことから,力学的エネルギーが減少したぶんジュール熱が発生しており,エネルギー保存の法則が成立しているとわかる。

⑪ (1) ① (交流)発電機 ② 交流

(2) A

(3) $l_1l_2B\cos\omega t$

(4) $nl_1l_2B\omega\sin\omega t$

解き方 (1) ef間に生じる誘導起電力はコイルの回転とともに,eとfとで電位の高い方が交互に変化するので,交流が発生していることがわかる。

(2) 図の位置では,コイルを貫く磁束は減っていくので,右ねじの法則より電流はBからAの向きに流れる。起電力の部分では電位の低い方から高い方に電流は流れるので,Aのほうが電位が高い。

(3) 時刻tまでに,コイルはωt回転するので,時刻tにおける面ABCDを貫く磁束Φは,
$$\Phi = l_1l_2B\cos\omega t$$

(4) ファラデーの電磁誘導の法則より，
$$V = -n\frac{\Delta\Phi}{\Delta t}$$
$$= -n\frac{l_1 l_2 B\cos\omega(t+\Delta t) - l_1 l_2 B\cos\omega t}{\Delta t}$$
となる。加法定理で展開して，$\Delta t \ll 1$ であることから，$\sin\omega\Delta t \fallingdotseq \omega\Delta t$，$\cos\omega\Delta t \fallingdotseq 1$ と近似すれば，
$$V = nl_1 l_2 B\omega\sin\omega t$$

12 (1) $\dfrac{1}{2\pi\sqrt{LC}}$

(2) コイル：$\sqrt{\dfrac{L}{C}}$

　　コンデンサー：$\sqrt{\dfrac{L}{C}}$

(3) **10 A**

解き方 (1) 交流の角周波数を ω として，ベクトル図から回路のインピーダンス Z を求めると，
$$Z = \sqrt{R^2 + \left(\omega L - \frac{1}{\omega C}\right)^2}$$
となる。

回路に流れる電流が最大になるのは，全体のインピーダンスが最小になるときであるから，
$$\omega L - \frac{1}{\omega C} = 0 \quad\cdots\cdots\boxed{1}$$
であればよい。
このとき，$\omega = 2\pi f_0$ であるから，
$$2\pi f_0 = \frac{1}{\sqrt{LC}}$$
となり，
$$f_0 = \frac{1}{2\pi\sqrt{LC}}$$

(2) コイルのリアクタンスは ωL であるから，
$$\omega L = 2\pi f_0 L = \frac{1}{\sqrt{LC}} \times L = \sqrt{\frac{L}{C}}$$

また，コンデンサーのリアクタンスは $\dfrac{1}{\omega C}$ であるから，
$$\frac{1}{\omega C} = \frac{1}{2\pi f_0 C} = \frac{\sqrt{LC}}{C} = \sqrt{\frac{L}{C}}$$

（補足）$\boxed{1}$式より $\omega L = \dfrac{1}{\omega C}$ なので，どちらか片方について計算すればよい。

(3) オームの法則より，
$$100 = 10 \times I$$
となり，
$$I = \frac{100}{10} = 10\,[\mathrm{A}]$$

5編 原子と原子核

1章 電子と光子

基礎の基礎を固める！の答 ➡ 本冊 p.112

1 ① 磁場 ② 負の電荷 ③ 運動エネルギー

[解き方] 陰極線には次のような性質がある。
① ガラスに当たると蛍光を発する。
② 物体にさえぎられ，影ができる。
③ 衝突すると熱を発生することから，**運動エネルギー**をもっている。
④ 電場や磁場によって進路が曲げられ，その曲がり方から**負の電荷**の流れである。
⑤ 陰極の材質に無関係である。

2 ④ 比電荷

[解き方] トムソンは，電子の質量や電荷を調べるために，電子線が電場や磁場によって曲げられることを利用して，電子の**比電荷**を測定した。

3 ⑤ X線 ⑥ 電気素量
　　⑦ 1.6×10^{-19}　⑧ 1.6×10^{-19}

[解き方] ミリカンは電荷の最小単位を求めるために実験を行った。油滴に**X線**を照射し，微量に帯電した油滴の電気量を測定し，その最小単位を求めた。電荷の最小単位を**電気素量**といい，その値は 1.6×10^{-19} C である。
ここで，電子のもつ電荷は -1.6×10^{-19} C であるから，
　　$W = qV$
より，
　　$1.6 \times 10^{-19} \times 1 = 1.6 \times 10^{-19}$ 〔J〕

4 ⑨ 光電子 ⑩ 限界振動数
　　⑪ 波

[解き方] **光電効果**は，金属に波長の短い光を当てると電子が飛び出す現象で，この電子を**光電子**という。光電効果は，光の振動数がある一定値より小さいと起こらない。この振動数を**限界振動数**という。限界振動数は金属の種類によって異なる。光電効果は光が波の性質しかもたないと考えると説明ができない現象である。

5 ⑫ 最短波長 ⑬ 連続
　　⑭ 波 ⑮ 固有(特性)

[解き方] 加速された電子を金属に衝突させると，電子の運動エネルギーで決まる**最短波長** λ_{min} 以上のX線が連続的に発生する。これを**連続X線**という。また，金属の種類によって決まる特定の波長のX線が大量に発生する。これを**固有X線(特性X線)**という。

6 ⑯ eV ⑰ 1
　　⑱ $\dfrac{hc}{\lambda}$ ⑲ $\dfrac{hc}{eV}$

[解き方] 電子は電圧 V で加速されると eV の仕事をされるので，eV だけ運動エネルギーが増加する。陰極から速さ 0 で電子が出たのだから，陽極に衝突する直前の電子のもつエネルギーは eV である。電子が 1 個陽極に衝突すると，光子が 1 個飛び出す。光子 1 個のもつエネルギー E は，**プランク定数 h × 光の振動数 ν** で表される。ここで，波の基本式より $c = \nu\lambda$ なので，

$$E = h\nu = \dfrac{hc}{\lambda}$$

また，電子のエネルギー eV がすべて光子に与えられたときに，光子の波長が最も短くなるので，

$$eV = \dfrac{hc}{\lambda_m}$$

となり，

$$\lambda_m = \dfrac{hc}{eV}$$

7 ⑳ 長 ㉑ 波
　　㉒ 粒子

[解き方] X線を結晶に当てると，散乱されたX線の中に，照射したX線の波長より長い波長のX線が観測される。この現象を**コンプトン効果**という。この現象はX線が**波動**であると考えると説明ができず，X線が運動量をもつ**粒子**としての性質をもつと考えると説明することができる。

8 ㉓ $\dfrac{h}{mv}$

㉔ ド・ブロイ波長

㉕ 物質波（ド・ブロイ波）

[解き方] ド・ブロイは運動量 p で運動する粒子は $\dfrac{h}{p}$ の波長をもつ波の性質をもつと考え，これを**物質波**とよんだ。のちに物質波は**ド・ブロイ波**ともよばれるようになったため，物質波の波長を**ド・ブロイ波長**ともいう。

9 ㉖ 波

[解き方] 干渉を起こすことは，波としての性質をもつことを証拠づける。

10 ㉗ $\dfrac{h}{mv}$ ㉘ $\dfrac{h}{2mv\sin\theta}$

[解き方] 電子線を結晶に照射すると干渉が起こる。電子線の干渉は電子の質量を m とし，電子を速さ v で結晶に当てたとき，電子が波長 $\dfrac{h}{mv}$ の波であると考えると説明することができる。
結晶面の間隔を d としたとき，結晶面に角度 θ で反射した電子波が干渉によって強め合う条件は，

$$2d\sin\theta = n\dfrac{h}{mv} \quad (n = 0, 1, 2, \cdots)$$

である。結晶に入射させる電子波の結晶面との角度を 0 から大きくしていくと，角度 θ で反射した電子波がはじめて強くなったことから，$n = 1$ であることがわかるので，結晶面の間隔 d は，

$$d = \dfrac{h}{2mv\sin\theta}$$

テストによく出る問題を解こう！ の答　→本冊 p.114

1 (1) ① $\dfrac{eVl^2}{2mdv_0^2}$　② $\dfrac{eVlL}{mdv_0^2}$

③ $\dfrac{eVl}{mdv_0^2}\left(\dfrac{l}{2} + L\right)$

(2) $\dfrac{V}{dB}$

(3) $\dfrac{e}{m} = \dfrac{VY}{dB^2l\left(\dfrac{l}{2} + L\right)}$

[解き方] (1)① 偏向板に垂直な方向に電場があるため，電子は電場方向に力を受け，等加速度運動を行い，電場に垂直な方向は等速運動を行う。偏向板に平行な方向は速さ v_0 の等速運動を行うので，偏向板間を通過するのに要する時間は $\dfrac{l}{v_0}$ である。

電場方向の加速度を a_y とすれば，運動方程式は，

$$ma_y = e\dfrac{V}{d}$$

となるので，

$$a_y = \dfrac{eV}{md}$$

である。
偏向板間を通過する間に電子が y 軸方向に偏向した距離 y_1 は，

$$y_1 = \dfrac{1}{2} \times \dfrac{eV}{md} \times \left(\dfrac{l}{v_0}\right)^2$$

$$= \dfrac{eVl^2}{2mdv_0^2}$$

② 偏向板を出るときの電子の x 軸方向の速さを v_x，y 軸方向の速さを v_y とすれば，

$$v_x = v_0$$

$$v_y = \dfrac{eV}{md} \times \dfrac{l}{v_0} = \dfrac{eVl}{mdv_0}$$

である。偏向板で偏向した角度を θ とすれば，

$$\tan\theta = \dfrac{v_y}{v_x}$$

$$= \dfrac{\dfrac{eVl}{mdv_0}}{v_0}$$

$$= \dfrac{eVl}{mdv_0^2}$$

よって，偏向板通過後に電子が y 軸方向に移動した距離 y_2 は，

$$y_2 = L\tan\theta = L \times \dfrac{eVl}{mdv_0^2}$$

$$= \dfrac{eVlL}{mdv_0^2}$$

③ 蛍光面の位置 O から A までの距離 Y は，

$$Y = y_1 + y_2$$

$$= \dfrac{eVl^2}{2mdv_0^2} + \dfrac{eVlL}{mdv_0^2}$$

$$= \dfrac{eVl}{mdv_0^2}\left(\dfrac{l}{2} + L\right)$$

(2) 電子が蛍光面の O 点に当たるようにするためには，偏向板間で等速直線運動を行えばよい。等速直線運動を行うためには，電子にはたらく静電気力とローレンツ力がつり合えばよいので，

$$e\frac{V}{d} = ev_0 B$$

となり，

$$v_0 = \frac{V}{dB}$$

(3) (1)，(2)の結果から，

$$Y = \frac{eVl}{md\left(\frac{V}{dB}\right)^2}\left(\frac{l}{2} + L\right)$$

$$= \frac{edB^2 l}{mV}\left(\frac{l}{2} + L\right)$$

となるので，

$$\frac{e}{m} = \frac{VY}{dB^2 l \left(\frac{l}{2} + L\right)}$$

テスト対策　電場内での荷電粒子の運動

電場内での荷電粒子は電場方向には等加速直線運動を行い，電場に垂直な方向には等速直線運動を行う。電場内で荷電粒子の運動の軌跡は**放物線**になる。

2 (1) $q\dfrac{V}{d} = mg + kv$

(2) 1.60×10^{-19} C

解き方 (1) 油滴には重力，電気力，空気抵抗がはたらき等速度運動を行っているので，油滴にはたらく合力は 0 である。よって，油滴にはたらく力のつり合いの式は，

$$q\frac{V}{d} = mg + kv$$

となる。

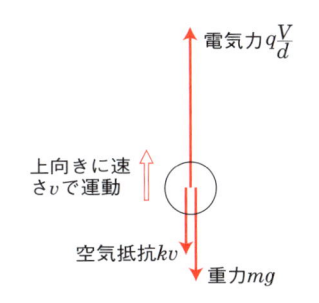

電気力 $q\dfrac{V}{d}$

上向きに速さ v で運動

空気抵抗 kv　　重力 mg

(2) 測定値どうしを引き算すると，

$6.41 \times 10^{-19} - 4.80 \times 10^{-19} = 1.61 \times 10^{-19}$
$4.80 \times 10^{-19} - 3.21 \times 10^{-19} = 1.59 \times 10^{-19}$
$9.61 \times 10^{-19} - 8.01 \times 10^{-19} = 1.60 \times 10^{-19}$

となり，これよりも小さな幅の差はないから，電荷の最小値はおよそ 1.6×10^{-19} C くらいと推定できる。

電気素量を e とすれば，$e ≒ 1.6 \times 10^{-19}$ と考えることができ，測定された電荷はその整数倍と考えられる。よって，

$6.41 \times 10^{-19} ≒ 4e$
$4.80 \times 10^{-19} ≒ 3e$
$8.01 \times 10^{-19} ≒ 5e$
$9.61 \times 10^{-19} ≒ 6e$
$3.21 \times 10^{-19} ≒ 2e$

となるので，辺々を加え合わせると，

$$32.04 \times 10^{-19} ≒ 20e$$

となり，

$$e = 1.602 \times 10^{-19} \text{ (C)}$$

と求められる。

3 (1) 5.00×10^{14} Hz

(2) 6.64×10^{-34} J·s

(3) W : 1.4 eV
v_m : 3.4×10^{14} Hz

(4) 下図

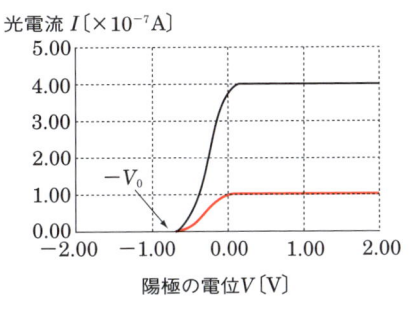

光電流 I [$\times 10^{-7}$ A]

陽極の電位 V [V]

解き方 (1) 波の基本式 $v = f\lambda$ より，

$$v = \frac{c}{\lambda} = \frac{3.00 \times 10^8}{6.00 \times 10^{-7}}$$

$$= 5.00 \times 10^{14} \text{ (Hz)}$$

(2) 図 3 に描かれた直線の傾きがプランク定数 h である。縦軸の eV の単位を J に直し，傾きからプランク定数 h を求めると，

$$h = \frac{(2.73 - 1.07) \times 1.60 \times 10^{-19}}{10.00 \times 10^{14} - 6.00 \times 10^{14}}$$

$$= 6.64 \times 10^{-34} \text{ (J·s)}$$

(3) 図3のグラフは，
$$eV = h\nu - W$$
で表されるので，グラフの値を用いて，
$$2.73 = h \times 10.00 \times 10^{14} - W$$
$$1.07 = h \times 6.00 \times 10^{14} - W$$
となる。この2式を変形して，
$$2.73 + W = h \times 10.00 \times 10^{14}$$
$$1.07 + W = h \times 6.00 \times 10^{14}$$
となる。
辺々割り算して，
$$\frac{2.73 + W}{1.07 + W} = \frac{10.00}{6.00}$$
となり，
$$6.00(2.73 + W) = 10.00(1.07 + W)$$
となるので，
$$4W = 6.00 \times 2.73 - 10.00 \times 1.07$$
$$W = 1.42 \,[\text{eV}]$$
また，限界振動数 ν_m は，
$$0 = 6.64 \times 10^{-34} \times \nu_m - 1.42 \times 1.60 \times 10^{-19}$$
より，
$$\nu_m = \frac{1.42 \times 1.60 \times 10^{-19}}{6.64 \times 10^{-34}}$$
$$= 3.42 \times 10^{14} \,[\text{Hz}]$$

(4) 光子1個で電子1個が飛び出す。光の強さを $\frac{1}{4}$ 倍にすると，光子の数も $\frac{1}{4}$ 倍になるため，光電流も $\frac{1}{4}$ になる。

また，電子1個が光子から得るエネルギーは光の強さによらず等しいので，$-V_0$ は変わらない。よって，答えの図のようになる。

4 (1) $\dfrac{hc}{\lambda} = \dfrac{hc}{\lambda'} + \dfrac{1}{2}mv^2$

(2) x 軸方向：$\dfrac{h}{\lambda} = \dfrac{h}{\lambda'}\cos\theta + mv\cos\phi$

y 軸方向：$0 = \dfrac{h}{\lambda'}\sin\theta - mv\sin\phi$

(3) $\Delta\lambda = \dfrac{h}{mc}(1 - \cos\theta)$

解き方 (1) 光子のエネルギー E は
$$E = h\nu$$
で与えられ，振動数
$$\nu = \frac{c}{\lambda}$$
を用いて
$$E = \frac{hc}{\lambda}$$
と表すことができる。

散乱前の光子のエネルギーは $\dfrac{hc}{\lambda}$，散乱後の光子のエネルギーは $\dfrac{hc}{\lambda'}$，電子のエネルギーは $\dfrac{1}{2}mv^2$ である。よってエネルギー保存の式は，
$$\frac{hc}{\lambda} = \frac{hc}{\lambda'} + \frac{1}{2}mv^2$$

(2) 波長 λ の光子の運動量 p は
$$p = \frac{h}{\lambda}$$
である。

散乱後の光子の運動量 p' は $p' = \dfrac{h}{\lambda'}$ であるから，x 軸方向の成分 p_x' は
$$p_x' = \frac{h}{\lambda'}\cos\theta$$
であり，y 軸方向の成分 p_y' は
$$p_y' = \frac{h}{\lambda'}\sin\theta$$
である。電子の運動量は mv であるから，x 軸方向の成分は $mv\cos\phi$，y 軸方向の成分は $-mv\sin\phi$ である。
x 軸方向の運動量保存の式は，
$$\frac{h}{\lambda} = \frac{h}{\lambda'}\cos\theta + mv\cos\phi$$
y 軸方向の運動量保存の式は，
$$0 = \frac{h}{\lambda'}\sin\theta - mv\sin\phi$$

(3) 運動量保存の2つの式から，
$$mv\cos\phi = \frac{h}{\lambda} - \frac{h}{\lambda'}\cos\theta$$
$$mv\sin\phi = \frac{h}{\lambda'}\sin\theta$$
となるので，両辺2乗して，右辺どうし，左辺どうしを足し合わせると，
$$m^2v^2 = \frac{h^2}{\lambda^2} + \frac{h^2}{\lambda'^2} - \frac{2h^2}{\lambda\lambda'}\cos\theta$$
となる。

この式と，エネルギー保存の式から，

$$\frac{hc}{\lambda} - \frac{hc}{\lambda'} = \frac{1}{2m}\left(\frac{h^2}{\lambda^2} + \frac{h^2}{\lambda'^2} - \frac{2h^2}{\lambda\lambda'}\cos\theta\right)$$

となる。両辺に $\lambda\lambda'$ をかけると，

$$hc(\lambda' - \lambda) = \frac{h^2}{2m}\left(\frac{\lambda'}{\lambda} + \frac{\lambda}{\lambda'} - 2\cos\theta\right)$$

よって，

$$\Delta\lambda = \frac{h}{2mc}\left(\frac{\lambda + \Delta\lambda}{\lambda} + \frac{\lambda}{\lambda + \Delta\lambda} - 2\cos\theta\right)$$

ここで，

$$\frac{\lambda + \Delta\lambda}{\lambda} + \frac{\lambda}{\lambda + \Delta\lambda} = \frac{2\lambda^2 + 2\lambda\Delta\lambda + \Delta\lambda^2}{\lambda(\lambda + \Delta\lambda)}$$

$$= 2 + \frac{\Delta\lambda^2}{\lambda(\lambda + \Delta\lambda)}$$

であり，

$$0 < \frac{\Delta\lambda^2}{\lambda(\lambda + \Delta\lambda)} < \frac{\Delta\lambda^2}{\lambda^2} \fallingdotseq 0$$

なので，

$$\Delta\lambda = \frac{h}{2mc}\left(\frac{\lambda + \Delta\lambda}{\lambda} + \frac{\lambda}{\lambda + \Delta\lambda} - 2\cos\theta\right)$$

$$\fallingdotseq \frac{h}{2mc}(2 - 2\cos\theta)$$

$$= \frac{h}{mc}(1 - \cos\theta)$$

5 ① eV ② $h\nu_0$ ③ $\dfrac{c}{\lambda_0}$ ④ $\dfrac{hc}{eV}$

解き方 ① 電圧 V によってされた仕事だけ運動エネルギーが増加するので，
$$K_0 = eV$$
② 振動数が ν_0 の光子のエネルギー E_0 は，
$$E_0 = h\nu_0$$
③ 波の基本式より，
$$\nu_0 = \frac{c}{\lambda_0}$$
④ 電子のエネルギーがすべてX線光子に与えられたとき，X線の波長は最も短くなるので，
$$h\frac{c}{\lambda_0} = eV$$
となるので，
$$\lambda_0 = \frac{hc}{eV}$$

テスト対策 波動性と粒子性

すべての物質は，**波動性**と**粒子性**の両面をもっている。このことはミクロの世界で顕著に表れ，マクロの世界では観測することができない。

波動性を示す現象としては，電子線回折がある。電子は粒子であると考えられていたが，回折，干渉を起こすことは波であると考えないと説明することができない。

粒子性を示す現象としては，光電効果，コンプトン効果，X線の発生がある。これらの現象は，これまで波として考えられていた光やX線が，粒子の性質をもっていると考えないと説明がつかなかった。

このように，これまで波と考えられていたものは粒子性を，粒子と考えられていたものが波動性を示したことから，すべての物質が波動性と粒子性の両面をもつと考えられるようになった。

2章 原子と原子核

基礎の基礎を固める！ の答 ➡本冊 p.120

11 ① $\dfrac{h}{mv}$ ② 量子数 ③ $h\nu$ ④ 振動数

解き方 ボーアは水素原子の構造を説明するために，原子核（陽子）のまわりを電子が半径 r，速さ v の等速円運動を行っているとし，2つの条件を考えた。

①量子条件

電子軌道の円周の長さは，電子波の波長 $\dfrac{h}{mv}$ の整数倍のみであると考え，

$$2\pi r = n \cdot \frac{h}{mv}$$

で表されるとした。$n = 1, 2, 3, \cdots$ であり，n のことを**量子数**という。

②振動数条件

水素原子はエネルギー E_n の定常状態から，それよりエネルギーの低いエネルギー E_m の定常状態に移るとき，振動数 ν の電磁波を出す。このとき，

$$E_n - E_m = h\nu$$

の関係式が成り立つ。これを**振動数条件**という。

12 ⑤ ヘリウム原子核　⑥ 強い　⑦ 弱い
　　⑧ 電子　⑨ 短い　⑩ 弱い　⑪ 強い

解き方 放射線には，α線，β線，γ線，X線などがある。
- α線…高速のヘリウム原子核の流れ。電離作用，写真作用，蛍光作用が最も強い。
- β線…高速の電子の流れ。
- γ線…X線よりも波長の短い電磁波。透過力が最も強い。

13 ⑫ 2 減少　⑬ 4 減少する　⑭ 1 増加
　　⑮ 変化しない

解き方 放射性原子核は，放射線を出して別の原子核に変化する。
- α崩壊…原子核からα粒子(ヘリウム原子核)が飛び出す。原子番号が2減少し，質量数が4減少する。
- β崩壊…原子核から電子が飛び出す。原子番号は1増加するが，質量数は変わらない。
- 原子核がγ線を放出した場合，原子番号も質量数も変わらない。

14 ⑯ 3.8×10^{-30}
　　⑰ 質量欠損
　　⑱ 3.4×10^{-13}
　　⑲ 大きい

解き方 陽子1個と中性子1個の質量を足し合わせると，
$$1.6725 \times 10^{-27} + 1.6748 \times 10^{-27}$$
$$= 3.3473 \times 10^{-27} \text{[kg]}$$
であるから，重水素との質量差は，
$$3.3473 \times 10^{-27} - 3.3435 \times 10^{-27}$$
$$= 3.8 \times 10^{-30} \text{[kg]}$$
である。この質量差を質量欠損という。
重水素を陽子と中性子に分裂させるためには，この質量減少分をエネルギーとして加える必要がある。そのため，この質量欠損が大きい原子核のほうが安定な原子核であることがわかる。
質量mとエネルギーEの等価性を表す
$$E = mc^2$$
を用いて得られる，
$$3.8 \times 10^{-30} \times (3.0 \times 10^8)^2$$
$$= 3.42 \times 10^{-13} \text{[J]}$$
を結合エネルギーという。

15 ⑳ 7.28

解き方 tだけ経過した時点での個数Nは
$$N = N_0 \left(\frac{1}{2}\right)^{\frac{t}{T}}$$
であるから，
$$\frac{N}{N_0} = \frac{1}{4} = \left(\frac{1}{2}\right)^2$$
と比較して，
$$\frac{t}{T} = 2$$
となるので，
$$t = 2 \times T = 2 \times 3.64 = 7.28 \text{[日]}$$

16 ㉑ 核融合
　　㉒ 核分裂

解き方
- 核融合…質量数の小さい原子核が合体して，より質量数の大きい原子核をつくることを核融合反応という。
- 核分裂…質量数の大きい原子核が分裂して，より質量数の小さい原子核をつくることを核分裂反応という。

17 ㉓ ゲージ粒子　㉔ 反粒子
　　㉕〜㉚ アップ(u)，ダウン(d)，
　　　　　チャーム(c)，ストレンジ(s)，
　　　　　トップ(t)，ボトム(b)　（順不同）
　　㉛〜㉝ 電子，ミュー粒子，タウ粒子
　　　　　　　　　　　　　　（順不同）
　　㉞〜㊱ 電子ニュートリノ，
　　　　　ミュー・ニュートリノ，
　　　　　タウ・ニュートリノ　（順不同）

解き方 現在，6種類のクォークと6種類のレプトン，力を媒介するゲージ粒子，およびそれらの反粒子が素粒子であると考えられている。
① クォーク…u(アップ)，d(ダウン)，c(チャーム)，s(ストレンジ)，t(トップ)，b(ボトム)からなる。
② レプトン…電子，ミュー粒子，タウ粒子(以上は電荷$-e$)，電子ニュートリノ，ミュー・ニュートリノ，タウ・ニュートリノ

18 ㊲ e ㊳ 0 ㊴ $-e$

[解き方] 電気量保存の法則より，ハドロンの電気量は，構成するクォークの電気量の和である。
陽子の構造は uud であるから，
$$\frac{2}{3}e + \frac{2}{3}e + \left(-\frac{1}{3}e\right) = e$$
いっぽう，中性子の構造は udd であるから，
$$\frac{2}{3}e + \left(-\frac{1}{3}e\right) + \left(-\frac{1}{3}e\right) = 0$$
u の電荷が $+\frac{2}{3}e$ なので，$\bar{\text{u}}$ の電荷は $-\frac{2}{3}e$ である。
π^- の構造は $\bar{\text{u}}\text{d}$ であるから，その電荷は，
$$-\frac{2}{3}e + \left(-\frac{1}{3}e\right) = -e$$
となる。ここで，粒子 X の電荷を q とおくと，電気量保存の法則より $q = 0 + (-e)$ となるので，
$$q = -e$$

19 ㊵ 相互作用 ㊶ 強い ㊷ 弱い
    ㊸ 電磁気 ㊹ 重 ㊺ 弱い

[解き方] 力のことを相互作用ともいう。
4つの基本的な力には次のものがある。
①強い力…原子核をつくる力。α 崩壊をもたらす力。
②弱い力…原子核の β 崩壊を引き起こす力。
③電磁気力…電荷をもった粒子間にはたらく力。
④重力…質量をもった粒子間にはたらく力。
4つの基本的な力の中で最も弱いのは重力である。

テストによく出る問題を解こう！の答 ➡本冊 p.122

6 ウラン系列：α 崩壊…8回
          β 崩壊…6回
   アクチニウム系列：α 崩壊…7回
              β 崩壊…4回
   トリウム系列：α 崩壊…6回
            β 崩壊…4回

[解き方] 放射性崩壊では，質量数が変化するのは α 崩壊だけなので，質量数の変化は 4 の倍数でなければならない。$^{238}_{92}$U の質量数は 238 なので，鉛の安定核種 $^{206}_{82}$Pb，$^{207}_{82}$Pb，$^{208}_{82}$Pb の質量数 206，207，208 との差を求めると，

$238 - 206 = 32$
$238 - 207 = 31$
$238 - 208 = 30$

となり，4 の倍数になるのは 32 である。
$^{238}_{92}$U を出発点とするウラン系列では最終的に $^{206}_{82}$Pb となることがわかる。ウラン系列では，α 崩壊の回数は，

$32 \div 4 = 8$〔回〕

また，β 崩壊の回数は，

$8 \times 2 - (92 - 82) = 6$〔回〕

$^{235}_{92}$U について考えると，

$235 - 206 = 29$
$235 - 207 = 28$
$235 - 208 = 27$

となり，4 の倍数になるのは 28 である。$^{235}_{92}$U を出発点とするアクチニウム系列では最終的に $^{207}_{82}$Pb となることがわかる。
アクチニウム系列では，α 崩壊の回数は，

$28 \div 4 = 7$〔回〕

また，β 崩壊の回数は，

$7 \times 2 - (92 - 82) = 4$〔回〕

$^{232}_{90}$Th について考えると，

$232 - 206 = 26$
$232 - 207 = 25$
$232 - 208 = 24$

となり，4 の倍数になるのは 24 である。$^{232}_{90}$Th を出発点とするトリウム系列では最終的に $^{208}_{82}$Pb となることがわかる。トリウム系列では，α 崩壊の回数は，

$24 \div 4 = 6$〔回〕

また，β 崩壊の回数は，

$6 \times 2 - (90 - 82) = 4$〔回〕

テスト対策 放射性崩壊

放射性崩壊には α 崩壊と β 崩壊がある。α 崩壊では α 線を放出してより安定な原子核に変化する。α 線は高速のヘリウム原子核であるため，質量数は 4 減少し，原子番号は 2 減少する。β 崩壊では β 線を放出してより安定な原子核に変化する。β 線は高速の電子であり，原子核の中性子が陽子に変わる。そのため，核子の数は変わらないので，質量数は変化しないが，陽子の数が 1 個増加するので，原子番号は 1 増加する。

7 ① ヘリウム ② 質量数 ③ 2
　④ 中性子 ⑤ 電子 ⑥ γ
　⑦ 短い ⑧ 強い

解き方 ① α崩壊によって放出される粒子はヘリウム原子核である。
②③ 原子核からヘリウム原子核が放出されるので、質量数は4、原子番号は2減少する。
④⑤ β崩壊では原子核の中の中性子が陽子に変わる。このとき、電子とニュートリノが放出される。
⑥⑦⑧ α崩壊やβ崩壊後の原子核の多くはエネルギーの高い不安定な励起状態にあるため、より低いエネルギー状態の安定な原子核になる。このときに波長の短い電磁波であるγ線が放出される。γ線は物質を透過する能力が強い。

8 $N_0\left(\dfrac{1}{2}\right)^{\frac{t}{T}}$

解き方 N_0個あった放射性原子が、時間tの間に$\dfrac{1}{2}$になることが$\dfrac{t}{T}$回くり返されるから、
$$\dfrac{N}{N_0}=\left(\dfrac{1}{2}\right)^{\frac{t}{T}}$$
となる。よって、
$$N=N_0\left(\dfrac{1}{2}\right)^{\frac{t}{T}}$$

テスト対策　半減期

半減期は、放射性原子の数が半分になる時間である。どのときから考えても、放射性原子の数が半分になる時間は変わらない。下図には、半減期がTのグラフが描かれている。ある時刻t_1にN_1個あった放射性原子が$\dfrac{N_1}{2}$になる時刻はt_1+Tである。

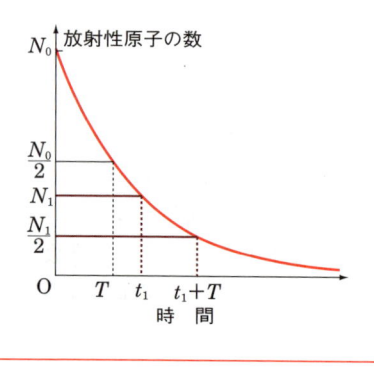

---

9 2.9×10^{-11} J

解き方 質量欠損が3.2×10^{-28} kgであるから、変換されるエネルギーは、
$$3.2\times10^{-28}\times(3.00\times10^8)^2$$
$$=2.88\times10^{-11}\,[\text{J}]$$

10 (1) 陽子：6個　中性子：6個
　(2) 9.34×10^8 eV
　(3) 1.76×10^7 eV
　(4) ① 1.41×10^7 eV　② 3.97倍

解き方 (1) $^{12}_{6}\text{C}$原子は質量数が12、原子番号が6であることから、核子(陽子と中性子)の数が12個、陽子の数が6個であることがわかる。よって、中性子の数は、
$$12-6=6\,[\text{個}]$$

(2) $^{12}_{6}\text{C}$原子の質量が12 uであり、$^{12}_{6}\text{C}$原子1 molが12 g = 0.012 kgであるから、1 uは、
$$1\,\text{u}=\dfrac{0.012\,\text{kg}}{6.02\times10^{23}}\times\dfrac{1}{12}$$
$$=\dfrac{0.001}{6.02\times10^{23}}\,\text{kg}$$
である。
よって、エネルギーと質量の等価性の式
$$E=mc^2$$
より、
$$\dfrac{0.001}{6.02\times10^{23}}\times(3.00\times10^8)^2$$
$$=\dfrac{9.00}{6.02}\times10^{-10}\,[\text{J}]$$
となるので、
$$\dfrac{9.00}{6.02}\times10^{-10}\times\dfrac{1}{1.60\times10^{-19}}$$
$$=9.3438\times10^8\,[\text{eV}]$$

(3) この反応における質量欠損Δm[u]は、
$$\Delta m=(2.01410+3.01603)$$
$$\quad-(4.00260+1.00867)$$
$$=0.01886\,[\text{u}]$$
である。(2)より、この反応で得られるエネルギーは、
$$0.01886\times9.344\times10^8$$
$$=1.76\times10^7\,[\text{eV}]$$

(4)① ヘリウム原子核の質量を M, 中性子の質量を m とし, 反応後のヘリウム原子核の速さを V, 中性子の速さを v とすれば, 運動量保存の法則より,

$$0 = mv - MV$$

エネルギー保存の法則より,

$$\Delta E = \frac{1}{2}mv^2 + \frac{1}{2}MV^2$$

である。運動量保存の法則の式より,

$$V = \frac{m}{M}v$$

となるので, エネルギー保存の法則の式に代入すると,

$$\Delta E = \frac{1}{2}mv^2 + \frac{1}{2}M\left(\frac{m}{M}v\right)^2$$
$$= \frac{M+m}{M} \times \frac{1}{2}mv^2$$

となり,

$$\frac{1}{2}mv^2 = \frac{M}{M+m}\Delta E$$
$$= \frac{4.00260}{4.00260 + 1.00867} \times 1.76 \times 10^7$$
$$= 1.406 \times 10^7 \text{[eV]}$$

② 中性子の得る運動エネルギーとヘリウム原子核の得る運動エネルギーの比を求めると,

$$\frac{\frac{1}{2}mv^2}{\frac{1}{2}MV^2} = \frac{\frac{1}{2}mv^2}{\frac{1}{2} \cdot \frac{m}{M}mv^2}$$
$$= \frac{M}{m}$$
$$= \frac{4.00260}{1.00867}$$
$$= 3.968 \text{[倍]}$$

テスト対策 質量とエネルギーの等価性

核反応において, 原子核の質量が減少するとき, エネルギーを放出する。この質量の減少量を Δm とすると, 核反応において放出されるエネルギー E は,

$$E = \Delta mc^2$$

になる。c は真空中を伝わる光の速さで, 3.0×10^8 m/s である。

入試問題にチャレンジ！の答　⇒本冊 p.124

1 ① $\dfrac{hc}{\lambda}$　② $\dfrac{h}{\lambda}$

③ $\dfrac{h}{\lambda} = \dfrac{h}{\lambda'}\cos\phi + mv\cos\theta$

④ $0 = \dfrac{h}{\lambda'}\sin\phi - mv\sin\theta$

⑤ $\dfrac{hc}{\lambda} = \dfrac{hc}{\lambda'} + \dfrac{1}{2}mv^2$

⑥ $\dfrac{h^2}{2m}\left(\dfrac{1}{\lambda^2} + \dfrac{1}{\lambda'^2} - \dfrac{2}{\lambda\lambda'}\cos\phi\right)$

⑦ $\dfrac{h}{2mc}\left(\dfrac{1}{\lambda^2} + \dfrac{1}{\lambda'^2} - \dfrac{2}{\lambda\lambda'}\cos\phi\right)$

⑧ $\dfrac{h}{mc}(1 - \cos\phi)$　⑨ 4.8×10^{-12}

解き方 ① 波長 λ の光子のエネルギーは $\dfrac{hc}{\lambda}$ である。

② 波長 λ の光子の運動量は $\dfrac{h}{\lambda}$ である。

③ x 軸方向の運動量保存の式は,

$$\frac{h}{\lambda} = \frac{h}{\lambda'}\cos\phi + mv\cos\theta$$

④ y 軸方向の運動量保存の式は,

$$0 = \frac{h}{\lambda'}\sin\phi - mv\sin\theta$$

⑤ エネルギー保存の式は,

$$\frac{hc}{\lambda} = \frac{hc}{\lambda'} + \frac{1}{2}mv^2$$

⑥ ③, ④の結果から,

$$m^2v^2 = \left(\frac{h}{\lambda} - \frac{h}{\lambda'}\cos\phi\right)^2 + \left(\frac{h}{\lambda'}\sin\phi\right)^2$$
$$= \frac{h^2}{\lambda^2} + \frac{h^2}{\lambda'^2} - \frac{2h^2}{\lambda\lambda'}\cos\phi$$
$$= h^2\left(\frac{1}{\lambda^2} + \frac{1}{\lambda'^2} - \frac{2}{\lambda\lambda'}\cos\phi\right)$$

となるので,

$$\frac{1}{2}mv^2 = \frac{h^2}{2m}\left(\frac{1}{\lambda^2} + \frac{1}{\lambda'^2} - \frac{2}{\lambda\lambda'}\cos\phi\right)$$

⑦ ⑤より,

$$\frac{hc}{\lambda} - \frac{hc}{\lambda'} = \frac{1}{2}mv^2$$

であるから,

$$\frac{hc}{\lambda} - \frac{hc}{\lambda'}$$
$$= \frac{h^2}{2m}\left(\frac{1}{\lambda^2} + \frac{1}{\lambda'^2} - \frac{2}{\lambda\lambda'}\cos\phi\right)$$

となり,
$$\frac{1}{\lambda} - \frac{1}{\lambda'}$$
$$= \frac{h}{2mc}\left(\frac{1}{\lambda^2} + \frac{1}{\lambda'^2} - \frac{2}{\lambda\lambda'}\cos\phi\right)$$

⑧ ⑦の結果の両辺に $\lambda\lambda'$ をかけて,
$$\lambda' - \lambda = \frac{h}{2mc}\left(\frac{\lambda'}{\lambda} + \frac{\lambda}{\lambda'} - 2\cos\phi\right)$$
$$= \frac{h}{mc}(1 - \cos\phi)$$

⑨ $\phi = 180°$ に進むのであるから,
$$\Delta\lambda = \frac{h}{mc}(1 - \cos 180°)$$
$$= \frac{2h}{mc}$$
$$= 4.84 \times 10^{-12} \text{[m]}$$

2 (1) ① $2d\sin\theta$
② $\Delta x = n\lambda$
③ 1.4×10^{-10} m
(2) ① 下図

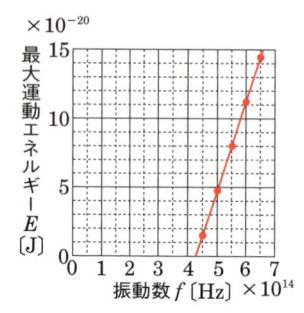

② 4.3×10^{14} Hz
③ 6.5×10^{-34} J·s

解き方 (1)① △OO′P は直角三角形になっているので,
　PO′ = $d\sin\theta$
同様に,
　O′Q = $d\sin\theta$
であるから,
　$\Delta x = 2d\sin\theta$
となる。

② 反射による位相のずれは考えなくてよいので, 反射した X 線が強め合う条件式は,
　$\Delta x = n\lambda$
③ ①, ②より,
$$d = \frac{n\lambda}{2\sin\theta}$$
$$= \frac{2 \times 7.1 \times 10^{-11}}{2\sin 30°}$$
$$= 1.4 \times 10^{-10} \text{[m]}$$

(2)② グラフの横軸との交点の値を読み取ると, 光を当てても電子が飛び出さない光の振動数の最大値 f_0 は,
　$f_0 = 4.3 \times 10^{14}$ [Hz]
であることがわかる。

③ グラフから, 15×10^{-20} J のときの振動数は 6.6×10^{14} Hz と読み取れるので, グラフの傾きが h であることから,
$$h = \frac{15 \times 10^{-20}}{6.6 \times 10^{14} - 4.3 \times 10^{14}}$$
$$= 6.5 \times 10^{-34} \text{[J·s]}$$
と求められる。
グラフを読み取る値から $6.4 \times 10^{-34} \sim 6.6 \times 10^{-34}$ ぐらいを正解と考えてよい。

3 (1) $\dfrac{mv^2}{r}$　(2) $\dfrac{mv^2}{r} = k_0\dfrac{e^2}{r^2}$

(3)～(5) 考え方参照

解き方 (1) 向心力は $\dfrac{mv^2}{r}$ である。

(2) 電子にはたらく力はクーロン力であるから, 運動方程式は,
$$\frac{mv^2}{r} = k_0\frac{e^2}{r^2}$$

(3) 量子数 n の場合, 運動方程式から,
$$mv^2 = \frac{k_0 e^2}{r_n}$$
となる。また, 量子条件から,
$$v = \frac{nh}{2\pi r_n m}$$
となるので,
$$m\left(\frac{nh}{2\pi r_n m}\right)^2 = \frac{k_0 e^2}{r_n}$$
となり,
$$r_n = \frac{h^2}{4\pi^2 k_0 e^2 m} \cdot n^2$$

となるので，r_n は n^2 に比例することがわかる。

(4) 量子数 n の状態のエネルギー準位 E_n は，
$$E_n = \frac{1}{2}mv^2 - k_0\frac{e^2}{r_n}$$
$$= \frac{1}{2}\frac{k_0e^2}{r_n} - \frac{k_0e^2}{r_n}$$
$$= -\frac{k_0e^2}{2r_n}$$

と求められる。この式に(3)の結果を代入して，
$$E_n = -\frac{2\pi^2 k_0 e^4 m}{h^2}\cdot\frac{1}{n^2}$$

となり，E_n は $\frac{1}{n^2}$ に比例することがわかる。

(5) 振動数条件
$$E_n - E_{n'} = h\nu$$
より，
$$h\nu = \frac{hc}{\lambda}$$
であることを用いて，
$$\frac{hc}{\lambda} = \left(-\frac{2\pi^2 k_0^2 e^4 m}{h^2}\cdot\frac{1}{n^2}\right) - \left(-\frac{2\pi^2 k_0^2 e^4 m}{h^2}\cdot\frac{1}{n'^2}\right)$$
$$= -\frac{2\pi^2 k_0^2 e^4 m}{h^2}\left(\frac{1}{n^2} - \frac{1}{n'^2}\right)$$

となるので，
$$\frac{1}{\lambda} = -\frac{2\pi^2 k_0^2 e^4 m}{ch^3}\left(\frac{1}{n^2} - \frac{1}{n'^2}\right)$$
が成立する。

❹ (1) $c\sqrt{\dfrac{2M_B(M_A - M_B - m)}{m(m + M_B)}}$

(2) 出発点：$^{238}_{92}\text{U}$
　α 崩壊：4 回　β 崩壊：2 回

(3) **22 %**

(4) $^1_0\text{n} + ^{235}_{92}\text{U} \longrightarrow\ ^{141}_{56}\text{Ba} + ^{92}_{36}\text{Kr} + 3^1_0\text{n}$

(5) 3.3×10^{-11} J

解き方 (1) 核反応後の原子核 B の速度を V，α 粒子の速度を v とすれば，核反応の前後での運動量保存の式は，
$$0 = M_B V + mv$$
核反応によって減少したエネルギーが崩壊後の核の運動エネルギーになるので，エネルギー保存の式は，

$$(M_A - M_B - m)c^2 = \frac{1}{2}M_B V^2 + \frac{1}{2}mv^2$$
となる。
運動量保存の式から，$V = -\dfrac{m}{M_B}v$ となるので，
$$(M_A - M_B - m)c^2$$
$$= \frac{1}{2}M_B\left(-\frac{m}{M_B}v\right)^2 + \frac{1}{2}mv^2$$
$$= \frac{1}{2}mv^2\left(\frac{m}{M_B} + 1\right)$$
となり，
$$v^2 = \frac{2M_B(M_A - M_B - m)c^2}{m(m + M_B)}$$
となる。よって，$v > 0$ として
$$v = c\sqrt{\frac{2M_B(M_A - M_B - m)}{m(m + M_B)}}$$

(2) 質量数は α 崩壊のみで変わる。1 回の α 崩壊で質量数は 4 減少するので，質量数の変化量は 4 の倍数でなければならない。
$^{235}_{92}\text{U}$ と $^{222}_{86}\text{Rn}$ の質量数差は
$$235 - 222 = 13$$
となり，4 の倍数ではない。$^{238}_{92}\text{U}$ と $^{222}_{86}\text{Rn}$ の質量数差は
$$238 - 222 = 16$$
となり，4 の倍数である。よって，出発点となったのは $^{238}_{92}\text{U}$ である。
このとき α 崩壊の回数は，
$$\frac{16}{4} = 4$$
であることがわかる。α 崩壊では原子番号は 2 減少するので，4 回の α 崩壊で $2 \times 4 = 8$ 減少する。原子番号の減少量は $92 - 86 = 6$ となり，$8 - 6 = 2$ だけ減少量が少ない。β 崩壊では原子番号が 1 増加するので，β 崩壊の回数は 2 であることがわかる。

(3) $^{238}_{92}\text{U}$ の現在の粒子数を n_{238}，42 億年前の粒子数を N_{238}，$^{235}_{92}\text{U}$ の現在の粒子数を n_{235}，42 億年前の粒子数を N_{235} とする。
$^{238}_{92}\text{U}$ の半減期の式は
$$\frac{n_{238}}{N_{238}} = \left(\frac{1}{2}\right)^{\frac{42}{42}}$$
$^{235}_{92}\text{U}$ の半減期の式は
$$\frac{n_{235}}{N_{235}} = \left(\frac{1}{2}\right)^{\frac{7}{42}}$$
である。この 2 式から，

本冊 p.126 の解答　93

$$\frac{N_{235}}{N_{238}} = 2^5 \times \frac{n_{235}}{n_{238}}$$

となる。

$\frac{n_{235}}{n_{238}} = 0.7\%$ であるから，

$$\frac{N_{235}}{N_{238}} = 2^5 \times 0.7 = 22.4\%$$

(4) 核反応によって出てきた中性子の数を x とすれば，核反応式は，

$${}^{1}_{0}\mathrm{n} + {}^{235}_{92}\mathrm{U} \longrightarrow {}^{141}_{56}\mathrm{Ba} + {}^{92}_{36}\mathrm{Kr} + x\,{}^{1}_{0}\mathrm{n}$$

となる。核反応では質量数が保存することから，

$$1 + 235 = 141 + 92 + x \times 1$$
$$x = 3$$

(5) $E = \Delta mc^2$ となるので，反応によって生じるエネルギーは，

$$(1.0087 + 235.0439 - 140.9139 \\ - 91.8973 - 3 \times 1.0087) \\ \times 1.7 \times 10^{-27} \times (3.0 \times 10^8)^2 \\ = 3.29 \times 10^{-11} \,[\mathrm{J}]$$

5 (1) ① 同位体 ② 1 ③ β ④ 中性子
　　　⑤ 陽子 ⑥ 0 ⑦ クォーク
　　　⑧ 1 ⑨ 2 ⑩ レプトン

（問）中性子の方が重い。

理由：中性子から電子やニュートリノが出て陽子に変わり，その際に運動エネルギーが放出されるので，電子やニュートリノが出たことおよび質量欠損によって軽くなるため，陽子より中性子の方が重い。

解き方 ① 原子番号は陽子の数，質量数は陽子と中性子の数の和である。陽子の数が同じで中性子の数が異なる原子を同位体という。

② ${}^{13}\mathrm{C}$ の存在比を x とすると，${}^{12}\mathrm{C}$ の存在比は $1 - x$ だから，

$$13x + 12(1 - x) = 12.01$$

となるので，

$$x + 12 = 12.01$$

となり，$x = 0.01$ と求められる。
よって，${}^{13}\mathrm{C}$ の存在比は 1% である。

③ 質量数が変わらず原子番号が 1 増えることから，β 崩壊であることがわかる。

④⑤ β 崩壊では原子核内の中性子が陽子に変化し，電子と反電子ニュートリノが放出される。

⑥ 中性子の電気量は 0，陽子の電気量は e，電子の電気量は $-e$ なので，電気量保存の法則より反電子ニュートリノの電気量は 0 とわかる。

⑦ 陽子や中性子などのハドロンはいくつかのクォークが組み合わさった粒子である。

⑧ 中性子は 3 個のクォークからできている。ここで，アップ・クォークの個数を n とおくと，電気量保存の法則より，

$$n \times \frac{2}{3}e + (3 - n) \times \left(-\frac{1}{3}e\right) = 0$$

これを解くと，$n = 1$ となるので，アップ・クォーク 1 個とダウン・クォーク 2 個から構成されているとわかる。

⑨ 陽子は 3 個のクォークからできている。ここで，アップ・クォークの個数を n とおくと，電気量保存の法則より，

$$n \times \frac{2}{3} + (3 - n) \times \left(-\frac{1}{3}e\right) = e$$

これを解くと，$n = 2$ となるので，アップ・クォーク 2 個とダウン・クォーク 1 個から構成されているとわかる。

⑩ 電子や反電子ニュートリノはレプトンとよばれる。

B